高职高专计算机"十三五"规划教材

大学计算机基础教程

（Windows 7+Office 2010）

主　编　郭向周　谢舰锋　容　会

副主编　罗红伟　张如辉　陈　华　李若良

　　　　邱鹏瑞　王晓亮　李玲萍

参　编　赵雅洁　阮艳琴　李直斌　赵浩华

　　　　李兴旺　杨瑞明　杨　斌　杨利花

　　　　李　娟　王美琳　马鹏影

中国铁道出版社有限公司

CHINA RAILWAY PUBLISHING HOUSE CO., LTD.

内 容 简 介

全书共分 8 章，内容包括计算机基础知识、Windows 7 操作系统、Word 2010 文字处理软件、Excel 2010 电子表格处理软件、PowerPoint 2010 演示文稿制作软件、计算机网络与 Internet 应用、多媒体技术基础以及网页设计基础。本书有配套教材《大学计算机基础习题与实验指导（Windows 7+Office 2010）》可供参考。

本书适合作为高职高专各专业教材，也可作为全国计算机等级考试备考用书。

图书在版编目（CIP）数据

大学计算机基础教程：Windows 7+Office 2010 /
郭向周，谢舰锋，容会主编. —北京：中国铁道出版社，
2016.8（2019.7 重印）
高职高专计算机"十三五"规划教材
ISBN 978-7-113-22139-3

Ⅰ. ①大… Ⅱ. ①郭… ②谢… ③容… Ⅲ. ①
Windows 操作系统－高等职业教育－教材 ②办公自动化－应
用软件－高等职业教育－教材 Ⅳ. ①TP316.7 ②TP317.1

中国版本图书馆 CIP 数据核字（2016）第 177679 号

书　　名：**大学计算机基础教程**（Windows 7+Office 2010）
作　　者：郭向周　谢舰锋　容　会　主编

策　　划：潘星泉　　　　　　　　　　　　**读者热线：**（010）63550836
责任编辑：潘星泉
封面设计：刘　颖
封面制作：白　雪
责任校对：汤淑梅
责任印制：郭向伟

出版发行：中国铁道出版社有限公司（100054，北京市西城区右安门西街 8 号）
网　　址：http://www.tdpress.com/51eds/
印　　刷：三河市宏盛印务有限公司
版　　次：2016 年 8 月第 1 版　　　2019 年 7 月第 3 次印刷
开　　本：787mm×1092mm　1/16　**印张：**19　**字数：**410 千
书　　号：ISBN 978-7-113-22139-3
定　　价：47.00 元

前　言

本书是根据教育部高等学校非计算机专业计算机基础课程教学指导委员会提出的"高等学校非计算机专业计算机基础课程教学基本要求"，兼顾全国计算机等级考试，并在编者多年教学实践的基础上编写而成的。

本书分为8章。第1章为计算机基础知识，第2章为Windows 7操作系统，第3章为Word 2010文字处理软件，第4章为Excel 2010电子表格处理软件，第5章为PowerPoint 2010演示文稿制作软件，第6章为计算机网络与Internet应用，第7章为多媒体技术基础，第8章为网页设计基础。

本书适合作为全国计算机等级考试备考用书。一级B类的理论考试涉及本书第1章~第6章的内容，上机操作考试内容为：文字录入、文件操作、Windows操作系统、Word 2010文字处理软件、Excel 2010电子表格处理软件五部分。一级C类的理论考试涉及本书第1章~第8章的内容，上机操作考试内容为Word 2010文字处理软件、Excel 2010电子表格处理软件两部分。

本书由大理农林职业技术学院郭向周，昆明冶金高等专科学校谢舰锋、容会任主编；大理农林职业技术学院罗红伟、张如辉、陈华、李若良，昆明冶金高等专科学校邱鹏瑞、王晓亮，云南民族大学李玲萍任副主编；参与本书编写的还有赵雅洁，大理农林职业技术学院阮艳琴、李直斌、赵浩华、李兴旺、杨瑞明、杨斌、杨利花、李娟、王美琳、马鹏影。

在本书的编写过程中，我们参考了大量文献资料，在此一并向这些文献资料的作者表示感谢。由于编写时间仓促，加之作者水平有限，书中难免存在不足和疏漏之处，敬请广大读者批评指正。

编　者

2016年6月

目　录

第 1 章 │ 计算机基础知识

计算机英文名称是 Computer，顾名思义：用于计算的机器。在计算机诞生的初期主要是被用来进行科学计算的，因此被称为"计算机"。然而，现代计算机的处理对象已经远远超过了"计算"这个范围，它可以对数字、文字、声音以及图像等各种形式的数据进行处理。因此，如果仅仅把计算机理解为"能够进行数学计算的工具"那就太狭隘了。

实际上，计算机是一种能够按照事先存储的程序，自动、高速地对数据进行输入、处理、输出和存储的系统。

1.1 信息社会与信息技术

1.1.1 信息

"信息"主要指信息或消息。生活中，"信息"一词表示音信、消息。作为科学概念的"信息"，是指对未预见的事物或事件的报到和对事物观察所得的知识、印象。

著名信息学家 Rafael Capurro 曾经在他的著作中给出过一个关于信息的定义，他认为信息不仅仅是交流的过程，也不仅仅是从一个主体转移到另一个主体的物质，而是一种状态，人类的生产生活以及其他一切活动都是在这种状态中进行的。的确如此，任何一个物种的存在，都依托一个流通的信息环境。

迄今为止学术界尚没有对信息下一个准确完整的定义，对信息的解释也众说纷纭，但对信息的含义和特征有着普遍的共识：信息是用数据作为载体来描述和表示客观现象；信息可以用数值、文字、声音、图形、图像等多种形式表示；信息是对数据加工提炼的结果，是对人类有用的知识；信息是具有含义的符号和消息，而数据是计算机内信息的载体。显而易见，若想得到信息，必须要对客观世界中的现象和问题通过数据这种媒体记录下来，通常把对各种数据加工转换得到信息的过程称为信息处理或数据处理。需要指出的是，信息和数据是有区别的，数据是原始的、广义的、可鉴别的抽象符号，它可以用来描述事物的属性、状态、程度、方式等；数据单独表示时没有任何意义，只有把它们放入特定的场合进行解释和加工，才能使其具有意义并升华为信息。

1.1.2 信息社会

信息就像空气一样，虽然摸不到，但却不停地在我们身边流动，为人类服务。人们需要信息，研究信息，一时一刻也离不开信息。人类通过各种信息认识各种事物，借助信息的交流来沟通人与人之间的思想。人类对信息的把握，成了认识世界和改造世界的有力武器。语言的产生，文字的出现，各类信息载体和媒介的不断拓展，使人们生活的信息世界越来越丰富和充盈。科学技术的发展，给人类插上了遨游信息海洋的翅膀，创造了一个又一个把想象变为现实的令人激动的时刻。语言的形成，文字的创造，造纸术和印刷术的发明，电报电话和广播电视的普及应用，电子计算机的出现，这五次信息技术革命的飞跃，使人类和信息融为一体，人们惊异地发现，无处不在的信息不仅是我们离不开的生存环境，更是一种具有深厚挖掘潜力的资源。在古代，人类就已经有了各种处理和记录传递信息的手段，如结绳计数、算盘算账、纸张记事、烽火台传递军情、驿站传递信息等；到了近代，人类处理信息的手段又得到发展，电报、电话、录音、录像等；现代信息处理则更加丰富多样，计算机网络、卫星定位通信、CIRS 系统、3G 和 4G 通信等。人类在不断地改进信息处理的技术和工具，以适应人们不断提高的信息处理要求。所有这些使得信息社会悄然来到我们身边。

为什么信息化社会能够来到我们身边呢？其主要原因是：信息领域科学技术发展到今天，已经具备了为社会提供"信息系统"这样一种崭新的社会生产工具的能力。从技术方面看，1946 年第一台电子计算机问世，1947 年第一只晶体管诞生，1965 年第一颗商用卫星投入使用，随后光纤通信的应用及因特网的持续发展等，使得信息技术不断渗透到社会各个领域，信息社会不知不觉已跃然眼前。信息已经同物质、能量一样，成为人类文明的三大支柱之一。

如果说农业社会是以物质活动为社会发展的社会形态，工业社会是以资本活动为社会发展的社会形态，那么信息社会无疑就是以信息活动为社会发展的社会形态，是一种以信息技术为技术基础，以信息经济（或称知识经济）为主导经济，以信息产业为主导产业，以信息文化改变人类教育、生活和工作方式及价值观念的新型社会形态。不难看出，在信息社会中，信息已成为社会重要的战略资源，信息网络已成为社会的基础设施。

今天我们所处的社会对信息的要求和依赖前所未有，对信息的加工和处理日新月异，对信息的使用和安全倍加重视，正因如此，信息社会是赋予以上全新意义和深刻内含的社会。在这样的社会，我们会因停电、断网、死机，捶胸顿足、手足无措、寸步难行，并直接波及社会的生产、生活、工作等方方面面。

如果说以蒸汽机为中心的动力革命，使人类的体力劳动得到了大大的解放，那么以电子技术为先导、以计算机和现代通信为代表的信息革命，则使人类的脑力劳动得到了大大的解放。

信息的应用非常广阔。在认知、科学探索、知识传播、生产流程控制、管理（宏观管理和微观管理）、娱乐（多媒体）以及人们之间的交流等事物中无处不在。

1.1.3　信息技术

美国未来学家托夫勒曾说过"谁掌握了信息，控制了网络，谁就将拥有整个世界。"基于此，人们对信息技术的依赖和想象被牵引到了无穷无尽的空间。

信息技术的发展为当今社会提供了"信息系统"这样一代崭新的社会生产工具。在科学理论方面，信息论的创始人美国科学家香农（Claude Shannon）在 1948 年发表了《通信的数学理论》一文，阐述了在通信意义下的信息的概念和数学度量方法，建立了通信信道容量的定义和度量公式，提出并证明了关于通信的有效性和可靠性的一组编码定理，从而开创了信息理论研究。控制论创始人美国科学家维纳（N.Wiener）在《控制论：机器和动物中的通信与控制问题》专著中指出：信息是物质和质量同样重要的研究对象，论述了在统计背景下通过信息的反馈控制实现机器系统的自适应、自学习和自组织的可能机制。随后麦卡锡的"人工智能"以及查德的"模糊集合理论"为智能研究提供了新的理论和方法。信息技术的快速发展推动了信息的生产、流通和消费规模的不断扩大。所有这些，都展示了信息技术发展的美好前景。

一般来说，信息技术是指对信息的搜集、存储、传递、分析、使用等的处理技术和智能技术。具体地讲，包括软件开发技术、通信网络技术、微电子技术、信息处理技术和多媒体技术，而传感、自控和新材料技术等是信息技术的相关技术。信息技术是目前各领域高新技术的关键和核心，更是信息产业、信息社会的基础。

现代信息技术包括四大类：①电子信息技术，包括电子感测技术、电子通信技术、电子计算机、电子控制技术；②量子信息技术，主要表现为量子计算机；③激光信息技术，包括激光遥感、光纤维通信、激光全息存储、激光控制技术、激光计算机；④生物信息技术，包括生物开关器件、生物存储器件、生物逻辑器件、生物计算机等。

信息产业的主要技术和产品范围包括：①多媒体技术，包括多媒体计算机技术、PC技术、液晶等高清晰度显示技术等；②存储和处理技术，包括超巨型和超微型计算机技术、语言识别和神经网络等智能计算机技术、分子电子技术、计算机免疫系统技术等；③传输技术，包括光纤和卫星等通信技术、数字声像技术、各种调制和解调技术、各种传感技术、交互式网络技术等。

1.1.4　信息化建设

社会发展到每一阶段，都需要有相应的基础设施作支持。在农业社会，田地是社会的基础设施；在工业社会，机械设备、道路交通等是社会的基础设施；在信息社会，"信息高速公路"无疑成了社会最重要的基础设施。

各国以"信息高速公路"的方式推进本国的信息化建设和进程。我国是以"金"字工程推进信息化建设，其中，"金桥""金关""金卡""金税""金农""金盾"……工程在国民经济建设和社会发展中发挥着越来越重要的作用。

"信息高速公路"是国家信息基础设施（NII）的形象比喻，国家信息基础设施是由美国政府于 1993 年 9 月正式提出。"信息高速公路"是一个交互式的多媒体通信网络，它以光纤为"路"，以电话、计算机、电视、传真等多媒体终端为"车"，既能传输语言文字，又能传输数据和图像，使信息的高速传递、共享和增值成为可能，并且提供了教育、卫生、商务、金融、文化、娱乐等广泛的信息服务。

"信息高速公路"向亿万普通人民展示了诱人的画卷：可视电话、网络购物、无纸贸易、电视会议、居家办公、远程教育、远程医疗、网络游戏、视频点播等，"千里眼""顺风耳"

这些梦想大多已经变为现实。"信息高速公路"的建成，大大改变了人类的工作、学习和生活方式，其影响远超铁路与高速公路，对各国政治、经济、文化和社会生活产生越来越深入、广泛、持久的影响，促进了科学教育的发展速度和知识更新的步伐，导致了思维方式的更新，改变了人们的生活方式。

1.2　计算机概述

1.2.1　计算机的产生及发展历程

1. 计算机的产生

在漫长的人类进化和文明发展过程中，人类的大脑逐渐具备了一种特殊的本领，这就是把直观的形象变成抽象的数字，进行抽象思维活动，在这一过程中，人类才逐步创造和发展了计算工具。

人类最初的计算工具就是双手，掰指头算数是最早的计算方法。一个人有 10 个手指，因此十进制数也就自然成了人类最熟悉的进制计数法。严格意义上讲，人类社会早期，没有真正的计算工具，也没有复杂的计算需要，人们仅仅停留在"计数"阶段。由于双手的局限性，人们开始利用"可数"的东西进行计数，例如，利用"小石子""结绳"计数等。

唐末宋初，发明了人类历史上第一种计算工具——算盘，它通过"算珠"的多少进行"计数"，通过"算珠"及其位置的变化实现计算。许多人也将其称为"手动计算机"，珠算口诀也被视为最早的体系化算法。算盘结合了十进制计数法和一整套计算口诀，其设计简单，操作易行，极具智慧，发明后出现许多变种，并以极强的生命力沿续下来，直至今日仍在加减运算和教育启智领域发挥着重要作用，其设计理念体现出了现代计算机的一些雏型思想。

1642 年，机械计算机出现；1654 年，计算尺产生；1887 年，电动计算机产生，计算工具使用了电能，已和现代电子计算机有了一定"血缘"关系。然而这些计算工具都有其设计和使用上的致命缺点：一是不能自动运算；二是不能存储。现已基本被淘汰。

研制和开发新的计算工具的工作在不断地进行着。第二次世界大战期间，交战各国为加强军备竞赛，在开发和研制新武器的过程中，涉及弹道轨迹和角度的大量、复杂的计算，这时研制人员比任何时候都更迫切需要一种新的计算工具来辅助研究工作，并使他们从大量的计算中解脱出来。于是，一些较为发达的资本主义国家为其投入了大量的人力、物力来研制和开发新的计算机工具，并不断取得进展。

1946 年，人类第一台电子计算机 ENIAC（Electronic Numerical Integrator and Calculator，电子数字积分计算机）在美国宾夕法尼亚大学诞生，它的出现，掀开了人类历史特别是科技发展史的新的一页，人们甚至把它誉为第三次工业革命的标志。它的出现是计算工具不断发展的结果。

第一台计算机可谓庞然大物，如图 1-1 所示。它用了 18 000 个电子管（早期使用的一种被封闭在玻璃容器中的电信号放大器件）、1 500 个继电器（用较小电流去控制较大电流的一种"电子开关"），占地约 170 m^2、重约 30 t，功率为 150 kW，运算速度 5 000 次/s（每秒做加法的次数），造价 48 万美元（相当于现在的 1 000 多万美元），仅运行了 10 年就被送入了博物馆。很显然，如果计算机没有飞速发展，今天的普及使用是不可能的。

图 1-1　ENIAC 计算机图片

我国于 1958 年成功研制出了第一台电子计算机；1964 年生产出第一台晶体管计算机；1971 年研制成功集成电路计算机。1983 年、1992 年、1997 年分别研制出了银河Ⅰ型、银河Ⅱ型、银河Ⅲ型每秒上亿次、上十亿次、上百亿次计算机。进入 21 世纪以来，2001 年成功研制"曙光 3000"巨型计算机，运算速度 4 000 亿次/s；2004 年"曙光 4000A"运算速度 10.2 万亿次/s；2008 年"曙光 5000A"运算速度 230 万亿次/s，如图 1-2 所示。

图 1-2　曙光 5000A 及所采用的 4 核心处理器主板

2009 年研制成功的超级计算机，运算速度达上千万亿次/s，2010 年 11 月"天河一号"以 4.7 千万亿次/s 的峰值速度，首次登上超级计算领域的世界之巅。"天河一号"的诞生，是我国高性能计算机发展史上新的里程碑，是我国战略高新技术和大型基础科技装备研制领域取得的又一重大创新成果，实现了我国自主研制超级计算机能力从百万亿次到千万亿次的跨越，使我国成为继美国之后世界上第二个能够研制千万亿次超级计算机系统的国家。2013 年 11 月 18 日，国际 TOP500 组织公布了最新全球超级计算机 500 强排行榜榜单，中国国防科学技术大学研制的"天河二号"超级计算机系统，以峰值计算速度 5.49 亿亿次/s、持续计算速度 3.39 亿亿次/s 双精度浮点运算的优异性能位居榜首，成为全球最快的超级计算机。目前，我国在高性能计算机的研制领域仍保持着较高水平。

2．计算机的发展阶段

自第一台计算机出现后，计算机得到了飞速发展，在今天的计算机上已很难找到第一台计算机的踪影，这足以看出计算机发展速度之快。然而由于元器件的制约，其发展过程也是渐进的。人们根据计算机所采用的逻辑元器件的演变，将电子计算机的发展大致分为了四个阶段，见表 1-1。

表 1-1　计算机的 4 个发展阶段

时代 部件	第一代 （1946—1955）	第二代 （1956—1963）	第三代 （1964—1970）	第四代 （1971 年至今）
主要电子元件	电子管	晶体管	中小规模集成电路	大规模、超大规模集成电路
内存	汞延迟线	磁芯存储器	半导体存储器	半导体存储器
外存储器	穿孔卡片、纸带	磁带	磁带、磁盘	磁盘、U 盘、光盘、阵列等大容量存储器
处理速度 （每秒指令数）	几千条	几百万条	几千万条	数亿条以上

第一阶段：第一代电子管时代计算机（1946—1955）。这一代计算机使用了大量的电子管元件，使得计算机成本高，体积庞大，耗电量高，性能不够稳定，维护普及极为困难。

第二阶段：第二代晶体管时代计算机（1956—1963）。由于晶体管这种电子元件的出现，这个时代的计算机普遍采用了晶体管元件，使得计算机成本、体积、耗电量都有了进一步降低，性能更为稳定，运算速度大大得到提高。这一时期出现高级程序设计语言，如 FORTRAN、ALGOL、COBOL 等语言，计算机应用也扩大到数据处理领域中。

第三阶段：第三代中小规模集成电路时代计算机（1964—1970）。1964 年 4 月，IBM 公司推出了采用新概念设计的计算机 IBM 360，宣布了第三代计算机的诞生。正像它名字中的数字所表示的那样，IBM 360 有 360° 全方位的应用范围。

这一时期，由于半导体芯片及集成技术的出现，使集成电路得到了广泛运用，大量的分离元件都做到集成电路中，计算机元器件趋于稳定与成熟，计算机性能得到了强有力的提升。计算机开始广泛应用于各个领域。

第四阶段：第四代大规模、超大规模集成电路时代计算机（1971 年至今）。1971 年 11 月 5 日，Intel 公司的霍夫（Marcian E.Hoff）研制成功世界上第一块 4 位微处理器芯片 MPU（microprocessing unit）Intel 4004，并由它组装成第一台微型计算机 MCS-4，由此揭开了微型计算机普及的序幕。计算性能远远超过当年的 ENIAC，每秒执行 6 万条指令。1974 年 4 月 1 日，Intel 公司发布了 8 位微处理器芯片 8080。12 月，计算机爱好者埃德·罗伯茨利用 8080 微处理器设计出一款体积很小的计算机"Altair 8800"，这也是世界上第一台商用个人计算机，内存只有 256 B。与此同时，罗伯茨首次创造性地提出了 PC（personal computer）这个崭新的概念，预示着微型计算机时代的到来。同年，当时还在哈佛大学实验室里的比尔·盖茨（Bill Gates）和保罗·艾伦（Paul Allen）开始用 BASIC 语言第一个为 Altair 计算机撰写各种程序。1975 年，两人创办了今天大名鼎鼎的微软公司。

1.2.2　计算机的发展趋势

计算机今后将朝着巨型化、微型化、网络化、智能化四个方向发展。

1．巨型化

巨型化计算机又称高性能计算机或超级计算机，一般是指每秒运算速度上亿次的计算机。超级计算机是世界高新技术领域的战略制高点，是体现科技竞争力和综合国力的重要标志，其开发研制水平是衡量一个国家科技发展的主要指标之一。因此各国都十分重视其开发研制工作，我国从"银河系列""曙光系列"到今天的"天河系列"，在高性能计算机的研发和创新方面取得了一个又一个重大突破，并站到了世界的前列，这得益于我国科学技术的全面发展。高性能计算机主要应用于国防、气象、统计等领域。

2．微型化

微型化即微型计算机是一种大众化的普及应用机型。近几年速度得到了大大提升，性价比也在不断提高，应用十分广泛，和人们联系比较紧密，人们日常接触使用的基本都是微型计算机。

3．网络化

网络化即计算机互连，这是通信技术和计算机技术高度发展的必然产物，它为计算机应用展现了广阔的前景。过去社会分工相对独立、社会相对封闭；现在及将来社会是信息的、网络的、更加开放的社会。网络化的突出特点就是较好地实现了资源共享，互通有无。如今互联网使地球成了"地球村"，人们远隔千里也恍若近在咫尺，网络化真正使人们实现了"沟通无极限"。

4．智能化

智能计算机的研制开发体现出了人类的任何创造发明都要为自身服务这一基本思想。现在，有许许多多机器人在美国的汽车生产流水线上工作；在一些高温、高噪声、高灰尘、高污染环境里也不乏智能计算机工作的身影，例如，机器人排爆，机器人深水作业等。

最能体现人工智能的首推"人机对弈"。谷歌人工智能系统 AlahaGO 战胜了世界围棋冠军李世石与"克隆"事件一样引发人们热议，这标志着长期以来的"人工智能"工程实践达到了相当水准。"计算机下棋不但涉及硬件的改进，也需要算法观念的创新。不过，在目前水平的人机对弈中，机器需要的计算量是人的几百万倍，这一定程度上衡量了人们对人工智能原理的理解仍然有限。""机器战胜人"也引起公众对科学现在与未来的关注，人们并不直接关心事件中的科学研究实际过程，而是立即跨越几个层次，侈谈遥远的未来以及总是争论不休的哲学问题。在议论过程中，公众提高了对人工智能领域的感知。

总的来说，计算机的发展趋势是由大到巨（追求高速度、高容量、高性能），由小到微（追求微型化，包括台式、便携式、笔记本式乃至掌上型计算机，它们使用方便，价格低廉），网络化，智能化。同时，现代计算机在许多技术领域都取得了巨大进步，比如多媒体技术、计算机网络、面向对象的技术、并行处理技术、人工智能、不污染环境并节约能源的"绿色计算机"等。许多新技术、新材料也开始应用于计算机，比如超导技术、光盘技术等。虽然很多国家都在研制第五代计算机，但至今未能实现突破，然而计算机的发展将会突破迄今一直沿用的冯·诺依曼结构是一必然趋势。前四代计算机是按构成电子计算机的主要元器件的变革进行划分，第五代计算机可能是采用激光元器件和光导纤维的光计算机，也可能不是按元器件的变革作为更新换代的标志，而是按其功能的革命性突破作为标志，比如是能够处理知识和推理的人工智能计算机，甚至可能发展到以人类大脑和神经元处理信息的原理为基础的生物计算机等。总之，计算机的发展方兴未艾，发展前景极其广阔和诱人。

普通大众能够深深感受到的变化是：计算机正从一种操作工具变成一种交流工具，从一种普通的单一的计算工具变成一种智能化的、可开发的、学习的、现代化的复合工具。

1.2.3　计算机的特点

计算机是一种运算速度很快，能够接收和存储信息，并按照存储在其内部的程序对输入的信息进行加工、处理，得到人们预期的结果，然后将处理结果输出的高度自动化、智能化的电子设备。也有人称计算机就是程序化了的机器。

计算机与其他工具和人类自身相比，具有自动化程度高、运算速度快、通用性强、运算精确等特点。

1．运算速度快

计算机的运算部件采用的是电子器件，其运算速度远非其他计算工具所能比拟，而且运算速度仍在快速提高。目前最快已达每秒数亿亿次以上。

2．存储容量大

计算机的存储功能是计算机区别于其他计算工具的重要特征。计算机的存储器可以把原始数据、中间结果、运算指令等存储起来，以备随时调用。存储器不但能够存储大量的信息，而且能够快速准确地存入或取出这些信息。

3．通用性强

通用性是计算机能够应用于各种领域的基础。在计算机中，任何复杂的任务都可以分解为大量的基本算术运算和逻辑运算，计算机程序员可以把这些基本的运算和操作按照一定的规则（算法）写成一系列操作指令，加上运算所需的数据，形成适当的程序，从而完成各种各样的任务。

4．自动化程度高

计算机内部的操作运算是根据人们预先编制的程序自动控制执行。只要把包含一连串指令的处理程序输入计算机，计算机便会依次取出指令，逐条执行，完成各种规定的操作，直到得出结果为止。

5．计算精度高

计算机的可靠性高，差错率极低，一般来讲只在那些人工介入的地方才有可能发生错误。

1.2.4　计算机的分类

计算机由于其运算速度快、计算精度高、可靠性强，并具有超强的数据处理、过程控制及其海量信息存储能力，因此在各领域都得到了广泛应用。按其用途，计算机可分为通用机和专用机两类。据其原理，计算机又可分为模拟计算机、数字计算机和数模混合计算机。

通常，人们根据计算机的运算速度、字长、存储容量、软件配置及用途等多方面的综合性能指标，将计算机分为 PC、工作站、大型机、巨型机和服务器等几类。下面分别加以介绍。

1. PC（personal computer，个人计算机）

1971 年，美国 Intel 公司成功地在一块芯片上实现了中央处理器的功能，制成了世界上第一片 4 位微处理器 MPU（microprocessing unit），并由它组装成第一台微型计算机 MCS-4，由此揭开了微型计算机普及的序幕。随后，许多公司也争相研制微处理器，相继推出了 8 位、16 位、32 位、64 微处理器，芯片内的主频和集成度不断提高。

2. 工作站

工作站是一种高档微型计算机系统，其最突出的特点是图形功能强，具有很强的图形交互与处理能力，因此在工程领域、特别是在计算机辅助设计（CAD）领域得到广泛应用。因此人们称工作站是专为工程师设计的计算机。工作站一般采用开放式系统结构，即将机器的软、硬件接口公开，并尽量遵守国际工业界流行标准，以鼓励其他厂商、用户围绕工作站开发软、硬件产品。目前，多媒体等各种新技术已普遍集成到工作站中，使其更具特色，而其应用领域也已从最初的计算机辅助设计扩展到商业、金融、办公领域，并频频充当网络服务器的角色。

3. 大型机

大型机是对一类计算机的习惯称呼，本身并无十分准确的技术定义。其具有通用性强、综合处理能力强、性能覆盖面广等特点，主要应用在科研、商业和管理部门。通常人们称大型机为"企业级"计算机。

大型机系统可以是单处理机、多处理机或多个子系统的复合体。

在信息化社会里，随着信息资源的剧增，带来了信息通信、控制和管理等一系列问题，而这正是大型机的特长。未来将赋予大型机更多的使命，它将覆盖"企业"所有的应用领域，如大型事务处理、企业内部的信息管理与安全保护、大型科学与工程计算等。

4. 巨型机

巨型机是计算机型号中档次最高的机型，其运算速度最快、性能最高、技术最复杂。巨型机主要用于解决大型机也难以解决的复杂问题，它是解决科技领域中某些带有挑战性问题的关键工具。

研制巨型机是现代科学技术，尤其是国防尖端技术发展的需要。核武器、反导弹武器、空间技术、大范围天气预报、石油勘探等都要求计算机有很高的速度和很大的容量，因而一些国家竞相投入巨资开发速度更快、性能更强的巨型机。巨型机的研制水平、生产能力及其应用程度已成为衡量一个国家经济实力和科技水平的重要标志。

目前巨型机的运算速度可达每秒上亿亿次运算。这种计算机使研究人员可以研究以前无法研究的问题，例如，研究更先进的国防尖端技术、模拟巨能核爆过程、估算 100 年以后的天气、更详尽地分析地震数据以及帮助科学家计算病毒对人体的作用等。

5. 服务器

"服务器"一词更适合描述计算机在应用中的角色，而不是刻画机器的档次。近年来，随着 Internet 的普及，各种档次的计算机在网络中发挥着各自不同的作用，而服务器在网络中扮演着最主要的角色。服务器可以是大型机、小型机、工作站或高档微型计算机。服务器可以提供信息浏览、电子邮件、文件传送、数据库等多种业务服务。

服务器的特点主要有：

（1）只有在客户机的请求下才为其提供服务。

（2）服务器对客户透明。一个与服务器通信的用户面对的是具体的服务，可以完全不知道服务器采用的是什么机型及运行的是什么操作系统。

（3）服务器严格地说是一种软件的概念。一台作为服务器使用的计算机通过安装不同的服务器软件，可以同时扮演几种服务器的角色。

1.2.5　计算机的应用

计算机正以其卓越的性能和旺盛的生命力，在科学技术、国民经济及生产、生活、工作等各个方面发挥着越来越重要的作用。其主要应用有：

1．科学计算

科学计算主要是指科学和工程中的数值计算。计算机的高速度、高精度是人所无法达到的。计算机的发展使越来越多的复杂计算成为可能，如军事、航天、气象、地震探测中的复杂计算问题。

2．数据处理

数据处理又称非数值计算，是指以计算机技术为基础，对大量数据进行加工处理，形成有用的信息。当今社会是信息社会，面对浩如烟海的各种信息，为了全面、深入、精确地认识和掌握这些信息所反映的事物本质，必须用计算机进行处理。目前数据处理已广泛应用于办公自动化、事务处理、情报检索等方面。

3．过程处理

过程控制又称实时控制，是指用计算机及时采集检测数据，按最佳值迅速地对控制对象进行自动控制或自动调节。现代工业的生产规模不断扩大，技术、工艺日趋复杂，对实现生产过程自动化的控制系统的要求也日益提高，利用计算机进行过程控制，不仅可以大大提高自动化水平，而且可以提高控制的及时性和准确性，从而改善劳动条件，提高质量，降低成本。计算机过程控制已在冶金、石油、化工、纺织、水电、机械、航天等部门得到了广泛应用。

4．计算机辅助系统

计算机辅助系统是指通过人机对话，利用计算机辅助人们进行设计、加工、计划和学习等工作。

计算机辅助设计（computer-aided design，CAD）是指利用计算机帮助设计人员进行工程、美术等设计工作。采用 CAD 可将设计工作的计算、绘图、数据存储与处理等繁重工作交由计算机来完成，以大幅度提高工作效率和设计质量。

计算机辅助制造（computer-aided manufacturing，CAM）是指利用计算机进行生产设备的管理、控制和操作的过程。CAM 已广泛应用于飞机、汽车、家电等制造业，成为计算机控制的无人生产线和无人工厂的基础。

计算机辅助教育（computer based education，CBE）是指利用计算机对教学、训练和教学事务进行管理，包括计算机辅助教学（computer-aided instruction，CAI）和计算机管理教学（computer managed instruction，CMI）。多媒体技术和网络技术的发展推动了 CBE 的发展。

5．人工智能

人工智能是研究怎样让计算机做一些通常认为需要智能才能做的事情，又称机器智能。例如，医疗诊断、自然语言理解、机器人博弈等。

6．多媒体应用

随着多媒体技术的发展，使得文本、声音、视频、动画、图形和图像等多种媒体能够合成起来，构成一种全新的多媒体形态，使其应用于广播、教育、商业、交通、医疗、娱乐等领域。

1.3　计算机系统

1.3.1　计算机系统的组成

计算机有别于普通的家用电器或一般的科学仪器，一个完整的计算机系统必须由硬件系统和软件系统两大部分组成。第一部分是机器系统，通常称硬件系统或硬件设备，第二部分是软件系统，或称程序系统。因此，凡是涉及计算机系统，指的是硬件和软件两部分，不应该将它们割裂开来，它们是个统一体。只有硬件没有软件的"裸机"是一堆金属元器件，不能使用；只有软件没有硬件，软件同样是无源之水，无本之木，没有作用。

硬件（hardware）系统是指看得见摸得着的物理实体。在计算机系统中指机器系统，包括机械设备和电子元件组成的电子设备，是计算机存在并发挥作用的物质基础。

软件（software）系统是指为使用和管理计算机而编制的各种程序及有关文档的总称。软件又分为系统软件和应用软件两大类。

计算机系统构成如图 1-3 所示。

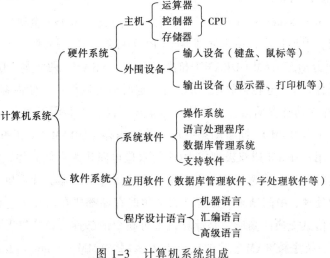

图 1-3　计算机系统组成

1.3.2 计算机硬件系统（机器系统）

在计算机研制初期，"计算机之父"匈牙利科学家冯·诺依曼领导的计算机研制小组明确提出：计算机内采用二进制数，由程序命令控制，其结构由运算器、控制器、存储器、输入设备、输出设备五大部分组成。直至今天，计算机硬件架构还没有突破五大部分组成这一设计思想，因此，有时也称我们使用的计算机为冯·诺依曼计算机。下面就硬件各部分功能作一介绍。

1．控制器（control unit）

控制器是用来实现计算机各部件之间的联系，协调各部件工作的部件，它是整个计算机的控制指挥中心。控制器通过检测接收反馈信号和发送控制信号来控制各相关设备，它类似于人的大脑，人们也把其比喻成乐队的指挥，在计算机中发挥着相当重要的作用。

2．运算器（colculator unit）

运算器是对编成代码的信息进行算术和逻辑运算的部件（记作 ALU）。其中主要由全加器构成，它好比是算盘，计算机的一切运算都通过它来进行，是计算机的核心部件。

3．存储器（memory）

存储器是用来记忆、存储程序和数据的部件。它是计算机中的数据仓库，程序、原始数据、中间结果或最后结果全部存储在其中，其结构如图 1-4 所示。存储器又分为两大类：内存储器（主存储器）和外存储器。这里主要讨论内存储器，简称"主存"或"内存"，外存储器后面还将介绍。现在内存储器大都由半导体存储器件组成。

内存储器按其功能分为随机存储器（RAM）和只读存储器（ROM）。

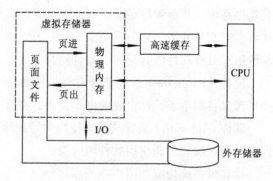

图 1-4　存储器的结构

1）随机存储器（RAM）

RAM（random access memory）又称读写存储器，一般由 MOS（金属氧化物半导体）元件组成，存取速度快，但容量小，中央处理器（CPU）可随机读/写数据，关机或断电时数据将全部消失。RAM 可分动态 RAM（DRAM）和静态 RAM（SRAM）两大类。DRAM 用 MOS 电路和电容作为存储元件，由于电容会放电，所以需要定时充电以维持存储内容正确（如每隔 2 ms 刷新一次），因此称为动态存储器，它的特点是集成度高，主要用于大容量内存，除此以外，还有同步动态内存（SDRAM），同步动态内存比普通内存（DRAM）效果好，SDRAM 为现在大多数计算机所采用；SRAM 用双极型或 MOS 的双稳电路作为存储元件，它没有电容断电造成的刷新问题，其特点是存取速度快，主要用于高速缓冲存储器。计算机工作时，程序、命令的运行和信息的处理，中间结果和最终结果的暂时存储都要在内存中进行。因此，RAM 是计算机运行过程中信息交换的场所，是计算机不可缺少的部件。计算机工作时要求有足够的 RAM 空间。现在的系统主板 RAM 芯片的插座上大多用"SLMM"（single in line memory module）

内存扩展插槽。内存条的引脚有统一的标准，常见的有 30 线、72 线和 168 线三大类。

2）只读存储器（ROM）

ROM（read only memory）是一种存储固定信息的存储器。内容是事先写入的，计算机运行时，只能读出，不能写入或修改删除数据，断电数据不会丢失。一般采用掩模技术和半导体存储器制成 ROM 芯片，不管电源是开或是关，其中的数据会一直保存，通常用来存放专用的固定程序，在生产时将基本的参数写入其中，不再更改。常见的 ROM 芯片有掩模型、可编程型和可改写型。可改写型 ROM 中，采用紫外线照射技术改写的称为 EPROM，采用外加电流技术改写的称为 EEPROM。PC 中的 ROM 芯片，存储着操作系统中最基本的内容——ROM BIOS（基本输入/输出系统），它包括：自检程序、系统引导程序、输入/输出驱动程序和 128 个 ASCII 字符的点阵显示信息等。

内存储器容量早期从 64 KB（KB 为千字节）、256 KB、512 KB 到 640 KB，现在 PC 内存基本在 2 GB 以上。

3）数据存储单位

（1）位（bit，b）。每一位二进制数（0 或 1）称为一个比特（binary digit）。比特是计算机内部存储、运算、处理数据的最小单位，缩写用 b 表示。

（2）字节（byte，B）。一个字节由 8 位二进制数组成，1 B=8 b。字节是数据存储中最常用的基本单位，缩写用 B 表示。

（3）字（word）。字是位的组合，用来表示数据或信息的长度单位。其长度取决于机器类型。

（4）字长（word size）。字长就是字的长度，也就是字的二进制位数，一个字由若干字节组成，称为字长，如 32 位、64 位等。字长是各类计算机设计时规定的，它作为存储、传送、处理数据的单位，是衡量计算机性能的重要指标。计算机字长越长，意味着速度更快——相同时间内传送处理信息越多；主存更大——有更大的寻址空间；功能更强——可支持数量更多的指令集。

计算机的存储容量及文件大小通常采用字节（B）作为单位。但字节单位太小，为了方便，还常使用千字节 KB（kilobytes）、兆字节 MB（megabytes）、吉字节 GB（gigabytes）以及 TB（terabytes）、PB（patabytes）和 EB（exabytes）等单位。

$$1\ KB=1\ 024\ B\ (2^{10}\ B)\qquad 1\ MB=1\ 024\ KB\ (2^{20}\ B)\qquad 1\ GB=1\ 024\ MB\ (2^{30}\ B)$$
$$1\ TB=1\ 024\ GB\ (2^{40}\ B)\qquad 1\ PB=1\ 024\ TB\ (2^{50}\ B)\qquad 1\ EB=1\ 024\ PB\ (2^{60}\ B)$$

4．输入设备（input device）

输入设备就是向计算机输入原始数据和处理这些数据所使用的程序的部件。常见的输入设备有键盘、鼠标、扫描仪、光驱、话筒等。

5．输出设备（output device）

输出设备是将计算机处理后的结果输出的设备。常用的输出设备有显示器、打印机、绘图仪、光驱等。

1.3.3　计算机软件系统

计算机功能的强弱不仅取决于其硬件的优越性，也取决于软件配备的丰富程度。计算机软件系统一般由系统软件、程序设计语言及应用软件组成。

1. 系统软件

系统软件是计算机系统必备的软件，主要功能是管理、控制和维护计算机软、硬件资源，由计算机厂商或软件公司提供。系统软件主要由操作系统、语言处理程序、数据库系统、支持程序等组成。

1）操作系统

（1）操作系统的形成与发展。操作系统是计算机最基本、最重要、最核心的系统软件。操作系统从无到有、从小到大，功能不断增强，它是随着计算机硬件技术和软件技术的发展而逐步完善的。操作系统的形成过程大致经历了手工操作、管理程序和操作系统 3 个阶段。

（2）操作系统的概念。操作系统是直接控制和管理计算机硬件系统和软件资源的程序集合。操作系统是计算机系统的总管，是用户和计算机之间的接口，是用来对计算机的硬件和软件资源进行管理，是系统软件中最核心最重要的软件。

引入操作系统基于两个目的：一是方便用户使用计算机，为用户提供一个清晰、简洁、易于操作的友好界面。二是要最大限度地使计算机系统中的 CPU、内存、外围设备、程序等各种硬件资源和信息资源得到充分和合理的利用。

关于操作系统可以从三个方面来理解：

① 操作系统是计算机系统中最重要的、最基本和不可缺少的系统软件之一。没有操作系统，计算机就不能运行；用户如果不了解操作系统，就不能使用好计算机。

② 操作系统是计算机系统的"总管"。它由许多程序模块组成，这些程序模块相互配合，共同完成对计算机硬件和软件资源的管理，并合理地组织工作流程，控制、指挥和协调内存与外围设备的工作。操作系统与计算机的硬件系统密切相关。

③ 计算机配上操作系统有以下好处：能提高计算机的使用效率；能合理、安全、可靠地管理计算机的四大资源（CPU、存储器、I/O 设备和文件）；用户通过操作系统的人机交互接口界面能方便地操作计算机，而不必去过多地理解各种硬件的特性和直接操作硬件。

（3）操作系统的功能。操作系统的功能分为进程与处理机管理、内存的分配和管理、外围设备的管理以及文件管理。

① 进程与处理机管理：处理机是指 CPU。CPU 是执行程序（包括系统程序和用户程序）的唯一部件，是计算机中最宝贵的硬件资源。CPU 处理信息速度是很快的。无论是存储器的存取速度，还是外围设备的工作速度，都远远比不上 CPU 的速度。如果 CPU 服从其他部件的较慢速度，那么它的功能就不能充分发挥，这无疑是一种浪费。在操作系统控制下，CPU 按预先规定的优先顺序和管理原则，轮流地为若干外围设备和用户服务，或者在同一段时间内并行地处理多个任务，以达到资源共享，从而大大提高整个计算机系统的工作效率。如何管理好 CPU、提高 CPU 的使用效率就成为操作系统的核心任务。尤其是在多用户系统中，同

时有多个用户在使用计算机，同时运行着多个程序，CPU 如何分配、如何调度，这就是处理机管理要解决的问题。即使是在微型计算机上，也时常会让计算机同时干着几件事（多任务）。例如，在编辑一篇文章的同时播放着音乐；在欣赏网页的同时下载一个文件。之所以能这样工作，都与操作系统的调度功能分不开。

管理 CPU 的目的是更有效地执行程序，而正在执行的程序就是"进程"。进程也是操作系统管理的对象，进程管理与处理机管理密不可分。

② 内存的分配和管理：当计算机解决一个具体问题时，内存中要预先读入操作系统、编译系统、用户程序和数据等许多内容，这些既要保持联系，又要保证各自的存储和运行空间不受干扰和破坏。这就需要由操作系统对内存进行统一的分配和管理。一般说来操作系统将内存划分为系统软件区、用户工作区、I/O 设备缓冲区和数据区，并采取保护措施，使它们互相联系而又不互相覆盖。计算机的内存容量有限，合理地分配与使用内存是很重要的。如果一些无用的内容占据着内存空间，显然是一种浪费，操作系统可以按一定的原则不断收回空闲的存储空间，并且还可使有用的内容暂时覆盖掉无用的内容，待需要时再把被覆盖掉的内容重新从外存调入内存，从而增加内存的虚拟容量。

③ 外围设备的管理：一台计算机常常有许多外围设备（简称外设），它们向 CPU 发出请求，CPU 要为它们服务。为了 CPU 和外围设备能协调工作，就必须在操作系统的安排下，按照优先顺序进行排队，它们才能有条不紊地工作。

④ 文件管理：操作系统对文件的管理使用户不必对文件在磁盘上的物理存放格式过多了解，文件统一由操作系统调度和管理。操作系统的基本功能如图 1-5 所示。

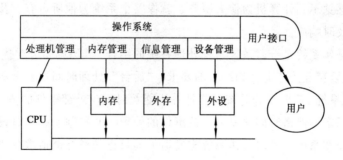

图 1-5　操作系统的基本功能

（4）操作系统的分类。不同的硬件结构、不同的应用环境，要求使用不同类型的操作系统。对操作系统有多种分类方法，例如，按用户分单用户操作系统和多用户操作系统；按中外文分中文操作系统和西文操作系统；按任务分单任务操作系统和多任务操作系统；按系统提供的功能分批处理操作系统、分时操作系统、实时操作系统；按计算机配置分单机配置操作系统和多机配置操作系统；单机配置操作系统又可分为大型机操作系统、小型机操作系统和微型机操作系统；多机配置又可再分为网络操作系统和分布式操作系统。下面举例说明不同操作系统的工作方式和特征。

① 单用户操作系统。单用户操作系统面对单一用户，所有资源都提供给该用户使用，

用户对系统有绝对的控制权。单用户操作系统一般是为微型计算机和简单小型机而设计的操作系统，这类计算机规模小，外观简单，计算机的全部资源为一个用户所独有。大多数微型计算机的操作系统属于此类操作系统。

② 批处理操作系统。批处理操作系统的工作方式是：用户将作业交给系统操作员，系统操作员将许多用户的作业组成一批作业之后输入到计算机中，在系统中形成一个自动转接的连续的作业流，然后启动操作系统，系统自动、依次执行各作业，最后由操作员将作业结果交给用户。批处理操作系统的特点是：多道和成批处理。因为用户自己不能干预自己作业的运行，一旦发现错误不能及时改正，从而延长了软件开发时间，所以这种操作系统只适用于成熟的程序。其优点是：作业流程自动化，效率高，吞吐率高。缺点是：无交互手段，调试程序困难。

③ 分时操作系统。分时操作系统的工作方式是：一台主机连接了若干个终端，每个终端有一个用户在使用；用户交互式地向系统提出命令请求，系统接收每个用户的命令，采用时间片轮转方式处理服务请求，并通过交互方式在终端上向用户显示结果；用户根据上步结果发出下道命令。分时操作系统将 CPU 的时间划分成若干个片段，称为时间片。操作系统以时间为单位，轮流为每个终端用户服务。由于 CPU 速度很快，每个用户轮流使用一个时间片并不感到有别的用户存在。

分时操作系统具有多路性、交互性、独占性和及时性的特征。多路性是指同时有多个用户使用一台计算机，宏观上看是多个人在同时使用一个 CPU，微观上是多个人在不同时刻轮流使用 CPU。交互性是指用户根据系统响应结果进一步提出新请求（用户直接干预每一步）。独占性是指用户感觉不到计算机为他人服务，就像整个系统为他所占有。及时性是指系统对用户提出的请求及时响应。

常见的通用操作系统是分时系统与批处理系统的结合，其原则是分时优先，批处理在后。"前台"响应需频繁交互的作业，如终端的要求；"后台"处理时间性要求不强的工作。

④ 实时操作系统。实时操作系统是指计算机能及时响应外部事件的请求，"实时"即"立即"的意思。在规定的严格时间内完成对该事件的处理，并控制所有实时设备和实时任务协调一致地工作的操作系统。实时操作系统主要追求的目标是对外部请求在严格时间范围内做出反应，具有高可靠性和完整性。如计算机对飞机的飞行、导弹的发射、轧钢、机械加工等生产过程的控制，就要用实时控制操作系统；对于预定机票、查询航班信息、情报检索等，就要用实时信息处理系统。

⑤ 网络操作系统。网络操作系统就是在原来各自计算机系统操作上，按照网络体系结构的各个协议标准进行开发，使之包括网络管理、通信、资源共享、系统安全和多种网络应用服务的操作系统。常用的网络操作系统有 Windows Server、Novell NetWare 等。

在网络操作系统支持下，网络中的各台计算机之间可以进行通信和共享资源。除了通信和资源共享外，还提供一些特殊的功能，如文件传输（将一个文件从一台计算机经网络传送到另一台计算机）、远程作业录入（将一个计算任务送到其他计算机去执行并将执行结果送回本机）。

⑥ 分布式操作系统。大量的计算机通过网络被连接在一起，可以获得极高的运算能力及广泛的数据共享，这种系统被称为分布式操作系统（distributed system）。

分布式操作系统的特征是：统一性，即它是一个统一的操作系统；共享性，即所有的分布式操作系统中的资源都是共享的；透明性，其含义是用户并不知道分布式操作系统是运行在多台计算机上，在用户眼里整个分布式操作系统像是一台计算机，对用户来讲是透明的；自治性，即处于分布式操作系统的多个主机都处于平等的地位。

分布式操作系统可以较低的成本获得较高的运算性能，即分布式。分布式操作系统的另一个优势是可靠性。由于有多个 CPU 系统，因此当一个 CPU 系统发生故障时，整个系统仍旧能够工作。对于高可靠的环境，如核电站等，分布式操作系统是其用武之地。

⑦ 嵌入式操作系统。嵌入式操作系统是为嵌入式电子设备提供的现代操作系统。嵌入式电子设备泛指内部嵌有计算机的各种电子设备，这些电子设备的应用范围涉及信息采集、信息交流、通信娱乐等应用领域。嵌入式操作系统是嵌入在这些设备内部的计算机操作系统，为设备实现各种灵活功能提供信息处理系统平台。嵌入式操作系统的主要特点是要满足多种多样嵌入式设备的功能需求和满足设备应用环境的需求，主要包括：

- 尽量节约设备的电池耗电，提供电源管理功能。
- 应用中有不同档次的实时性要求，特别是满足音频、视频影像等信息服务的及时性要求。
- 高可靠性要求，要防止信息丢失、泄露、恶意破坏等。
- 操作系统的易移植性的要求，满足在多种硬件环境下安装和配置的需要。

⑧ 智能卡操作系统。在日常生活中的各类智能卡中都隐藏着一个微型操作系统，称为智能卡操作系统。它围绕着智能卡的操作要求，提供了一些必不可少的管理功能。

智能卡的名称来源于英文名词 smart card，智能卡中的集成电路包括中央处理机、存储部件以及对外联络的通信接口，其原理及构造如图 1-6 所示。

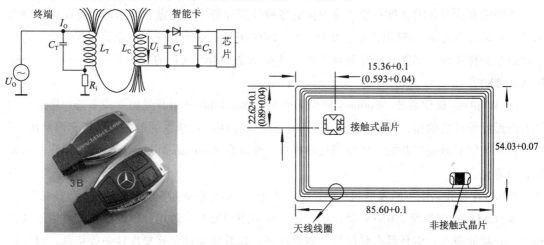

图 1-6　智能卡示意图

智能卡操作系统一般都是根据某种智能卡的特点及其应用范围而专门设计开发的。智能卡操作系统所提供的指令类型大致可分为数据管理类、通信控制类和安全控制类，其基本指令集由 ISO/IEC 7816-4 国际标准给出。

在读写器与智能卡之间通过"命令-响应"方式进行通信和控制，即读写器发出操作命令，智能卡接收命令，操作系统对命令加以解释，完成命令的解密与检验，然后操作系统调用相应程序进行数据处理，产生应答信息，加密后送给读写器。

智能卡操作系统具有 4 个基本功能：资源管理、通信管理、安全管理和应用管理。资源管理的基本任务是管理卡上的硬件、软件和数据资源。通信管理的主要功能是执行智能卡的信息传送协议，接收读写器发出的指令，对指令传递是否正确进行判断，自动产生对指令的应答并发回读写器，为送回读写数据及应答信息自动添加传输协议所规定的附加信息。安全管理包括对用户与卡的鉴别、核实功能，以及对传输加密与解密操作等。应用管理功能包括对读写器发来的命令进行判断、译码和处理。

一台计算机中可以有两种或两种以上的操作系统并存。例如，操作系统 Windows 7 与操作系统 Linux 可同时并存。

一个操作系统可以兼有多种操作系统的功能。在已推出的多种操作系统中，UNIX 就是一个多用户、多任务的分时操作系统；MS-DOS 是单用户单任务操作系统；OS/2 是单用户多任务操作系统；Windows、Linux 是一种提供了图形用户界面的多任务操作系统。

（5）常用的操作系统。不同的用途、不同的计算机根据需要可以采用不同的操作系统。下面简要介绍在微型计算机上广泛使用的几种操作系统。

① DOS 操作系统。DOS 操作系统是 Microsoft 公司开发的，早期广泛运行于 IBM PC 及其兼容机上的磁盘操作系统（因主要功能是对磁盘文件存储的管理），全名是 MS-DOS。

MS-DOS 的最早版本是 1981 年 8 月发表的 1.0 版，至 1993 年 6 月推出了 6.0 版本。MS-DOS 是一个单用户微型计算机操作系统，4.0 版本开始具有多任务处理能力。主要功能有命令处理、文件管理和设备管理。命令处理对用户输入的键盘命令进行解释和处理；文件管理负责建立、删除和读写各类文件；设备管理完成各种外围设备，如键盘、显示器、打印机、磁盘和异步通信设备的输入/输出操作。此外，MS-DOS 还具有系统管理和内存管理等功能。它是一种命令操作系统。例如，删除磁盘（D:\）上的名为 ABC.TXT 的文件可用删除命令：DEL D:\ABC.TXT。

② Windows 操作系统。Windows 操作系统是由 Microsoft 公司开发的支持多道程序运行的具有图形界面环境的操作系统。Windows 最初是作为对 DOS 操作系统的图形化扩充而推出的，它的多任务图形界面以及统一的应用程序接口，使得在 Windows 环境下运行的应用程序的操作大为简化。

Windows 操作系统不断发展和更新，其功能更广，安全性更高，使用更方便，网络更强大。

③ UNIX 操作系统。UNIX 操作系统是一种多用户交互式通用分时操作系统。由于其结构简单，功能强大，而且具有移植性、兼容性好，以及伸缩性、互操作性强等特色，成为使用广泛、影响较大的主流操作系统之一，被认为是开放系统的代表。

　　UNIX 操作系统是由美国电报电话公司的 Bell 实验室开发，至今已有 30 多年的历史，它最初是配置在 DEC 公司的 PDP 小型机上，后来在微型计算机上也可使用。UNIX 操作系统是唯一能在微型计算机工作站、小型机到大型机上都能运行的操作系统，也是当今世界最流行的多用户、多任务操作系统。

　　④ Linux 操作系统。Linux 操作系统是一种国际流行的自由软件操作系统。UNIX 是商品软件，而 Linux 是一种自由软件。它遵循 GNU 组织倡导的通用公共许可证规则而开发，其源代码可以免费向一般公众提供。我国的红旗 Linux 就是在其基础上开发的。

　　1991 年，芬兰赫尔辛基大学的 21 岁学生 Linus Torvolds 在学习操作系统时，将自己开发的 Linux 系统源程序完整地上传到 Internet 上，允许自由下载。许多人对这个系统进行改进、扩充和完善，并做出了关键性的贡献。

　　⑤ Mac OS 操作系统。Mac OS 操作系统是运行于苹果 Macintosh 系列计算机上的操作系统，是首个在商用领域获得成功的图形用户界面。由于 Macintosh 的架构与 PC 不同，而且用户不多，所以很少受到病毒的袭击。苹果公司能够根据自己的技术标准生产计算机、自主开发相应的操作系统，其技术和实力非同一般，就像是 Intel 和微软的联合体。

　　苹果计算机公司成立于 1976 年，由 Steve Jobs 和 Steve Wozniak 两人创立，当年他们就开发并销售供个人使用的计算机 Apple I，先后又开发了 Apple II、Apple III 微型机。苹果公司一直以追求完美和技术领先为特色，并于 1984 年推出了革命性的 Macintosh 计算机，之后又推出了 Mac II（1987）、Mac Portable（1989）、Mac LC（1990）、PowerBook 100（1991）、PowerBook 165c（1993）、Power Mac（1994）、Power Mac G3（1997）和 Power Mac G4（2003）。苹果计算机以其精美的外形设计，优秀的绘图功能，先进的操作系统吸引了不少用户。因此，在计算机界形成了两大流派：IBM PC 和 Macintosh。

　　1984 年，苹果发布了 System 1，这是一个黑白界面的，也是世界上第一款成功图形化的用户界面操作系统，System 1 含有桌面、窗口、图标、光标、菜单和卷动栏等项目。在随后的十几年中，苹果操作系统历经了 System 1 到 System 7.5 的变化，苹果操作系统从单调的黑白界面变成 8 色、16 色、真彩色，在稳定性、应用程序数量、界面效果等各方面，都发生了很大的变化。从 7.6 版开始，苹果操作系统更名为 Mac OS，如 Mac OS 8 和 Mac OS 9，直至现在的 Mac OS x 操作系统。

　　Mac OS x 版本是以大型猫科动物命名的。2001 年 3 月，Mac OS x 正式发布，Mac OS x 10.0 版本的代号为猎豹（Cheetah），10.1 版本代号为美洲狮（Puma）（2001.9）、10.2 版本的代号为美洲虎（Jaguar）（2002.8）、10.3 版本的代号为黑豹（Panther）（2003.10）、10.4 版本的代号为老虎（Tiger）（2005.4）、10.5 版本的代号美洲豹（Leopard）（2007.10），2009 年 8 月发布的 Mac OS x 10.6 版本代号为雪豹（Snow Leopard）。

　　2）语言处理程序

　　通常把用高级语言或汇编语言编写的程序称为源程序。计算机不能直接识别源程序，必须先翻译成用机器指令表示的目标程序才能执行。语言处理程序的任务就是将源程序翻译成目标程序。

语言处理程序可分为汇编程序、编译程序和解释程序三种。

（1）汇编程序。把用汇编语言编写的源程序翻译成机器指令表示的目标程序的程序称为汇编程序，翻译的过程称为"汇编"。

（2）编译程序。编译程序将高级语言源程序整个翻译成目标程序，使目标程序和源程序在功能上完全等价，然后执行目标程序。翻译过程称为"编译"。

（3）解释程序。解释程序将高级语言源程序一句一句地翻译成机器指令，翻译一句执行一句，当源程序翻译完后，目标程序也执行完毕。翻译过程称为"解释"。

从上面的介绍可以看出："编译"和"解释"两种翻译方式各有其优缺点。编译方式执行速度快，省时，但占用内存多，浪费存储空间，使用不够灵活；"解释"方式执行速度慢，费时，但占用内存少，节省存储空间，使用灵活。

语言处理程序的作用在后面介绍程序设计语言时还将作介绍。

3）数据库管理系统

数据库管理系统（database management system，DBMS）是一种操作和管理数据库的大型软件，用于建立、使用和维护数据库。它对数据库进行统一的管理和控制，以保证数据库的安全性和完整性。用户通过 DBMS 访问数据库中的数据，数据库管理员也通过 DBMS 进行数据库的维护工作。它提供多种功能，可使多个应用程序和用户用不同的方法在同一时刻或不同时刻去建立、修改和询问数据库。它使用户能方便地定义和操作数据、维护数据的安全性和完整性，以及进行多用户下的并发控制和恢复数据库，是帮助用户建立和使用数据库的工具和手段。

4）支持软件

支持软件又称支撑软件，是指在软件开发过程中进行管理而使用的软件工具，是系统软件的一个重要组成部分，它们或者包含在操作系统之内，或者可被操作系统调用。支持软件包括编辑程序、连接装配程序、诊断排错程序、调试程序等。

（1）编辑程序。编辑程序是指在计算机上实现编辑功能的程序，它能把存在计算机中的源程序显示在屏幕上，然后根据需要进行增加、删除、替换和连接等操作。如 EDLIN。

（2）连接装配程序。编译器和汇编程序都经常依赖于连接程序，它将分别在不同的目标文件中编译或汇编的代码搜集到一个可直接执行的文件中。在这种情况下，目标代码，即还未被连接的机器代码，与可执行的机器代码之间就有了区别。连接程序还连接目标程序和用于标准库函数的代码，以及连接目标程序和由计算机的操作系统提供的资源（例如，存储分配程序及输入与输出设备）。连接过程对操作系统和处理器有极大的依赖性。

（3）诊断排错程序。诊断排错程序有时又称查错程序。它的功能是诊断计算机各部件能否正常工作，有的既可用于对硬件故障的检测，又可用于对程序错误的定位。因此，它是面向计算机维护的一种软件。例如，对微型计算机加电以后，一般都首先运行 ROM 中的一段自检程序，以检查计算机系统是否正常工作，这段自检程序就是最简单的诊断程序。

（4）调试程序。调试程序是可在被编译了的程序中判定执行错误的程序，它也经常与编译器一起放在 IDE 中。运行一个带有调试程序的程序与直接执行不同，这是因为调试程序保存着所有的或大多数源代码信息（诸如函数、变量名和过程）。它还可以在预先指定的位置[称为断点（break point）暂停执行，并提供有关已调用的函数以及变量的当前值的信息。为了执行这些函数，编译器必须为调试程序提供恰当的符号信息，而这有时却相当困难，尤其是在一个要优化目标代码的编译器中。因此，调试又变成了一个编译问题。

2. 程序设计语言

人与人之间交流沟通主要通过使用语言来完成，这样的语言称为自然语言；人与计算机"交流沟通"同样通过使用语言来完成，这样的语言称为计算机语言（又称程序设计语言）。为了完成某项工作用计算机语言编写的一组指令的集合就称为程序。长期以来，"编写程序"和"执行程序"是利用计算机解决问题的主要方法和手段。计算机语言的发展过程是其功能不断完善、描述问题的方法愈加贴近人类思维方式的过程。

计算机语言主要有三大类：机器语言、汇编语言、高级语言。

1）机器语言

机器语言是计算机诞生和发展初期使用的语言，表现为二进制的编码形式。在计算机中，指挥计算机完成某个基本操作的命令称为计算机指令。所有指令集合称为指令系统，直接用二进制代码"0、1"来表示的指令系统称为计算机的机器语言。机器语言是计算机硬件系统真正能理解和执行的唯一语言，因此，它的效率最高，执行速度最快，不需要进行"翻译"。

机器语言是从属于硬件设备的，不同的计算机设备有不同的机器语言。直到如今，机器语言虽然不再是程序员的编程语言，但仍然是计算机硬件所能执行的唯一语言。

在计算机发展初期，人们直接使用机器语言来编写程序，那是一种相当复杂和烦琐的工作。例如，一条机器指令：

00000100　00001111

该指令是加法指令，将寄存器 AX 内容加 15，结果仍保存在寄存器 AX 中。

可以看出，机器语言由于直接采用二进制表示，虽方便了机器，但苦了程序员，其特点是难懂、难记、不易理解，如 8BD8H 和 03DBH 是 8086/8088 微处理器的机器指令，如果不通过查看编码指令手册就很难知道其指令的含义。使用机器语言编写程序很不方便，且要求使用者熟悉计算机的很多硬件细节。随着计算机硬件结构越来越复杂，指令系统也变得越来越庞大，一般的工程技术人员难以掌握。为了减轻程序设计人员在编制程序工作中的烦琐劳动，计算机工作者开展了对于程序设计语言的研究以及语言处理程序的开发。

2）汇编语言

用机器语言编写程序有许多困难，为了克服这些困难，人们于 20 世纪 50 年代初开发了汇编语言。汇编语言是一种机器语言的"符号化"语言，使用了助记符（帮助记忆的符号）及数学语言来表示机器指令，程序员更容易记忆和理解。如 ADD、MOV 代表加、传送等。汇编语言很多，如 Z80 汇编，PDP-11 汇编等。例如，上面的机器指令可以表示为：

ADD　AX, 15

对计算机来说，汇编语言是无法直接运行的，由于计算机是采用二进制数，因此必须将汇编语言编写的程序通过"汇编"程序翻译成机器语言程序，计算机才能执行。

由于便于识别记忆，汇编语言比机器语言前进了一步，但汇编语言程序的大部分语句还是和机器指令一一对应的，语句功能不强，因此编写一个较大的程序仍然很烦琐。而且汇编语言都是针对特定的计算机或计算机系统设计的，对机器的依赖性仍然很强。用汇编语言编写完的程序要依靠计算机的翻译程序（汇编程序）翻译成机器语言后方可执行，这时用户看到的计算机已是装配有汇编软件的计算机。

由于汇编语言与硬件结合紧密，所以，在一些底层软件的开发中（如硬件接口控制），或某些追求代码效率的场合，程序员仍在采用汇编语言编写程序。

机器语言和汇编语言统称为低级语言。

3）高级语言

虽然汇编语言比机器语言前进了一步，但使用起来仍不方便，而且汇编语言通用性不好，因此人们于 20 世纪 50 年代中期又开发出了一类更为方便的语言，即高级语言。它与人们日常熟悉的自然语言和数学语言更接近。高级语言的语句功能更强、可读性更好、编程也更加方便。例如，上面的汇编指令可写为：

AX=AX+15。

高级语言又称算法语言，具有严格的语法、语义规则，没有二义性。在语言表示和语义描述上，更接近人类的自然语言（英语）和数学语言。计算机现在之所以能够广泛普及使用的原因之一，就是高级语言消除了人–机之间的语言障碍，克服了早期计算机只有专业人员才能使用的局限，这是计算机普及的前提和基础。计算机高级语言种类很多，常用的高级语言有 C、Visual Basic、Visual C、Java 等。

高级语言也必须通过"编译"或"解释"方式翻译成机器语言程序后，计算机才能执行。

用一种高级语言编写的源程序，可以在具有该种语言编译系统的不同计算机上使用。高级语言源程序经过编译或解释程序译成机器语言后，便可在本台计算机上执行。

3. 应用软件

应用软件是为了解决用户不同的实际问题而编写的一类软件。它包括商品化的通用软件和实用软件，也包括用户自己编制的各种应用程序。

按照应用软件的应用领域与开发方式，可以把应用软件分为三类：

1）定制软件

定制软件是针对某些具体应用问题而研制的软件。这类软件是完全按照用户自己的特定需求而专门进行开发的，应用面相对较窄，运行效率较高。例如，股票分析软件、工资管理软件、学籍管理软件和企业经营管理软件等。

2）应用软件包

在某个应用领域中有一定通用性的软件，通常称为应用软件。应用软件包可能不能满足该领域内所有用户的需要，通常用户购买这类软件后，需要经过二次开发后才能投入实际使用。如财务管理软件包、统计软件包和生物医用软件包等。

3）流行应用软件

在一些使用相对广泛的领域中有着相当多用户的流行应用软件，这些软件不断推出新的版本，不断改进其功能、效率和使用的方便性。如 Microsoft Office、WPS Office 等。

总的来说，应用软件正朝着商品化、产业化、人性化方向发展。用户界面越来越好，功能越来越完善，操作简单，即学即用。应用软件可以由用户自己开发，也可以在市场上购买。各种各样的应用软件与日俱增，可谓只怕想不到，不怕做不到，使用也越来越方便。

1.3.4　计算机软、硬件系统及用户的关系

计算机硬件系统与软件系统组成了计算机系统，两者缺一不可。硬件系统是软件系统得以运行的基础，软件系统是硬件系统发挥作用的必备条件。如果我们将计算机比喻成一个人，那么硬件系统好比人的"躯体"，软件系统好比人的"思想"。"思想"支配"行动"。

计算机硬件系统、软件系统及用户关系如图 1-7 所示。

从图 1-7 中可以看出，硬件是组成计算机系统的基础，软件是发挥和使用计算机硬件的保障。在软件中，各类软件的作用和地位是不平等的，系统软件尤其是操作系统是软件的核心，是用户和计算机系统之间的桥梁，而应用软件则是用户使用计算机的手段。

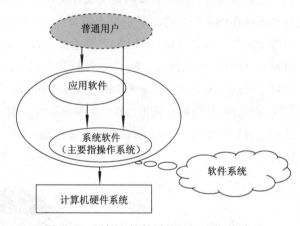

图 1-7　硬件和软件系统及用户间的关系

1.4　微型计算机硬件构成

1.4.1　微型计算机的主机构成

微型计算机主机部分的大多数部件都安装在主机箱内的主板上，外围设备通过 I/O 接口与主板相连，如图 1-8 所示。

1. 主板（main board）

主板又称母板（mother board），是微型计算机中一块最大的印制电路板，CPU、ROM、RAM、控制芯片组、Cache、I/O 扩展槽等都安插在这块印制电路板上，它是整个计算机的组织核心，是计算机最基本也是最重要的部件之一，是计算机设备"安家落户"的场所。主板一般为矩形电路板，上面安装了组成计算机的主要电路系统，一般有 BIOS 芯

图 1-8　微型计算机主机

片、I/O 控制芯片、键盘和面板控制开关接口、指示灯插接件、扩充插槽、主板及插卡的直流电源供电插接件等元件，如图 1-9 所示。可以说，主板的类型和档次从一个侧面决定着整个微型计算机系统的性能和档次。目前，主板的种类和档次很多，按主板构架（CPU 接口）可分为 Slot1、Slota、Socket 7（Super 7）、Socket 370 四种类型，按主板的外形（供电方式）可分为 AT、ATX 两大类。AT 主板现已淘汰。

2. CPU 及 CPU 插座

控制器和运算器是计算机的核心部件，把这两个部件集成在一块大规模集成电路芯片上，形成的既有控制能力又有计算机能力的芯片叫中央处理器（central processing unit，CPU），又称微处理器（MPU），它是决定微型计算机技术性能的最重要器件。处理器的性能指标有字长、主频等多项，其中主要的是字长和主频。主频是计算机 CPU 的时钟频率，是计算机各部件之间操作的定时信号，时钟频率越高，表示 CPU 的速度越快。目前主流处理器的字长是64 位，主频大多在 2 GHz 以上，运算速度可以达到每秒亿次运算。生产 CPU 的两大巨头 Intel 公司和 AMD 公司生产的双核 CPU 大都在 2 GHz 以上。例如，Pentium 3.0 GHz 指的就是 Intel 公司生产的主频达 3.0 GHz 的 CPU。其中 Pentium 表示 CPU 的型号，3.0 GHz 为时钟频率，表示 1s 内 CPU 的时钟会发出 3.0 G 次振荡脉冲，时钟频率的单位是 Hz。当然，计算机的运行速度除时钟频率外，还与 CPU 数据宽度位数、CPU 内部数据处理位数、外围设备的运行速度快慢等有关。

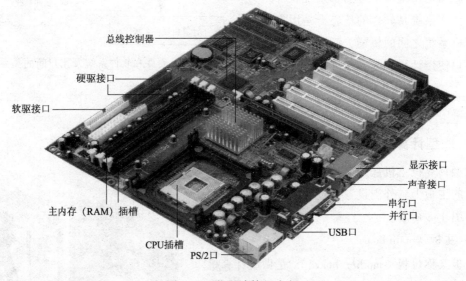

图 1-9 微型计算机主板

CPU 是计算机硬件的核心，在主机板上它被安插在专门的 CPU 插座上。CPU 在工作时会产生大量的热量，因此 CPU 安装散热片和散热风扇是必要的，不安装这些散热装置可能导致 CPU 过热损坏。由于集成化程度和制造工艺不断提高，越来越多的功能被集成进 CPU 中，使 CPU 管脚数量不断增加，导致插座尺寸也越来越大，CPU 插座主要分为 Socket、Slot 和 LGA 工业标准。例如，Pentium 4 微处理器采用的是 478 插座。CPU 外观如图 1-10 所示。

Pentium 4　处理器

顶面　　　　　　　　　　底面

图 1-10　CPU 外观图

CPU 的发展和产品的更新换代十分迅速，目前 CPU 的制造工艺和性能已有了很大飞跃，中央处理器已进入四核和八核时代。二级高速缓存达到 2 MB 以上，运算速度达亿次以上，数据处理能力不断提高，随着计算机网络的提速和多媒体功能的发展，CPU 的升级、更新换代周期也越来越短。

3. 内存

微型计算机中的内存常称内存条，容量一般是指随机存储器（RAM）的容量。内存条如图 1-11 所示。目前微型计算机中常用的内存有 SDRAM 和 DDR SDRAM 两种。

微机内存条　　　　　　　　　　　　笔记本内存条

图 1-11　内存条

SDRAM（Synchronous DRAM，同步动态随机存储器）的带宽为 64 位，3.3 V 电压，主要在 Pentium II～Pentium III 中广泛使用，在 Pentium 4 中主要配置的是 DDR 内存。

DDR SDRAM（Dual Data Rate SDRAM，双倍数据传输速率同步动态存储器）的优势在于可以在时钟周期的上升和下降阶段传输数据，所以理论上具有双倍于 SDRAM 内存的带宽。

现在 RAM 的容量通常为 1 GB、2 GB、4 GB 等。

随着 CPU 主频的不断提高，CPU 对 RAM 的存取速度不断加快，而 RAM 的响应速度相对较低，造成 CPU 等待，降低了处理速度，浪费了 CPU 的能力，为了协调两者之间的速度差，在内存和 CPU 之间设置了一个与 CPU 速度接近的、高速的、容量相对较小的存储器，把正在执行的指令地址附近的一部分指令或数据从内存调入这个存储器，供 CPU 在一段时间内使用，这对提高程序的运行速度有很大的作用，这个介于主存和 CPU 之间的高速小容量存储器称为高速缓冲存储器，一般简称为缓存。

缓存的有无和容量的大小对计算机性能有着很大影响，如 Pentium 4 的一级缓存为 16 KB，二级缓存为 512 KB，部分 Pentium 4 采用了 1 MB 的缓存。面向高端服务器的 CPU 还设有三级缓存，其容量大小一般在 1～3 MB。Intel 为了降低成本，面向低端市场，推出了一系列相同核心，但减少了缓存的处理器——赛扬（Celeron）。

4．芯片组

人们通常把 CPU 看作计算机的大脑或心脏，将各种外围设备（鼠标、键盘、显示器、打印机、视频摄像头等）视为计算机的五官和四肢，那么计算机主板上的芯片组（chipset）就可称为计算机的神经系统。芯片组实现 CPU 与计算机中的所有部件互相沟通，用于控制和协调计算机系统各部件的运行，在 CPU 与内存、外设之间起到了桥梁作用。

就目前流行的主板结构来说，芯片组一般由两个超大规模集成电路芯片组成，按它们在主板的不同位置，通常把这两个芯片分别称为"南桥（south bridge）"和"北桥（north bridge）"，如图 1-12 所示。在南北桥结构中，北桥芯片提供对 CPU、内存、AGP 显卡等高速部件的支持，以及与 PCI 总线的桥接；南桥芯片提供对键盘接口、鼠标接口、实时时钟控制器、串行口、并行口、USB 接口及磁盘驱动器接口的支持，以及与 ISA 总线的桥接。

图 1-12　主板上的南北桥

芯片组是主板上最昂贵的部件。在南桥和北桥的两个芯片中，北桥芯片的集成度和工作频率都比南桥芯片高，所以一些主板在北桥芯片上也设置了散热片。北桥芯片比南桥芯片要贵许多，它决定了主板的档次和质量，因此又称主桥（host bridge），芯片组的名称往往就是以北桥芯片的型号命名的（比如 Intel 845 芯片组中北桥芯片的型号为 Intel 82845GE），南桥芯片则常常可以根据需要任意搭配。

早期的微型计算机由于功能比较单一，其整体性能主要取决于 CPU 的性能。但是随着计算机技术的高速发展，情况已经发生了变化。一台高性能微型计算机只有高性能的 CPU 是远远不够的，芯片组作为主板的核心部分，对微型计算机的整体性能起着至关重要的作用。

近几年来，随着 CPU 频率急速攀升，芯片组速度也不断提高，以便为 CPU、RAM、显卡等部件提供高速通道。此外，芯片组的功能也在不断扩展，一些芯片组将显卡、声卡和网卡等许多功能电路都集成到了芯片组中。有了这种整合型的芯片组，主板上只要提供简单的控制器就能实现许多额外功能，这种整合主板不仅造价低，而且使整机故障率大大降低，又能满足大多数用户的需求，因此值得大力推崇。

5. 总线（BUS）

经常听人说计算机硬盘是 IDE 总线的，光驱是 SCSI 总线的，主板是 PCI 总线的，显卡是 AGP 总线的，这些总线是什么意思呢？

总线是计算机中传输数据的公共通道。如果把 CPU 比作计算机的"大脑"或"心脏"，总线就是计算机的"血管"。微型计算机都采用总线结构，即构成计算机的各部件（如 CPU、主存等）均通过专门的接口电路连接在总线上，通过总线进行数据信息传送，如图 1-13 所示。

1）按传送信息的类型划分

按传送信息的类型进行划分，总线可分为：数据总线、控制总线和地址总线。

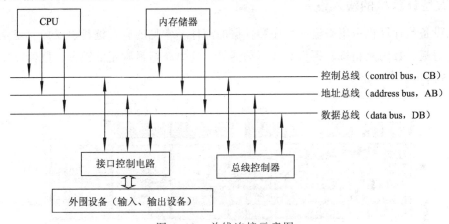

图 1-13　总线连接示意图

（1）数据总线（DB）是用于在 CPU 与内存或输入/输出接口电路之间传送数据。数据总线的宽度从一个侧面决定了 CPU 和其他设备交换信息的速度，宽度越大，位数越多，在同一时间内可以传送和接收的数据也越多。

（2）控制总线（CB）是用于 CPU 与内存、外围设备之间的控制信号与外围设备返回 CPU 的应答信号的双向传送。

（3）地址总线（AB）是用于传送存储单元输入输出接口的信息。AB 的根数决定了计算机的最大寻址内存容量。

2）按总线在计算机中的位置划分

按总线在计算机中的位置进行划分，总线可分为：内部总线和外部总线两大类。

内部总线是计算机内部各部件通信的总线，又称系统总线，按照发展的历程可分为 ISA 总线、EISA 总线、VESA 总线、PCI 总线和 AGP 总线。

6. 适配器（adapter）

适配器是外围设备与总线和微处理器连接的接口电路。根据它们连接的设备和功能不同，人们常称为"××卡"，如显卡、声卡、网卡、调制解调器等，常用的一般集成在主板上（但性能较低），有特殊要求的一般要装独立的卡，如图 1–14 所示。

VGA接口————
S-Video接口————
DVI接口————

显示适配器（显卡）—显示器
声音适配器（声卡）—话筒、音箱等声音设备
网络适配器（网卡）—网络

图 1–14　显卡

1.4.2　微型计算机的输入设备

输入设备是计算机中用来输入程序和数据的部件。常见的有：键盘、鼠标、麦克风、扫描仪、手写板、数码照相机、摄像头、驱动器等。这里介绍最常用的键盘、鼠标、扫描仪，如图 1–15 所示。

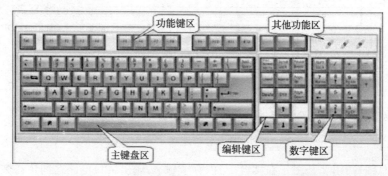

功能键区　　　　　　其他功能区

主键盘区　　　　　编辑键区　　数字键区

图 1–15　常用输入设备键盘、鼠标、扫描仪

1．键盘（keyboard）

键盘是计算机最常用也是最主要的输入设备，由按键、键盘架、编码器、键盘接口组成。键盘若按其开关接触方式可分为机械式键盘和电容式键盘。早期的键盘是机械式的，现在几乎已被电容式所代替，其特点是击键声音小、手感好，寿命较长。

微型计算机普遍采用的是 104 键键盘，其接口主要有 PS/2 接口和 USB 接口，还有一些高档键盘采用无线连接。

键盘的工作主要由其内置的单片机负责控制，单片机控制着键盘的加电自检、扫描键盘以及键盘与主机的通信等。当键盘的键被按下时，单片机扫描程序识别按键的当前位置，编码器则输出此按键所对应的扫描码，并通过接口电路传送给 CPU，若 CPU 正忙，单片机会先将内容送到键盘的缓冲区中，等待 CPU 的处理，直到 CPU 空闲为止。

2．鼠标（mouse）

鼠标是计算机的一种输入设备，分有线和无线两种，也是计算机显示系统纵、横坐标定位的指示器，因形似老鼠而得名"鼠标"。"鼠标"的标准称呼应该是"鼠标器"，英文名"mouse"。使用鼠标是为了使计算机的操作更加简便。按内部构造一般分为机械式、光机式、光电式、光学式四大类。其接口主要有 PS/2 接口和 USB 接口。还有一些采用无线连接，利用 DRF 技术把鼠标在 X 或 Y 轴上的移动、按键按下或抬起的信息转换成无线信号并发送给主机。

1）机械式鼠标

机械式鼠标底部外壳内装有一个直径 2.5 cm 的橡胶球，移动鼠标时通过滚动橡胶球来移动光标。机械式鼠标价格便宜，不需要鼠标垫，但精度有限，由于寿命较短，现已基本淘汰。

2）光机鼠标

光机鼠标顾名思义就是一种光电和机械相结合的鼠标。是目前市场上最常见的鼠标。光机鼠标在机械鼠标的基础上，将磨损最厉害的接触式电刷和译码轮改进成为非接触式的 LED 对射光路元件（主要由一个发光二极管和一个光栅轮组成），在转动时可以间隔地通过光束来产生脉冲信号。由于采用的是非接触部件，因而磨损率下降，从而大大提高了鼠标的使用寿命，也在一定程度上提高了鼠标的精度。光机鼠标的外形与机械鼠标没有区别，不打开鼠标的外壳很难分辨，由于这个原因，虽然市面上绝大部分的鼠标都采用了光机结构，但习惯上人们还称其为机械式鼠标。

3）光电鼠标

光电鼠标是利用发光二极管（LED）和光敏管协作来测量鼠标的位移，鼠标内部有红外光发射和接收装置。要让光电鼠标发挥出强大的功能，一定要配备一块专用的感光垫，光电鼠标的定位精度要比机械式鼠标高出许多，但价格较贵。

4）光学鼠标

光电鼠标由于要有鼠标垫使得携带不是很方便，1996 年罗技开发了一种更新式的光学鼠标，它是基于 Marble 感应技术的轨迹球产品。轨迹球作为鼠标家族的一员，不像其前辈那样满桌子乱跑，而是能安静地趴在桌面的一个角，替用户节省了大量空间，并且降低了手腕的疲劳程度。光学鼠标以前用于专业领域，但现在已经逐渐走向大众，被笔记本式计算机和一体化工控机所广泛采用。

鼠标一般可以执行以下四种基本操作：

（1）移动（move）：握住鼠标在桌面上或专用垫上移动时，能使光标在计算机屏幕上连续地移动。

（2）单击（click）：当光标移动到屏幕上待选定的某一项时，轻轻点击鼠标的"左键"即可完成选定这一操作。

（3）双击（double click）：快速连击两下鼠标"左键"，就如同【Enter】键功能一样，用于选取某项和执行命令、运用程序。

（4）拖动（drag）：按住鼠标"左键"不放将光标移动到目的地，即可完成将文字、图形从某一地方移动到另一地方的操作。

3．扫描仪

扫描仪就是将照片、书籍上的文字或图片扫描下来，以图片文件的形式保存在计算机里的一种输入设备。大部分扫描仪可以通过 USB 接口与计算机相连，也有的是连接在计算机的并口上。扫描仪通过光源照射到被扫描的材料上来获得材料的图像。材料将光线反射到称为CCD（change coupled device，电荷耦合器件）的光敏元件上，由于材料不同的位置其反射的光线强弱不同，因此 CCD 器件可将光线转换成数字信号，并传送到计算机中，这样就获得了材料的图像。如果将纸张上的文字扫描到计算机中，就可以通过 OCR（光学字符识别）软件将图像转换成文字，从而减轻文字录入工作。

分辨率是扫描仪很重要的特征，市面上看到的扫描仪的分辨率可以达到 300×600、600×1200 等，这一般指的是光学分辨率。光学分辨率取决于扫描仪 CCD 元件的数量和质量。一般来说，800 dpi 的分辨率已经足够了，分辨率越高，扫描出的图像越清晰。有一些扫描仪厂商可能还会提供一个称为"机械分辨率"的参数，机械分辨率的值总是比光学分辨率高出许多，在选购时要注意。

扫描仪会附带相应的驱动程序和扫描软件，但在大多数情况下，可通过 Photoshop 软件进行图像扫描，对图像进行即时处理。

常见的扫描仪品牌有：清华紫光、Mustek、N-TEK、Microtek、AGFA、UMAX 等。

1.4.3　微型计算机的存储器

存储器一般分为内存储器、外存储器、缓冲存储器等。内存储器用来存放计算机运行时随时需要使用的程序和数据，其工作速度快，存储容量小，主要采用半导体存储器，按随机存取方式工作。外存储器是一种不直接向中央处理器提供程序和数据的大容量存储器，其工作速度慢，存储容量大，主要采用磁表面存储器和光存储器，按串行存储方式工作。缓冲存储器是位于内存储器与外存储器之间的、起缓冲作用的存储器。例如，高速缓冲存储器、先进先出缓冲器等。

按存储媒介分类，存储器又可分为半导体（MOS）存储器、磁表面存储器和光存储器等。半导体存储器广泛使用的是金属氧化物半导体存储器，即 MOS 存储器。随机存储器主要采用的是 MOS 存储器，可分为动态随机存储器（DRAM）、静态随机存储器（SRAM）、视频随机存储器（VRAM）等。MOS 也可用来做只读存储器（ROM）、可编程只读存储器（PROM）、可擦编程只读存储器（EPROM）、电可擦编程只读存储器（EEPROM）、快可擦编程只读存储器（Flash EPROM），后三种半导体存储器可现场编程来更新原存储信息。

外存储器容量大，但存取速度相对较慢。外存储器有：硬盘、光盘、移动硬盘、U 盘等，如图 1-16 所示。

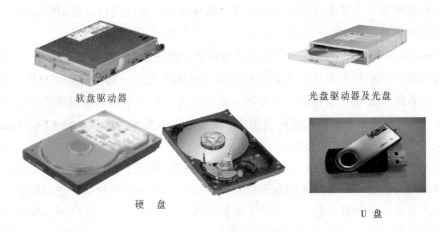

软盘驱动器   光盘驱动器及光盘

硬 盘   U 盘

图 1-16 外存储器

数据在存储介质上的存储（读/写）由存储系统完成。外存储器一般由存储盘片、驱动器组成，如图 1-17 所示。

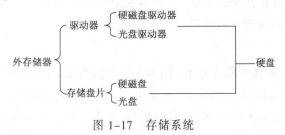

图 1-17 存储系统

1．硬盘

1）硬盘结构原理

硬盘可以理解成许多软盘的重叠，其存储原理和软盘相同，硬盘和硬盘控制器整合在一起形成一个整体，一般装在主机箱中。目前大多数硬盘采用温切斯特（Winchester）技术，所以又叫温盘，容量从几百 GB～几 TB。其特点是较软盘存储容量大，存取速度快，但不易拆卸，不易携带，拆卸搬运时应注意防震。

硬盘的结构和软盘差不多，是由磁道（track）、扇区（sector）、柱面（cylinder）、磁头（head）组成的，如图 1-18 所示

硬盘容量计算：硬盘容量=柱面数（磁道数）×扇区数×字节数/扇区×磁头数

一个有 2 048 个柱面，1 024 个扇区，256 个磁头的硬盘容量为：

$2\ 048 \times 1\ 024 \times 512 \times 256 = 274\ 877\ 906\ 944\ \text{B} = 256\ \text{GB}$

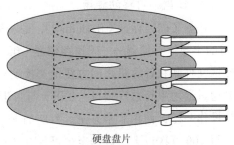

硬盘盘片

图 1-18 硬盘盘片示意图

2）硬盘与主机接口标准

硬盘接口是硬盘与主机系统间的连接部件。从整体看，硬盘接口分为 IDE/EIDE、SATA、SCSI 和光纤通道四种。

IDE（integrated device electronics）接口是最常见的硬盘接口，具有安装方便，价格低廉，兼容性好的特点。IDE 的本意实际上是把控制器与盘体集成在一起的硬盘驱动器，现在 PC 使用的硬盘大多数都是 IDE 兼容的，只需用一根电缆将它们与主板或接口卡连接起来即可。IDE 接口是一种类型的总称，但在实际应用中，发展出更多类型的接口，如 ATA、Ultra ATA、DMA、Ultra DMA 等都属于 IDE 接口。

SATA（Serial ATA）接口的硬盘又称串口硬盘。SATA 采用了串行连接方式，具备了更强的纠错能力，与以往相比最大的区别在于能对传输指令（不仅仅是数据）进行检查，如果发现错误会自动更正，这在很大程度上提高了数据传输的可靠性。串行接口还具有结构简单，支持热拔插的优点。同时，SATA 接口的数据传输率可以超过 150 Mbit/s，新的接口规范已达到 600 Mbit/s。目前市场上已经有大量该接口的硬盘，它已成为个人 PC 硬盘的主流选择。

SCSI 接口完全不同于 IDE 等家用硬盘接口，它具有很高的性能和数据传输率，SCSI 接口不仅是一个接口，而且具有总线的特点，一个 SCSI 接口可以很好地将多台外设与主机连接起来，但是价格昂贵，一般应用于服务器和高档工作站中。

2. 光盘

人们习惯将 CD-ROM 盘片称为光盘，因为它采用激光来读出内容，CD-ROM 是致密只读存储器（compact disk read only memory）的简称，从字面上可以看出，它是一种只能读出，不能写入的存储器。由于 CD ROM 具有成本低，容量大（几百 MB 到几 GB）、寿命长、方便保存等优点，颇受用户欢迎。目前，可读可写光盘（如 CD-R、CD-RW 等）的出现，使光盘的使用变得十分普及。光盘的使用离不开光盘驱动器（光驱），光驱从早期的倍速到现在常用的 32 倍速、40 倍速只不过经历了十几年时间，因此，光盘的推广应用十分迅速。

安装 CD-ROM 盘片时，只要按驱动器上的弹出按钮，盘盒会自动弹出。把标有标签的一面朝上轻轻放入，再按一次弹出按钮或轻推盘盒，盘盒就会进入驱动器。大多数 CD-ROM 驱动器都有一个耳机插口可供用户使用。

3. U 盘、可移动硬盘

U 盘又称闪存盘（flash disk），是一种较为广泛使用的移动存储产品。U 盘采用一种可读/写的半导体存储器——闪速存储器（flash memory）作为存储介质。U 盘主要用于存储较大的数据文件和在计算机之间方便地交换文件。U 盘不需要物理驱动器，也不需外接电源，只需要通过通用串行总线接口（USB）与主机相连，可热拔插，读/写文件、格式化操作与软、硬盘操作一样，使用非常方便。目前的 Flash Disk 产品存储容量大多在 4 GB～32 GB 之间，可擦写 100 万次以上，数据至少可保存 10 年，而存取速度至少比软盘快 15 倍以上。U 盘体积小、质量轻、抗震防潮、携带方便，是移动办公和文件交换的理想产品。

可移动硬盘又称 USB 硬盘，它与主机内的"温盘"相比具有较强的抗震性，其使用方法与 U 盘一样，容量一般在 100 GB～4 TB 之间。

1.4.4　微型计算机的输出设备

1. 显示器（monitor）

显示器又称监视器，它直接与显示适配器相连，接受显示适配器送来的各种信号，并将其转换成显示信号在屏幕上显示出相应的数字、文字、图形、图像。它是计算机的主要输出设备。显示器和显示适配器有机地构成了计算机的显示系统。

显示器按分辨率又可分为高、中、低分辨率显示器，分辨率是显示器的重要技术指标，每种显示器均有多种供选择的分辨率模式，能达到较高分辨率的显示器的性能较好，目前 17 in 的显示器最高分辨率一般可达 1 280×1 024 像素。显示器上的字符和图形是由一个个像素组成的，像素（pixel）是显示器显示图像的最小单位，每个像素由红（R）、绿（G）、蓝（B）三种颜色组成。像素光点的大小直接影响显示效果。在单位字符面积上，如果像素点越多（像素点越小），则字符（如汉字）、图形显示得越清晰、完整、美观，这就是通常所说的分辨率。为了控制像素的亮度和色彩深度，每个像素需要用很多个二进制位来表示，如果要显示 256 种颜色，则每个像素至少需要 8 位（一个字节）来表示，即 $2^8=256$；当显示真彩色时，每个像素要用 3 个字节的存储量（称 24 位真彩色）。

分辨率用整个屏幕上像素的数目，即屏幕上水平方向能显示像素的个数与垂直方向能显示像素的个数乘积大小来表示，乘积越大分辨率越高。常见的分辨率大致为：

低分辨率显示器 CGA：320×200。

中分辨率显示器 EGA：640×350。

高分辨率显示器 VGA：640×480。

高分辨率显示器 SVGA：1 024×768。

在 VGA 显示器出现之前，CGA、EGA 显示器采用的是数字系统，显示的颜色种类很有限，分辨率很低。现在普遍使用 SVGA 显示器，采用模拟系统，分辨率和显示的颜色种类都得到提高。

显示器的质量好坏直接影响用户使用计算机的体验，随着计算机软、硬件的更新换代，计算机显示器的品种、性能发展也很快。按显示器所用的主要器件、材料、显示工作原理来分主要有：阴极射线管（CRT）显示器、液晶显示器（LCD），它们是目前微型计算机采用的主流产品；等离子显示器（PDP）、发光二极管显示器（LED）、场发射显示器（FED），由于价格昂贵，主要用于国防军事方面等。这里主要介绍阴极射线管（cathode ray tube，CRT）显示器和液晶显示器（liquid crystal display，LCD）的特点。

1）CRT 显示器

CRT 显示器按色彩可分为单色显示器和彩色显示器。单色显示器现在已经基本不使用了，目前使用的大都是彩色显示器。

CRT 显示器的工作原理是：阴极电子枪在输入信号的控制下，发出不同强度的电子束，在加速电场和偏转磁场的作用下射向屏幕上各点，使荧光材料发出不同亮度或不同彩色的光而达到显示的目的。

2）液晶显示器

液晶显示器又称 LCD，俗称平面显示器。主要有两种：伪彩显（DSTN–LCD）和真彩显（TFT–LCD）。

DSTN（dual layer super twist nematic）显示器不能算是真正的彩色显示器，因为屏幕内每个像素的亮度和对比度不能独立地控制，它只能显示颜色的深度，与传统的 CRT 显示器显示的颜色相比相距甚远，因此又称伪彩色，现在已基本不再使用。

TFT（thin film transistor）显示器的每个液晶像素点都是由集成在像素点后面的薄膜晶体管来控制，使每个像素都能保持一定控制，从而可以做到高速度、高亮度、高对比度的显示。TFT 显示屏是目前使用最广的 LCD 彩色显示设备之一，是现在笔记本式计算机和台式机上的主流显示设备。

3）显卡（video adapter）

显卡又称显示适配器。显示器需要通过接口电路与主机相连，相连的接口电路即显卡。

显卡控制显示器的显示方式。在显示器里也有控制电路，但起主要作用的是显卡。从总线类型分，显卡有 ISA、VESA、PCI、AGP 四种。现在，PCI 显卡已非常普遍，广泛应用于家用、办公计算机。比较高档一些的是 AGP 显卡，Pentium 4 以上的计算机多数使用 AGP 显卡。由于图形处理的增加，现在大多数显卡都有图形加速卡用于处理图形。显示内存（VRAM）是衡量显卡的一个重要指标。

选购显示器时一般应注意以下几个问题：

（1）尺寸大小、平面还是球面。显示器尺寸以英寸为单位（1 in=2.54 cm），通常有 14 in 显示器对角线长度）、15 in、17 in 和 20 in 或者更大。尺寸越大，支持的分辨率越高，效果越好；早期的显示器基本是球面的，显示图像容易变形，现在显示器大部分采用平面直角，图像十分逼真，不反光。

（2）分辨率和刷新频率。分辨率越高越好，15 in 显示器的分辨率一般能达到 1 280×1 024 像素，刷新频率是指每个像素在 1s 内被刷新的次数，越高越好，如果过低，可能会出现屏幕图像闪烁或抖动。直观上屏幕应能保证使眼睛看上去比较舒服。

2．打印机

打印机是计算机系统重要的外围设备之一。它是将"磁版本"文件形成"纸版本"文件的打印设备。打印机的打印输出称为硬拷贝，它与主机的标准接口是并行接口，现在常用的是 USB 接口。衡量打印机的主要性能指标是打印速度和打印分辨率。打印速度用 CPS（characters per second）表示每秒打印西文字符的个数，用 PPM（pages per minute）表示每分钟打印西文字符的页数。针式（点阵）打印机的速度一般为 200 CPS 左右，喷墨打印机的速度一般为 400 CPS 左右，激光打印机的速度有 8 PPM、12 PPM 和 16 PPM 等多种规格。打印分辨率用 DPI（dot per inch）表示，即在每一英寸宽度上可以打印的点数，点数越多，DPI 的数值越大，表示打印的效果越好，针式打印机的分辨率在 360 DPI 以下，喷墨打印机的分辨率为 360～720 DPI，激光打印机的分辨率为 600～1200 DPI。目前微型计算机中用得最多的有针式（点阵）打印机、喷墨打印机和激光打印机三大类。

1）针式（点阵）打印机

针式（点阵）打印机打印头有 16 针、24 针、48 针等多种，用得最多的是 24 针打印机。它利用打印头内的钢针通过控制电路的控制击打色带产生打印效果。针数越多，打印质量越高，越清晰，越美观。针式（点阵）打印机的优点是可以打印复写纸及蜡纸、普通纸，耗材低、成本低；缺点是打印效果一般，打印速度慢，噪声高。目前常用的针式（点阵）打印机主要是 EPSON 系列。

2）喷墨打印机

自 HP 公司生产了第一台喷墨打印机以来，喷墨打印机就以其性能价格比的优势主导着打印机市场，大有取代针式（点阵）打印机之势。喷墨打印机的打印控制机制和针式（点阵）打印机差不多，打印头有 48 孔、64 孔等多种微型喷墨孔，它由墨水盒提供墨水，经喷墨孔喷到纸上。喷墨打印机的优点是打印质量比针式打印机好，速度比针式（点阵）打印机快，噪声低。缺点是不能打印复写纸和蜡纸，对纸张要求较高，墨盒较贵，长期不用喷墨孔容易堵塞。

3）激光打印机

激光打印机打印的字符或图形精确、清晰，是三类打印机中质量最高的打印机，其打印控制机制和喷墨打印机相同，只不过喷孔喷出的是激光粉，噪声更小，速度、分辨率更高。激光打印机是按页打印输出，不是按行或按字符打印输出，缺点是激光粉价格较贵。目前激光打印机成了办公和家用打印机的主流产品。

常用输出设备显示器、打印机如图 1-19 所示。

图 1-19　常用输出设备显示器、打印机

1.4.5　微型计算机的主要性能指标

通常所说的微型计算机的性能主要包括以下几个方面。

1. 字长

字长是指计算机能直接处理的二进制数据的位数，是由 CPU 内部寄存器、加法器和数据总线的位数决定的，它与计算机的性能有很大关系。计算机的字长越长，其运算速度越快、存储数值精度越高、识别指令个数越多，总体性能越强，当然价格也就越高。一般机器的字长都是字节的 1、2、4、8 倍。

当前微型计算机字长有 16 位、32 位和 64 位。例如，80286 为 16 位，80386 和 80486 为 32 位，Intel Pentium 系统的计算机均为 64 位。

2. 主频（时钟频率）

主频是指 CPU 在单位时间（s）内所发出的脉冲数，单位为赫兹（Hz）。它在很大程度上决定了计算机的运算速度，时钟频率越高运算速度就越快。购买 CPU 时应该把它作为一个重要参数来考虑。例如，Pentium 4 主频已超过 3 GHz。

3．内存容量

内存容量是指内存储器中能存储数据的总字节数（量）。一般来说，内存容量越大，计算机的处理速度越快。随着内存价格的降低，微型计算机所配置的内存容量不断提高，从早期的 640 KB 增加到目前的 2 GB、4 GB 甚至更大。

4．存取速度

存储器完成一次读/写操作所需的时间称为存储器的存取时间或访问时间。存储器连续进行读/写操作所允许的最短时间间隔称为存取周期。存取周期越短，则存取速度越快，它是反映存储器性能的一个重要参数。通常，存取速度的快慢决定了运算速度的快慢，半导体存储器的存取周期约为几十到几百微秒。

5．运算速度

运算速度是一项综合性的性能指标，常用单位有 MIPS（million instructions per second，每秒百万条指令）和 GIPS（giga instructions per second，每秒 10 亿条指令）。各种指令的性质不同，执行不同指令的时间也不一样，过去以执行定点加法指令为标准来计算运算速度，现在用一种等效速度或平均速度来衡量，等效速度是由各种指令平均执行时间及相对应的指令运行比例计算得出，即用加权平均求得。计算机的运算速度是衡量计算机性能的一个主要指标，影响运算速度的因素很多，一般主频越高、字长越长、内存越大，则计算机的运算速度越快，综合性能越高。

6．系统可靠性

可靠性是指在给定的时间内，计算机系统能正常运转的概率。可靠性越高，则计算机系统的性能越好，一般用平均无故障时间来衡量系统的可靠性。

1.4.6　选购配置微型计算机

随着计算机的普及应用，计算机性价比的逐步提高，现在，计算机已经成了大众化的办公用具。那么，如何来配置和选购自己的计算机呢？

首先，应对计算机的用途进行定位，明确自己用计算机主要来做哪些工作，不同目的的使用对计算机的配置要求有所不同，对计算机的单项指标也有侧重，应使其物尽其用，减少计算机资源的浪费；其次，要对计算机的发展有一个基本的估计，使自己的计算机在一定时期内不致很快落后。计算机的更新换代应该说十分迅速，特别是近年来微型计算机的更新周期很短，想使自己的计算机永远保持领先是不可能的，因此，配置计算机时，满足运用即可，尽可能地使使用寿命周期和产品的更新周期相一致；再次，联系自己实际，主要指的是经济情况和对计算机的认知水平。经济实惠是大众购物的基本原则，在选购、配置计算机时也应尽可能地考虑到这一原则。如果是计算机发烧友、计算机爱好者，不仅是要使用计算机，还对计算机技术感兴趣，那么，最好选购兼容机、组装机，它较为便宜，容易升级。如果仅仅是作为工具使用，选购品牌机会更好一些，它性能较为稳定，各项指标、综合配置一般较为理想。表 1-2 给出两款不同机器的配置，目的是让大家增加一些选购、配置微型计算机的感性认识。

表 1-2　个人计算机配置参考

配　置	普通型规格	专业型规格	主　要　产　品
CPU	AMD Athlon 5050e	Intel Core4 Duo	Pentium 4、Celeron、Athlon
主板	精英 P45T-A2R	技嘉 GA-MA790XT-UD4P	华硕、微星、技嘉、艾威、磐英
内存	金邦 Green DDR2 800 2GB	金邦白金 DDR3 1600 2GB×2	KingMax、樵风、金士顿、金条、HY
硬盘	希捷酷鱼 7200 1TB	希捷酷鱼 7200 1TB	希捷、西部数据、IBM、三星
显示器	液晶显示器	CRT 显示器或 LCD	美格、三星、飞利浦、CTX、优派、AOC
显卡	主板集成	华硕 EAH4870 DK/2G	华硕、小影霸、创新、Apollo、太阳花
声卡	主板集成	主板集成	创新、帝盟、太阳花、丽台、雅马哈
光驱	华硕 DRW-20B1S	先锋 DVR-217CH	三星、SONY、NEC、飞利浦、明基
机箱	大水牛 212	航嘉哈雷一号 H001	多彩、长城、技展
网卡	有线	有线、无线	DLINK
打印机	喷墨	激光	HP、佳能、EPSON

选购、配置计算机与时期、时间相关性强，不同时期产品的性能、价格相差很大，以上给出的是 2014 年前后的大致情况，仅供装机时参考。在选购微型计算机时，应主要关注计算机的 CPU、主板、内存、硬盘、显示器等的品牌、性能及其主要指标。当然，作为普通用户，根据自己的需要，选购不同档次的品牌机也是不错的。IBM、HP、联想、TCL、长城、方正、戴尔等计算机的档次、款式都很多，性价比也不错，很容易根据需要做出选择。总之，在选购和评价一台计算机性能时应当综合考虑，要尽量做到经济合理、使用方便和性价比高。

1.5　计算机中数据的表示及其编码

利用计算机进行信息、数据处理是人们日常工作的重要内容，也是计算机显示效用的重要方面。计算机是怎样进行信息数据处理工作的呢？首先来熟悉一下信息、数据的基本概念。

数据是人们在从事科研、生产、统计、观测等活动中看到或听到的事实，而信息则是对事实进行收集、整理、加工后所得的有用的确定性的数据。简单地说，信息是加工整理后的数据。

人们习惯了的数据称为外部形式或人读的数据。如数字、文字、图形、图像等。机器可读形式的数据称为机内数据或机读数据。计算机内数据选择的是二进制数的形式。人们习惯了的一切数据：十进制数、文字、图形、图像、声音等到了计算机中均需要转换成二进制，在计算机内进行存储、处理，并按二进制的运算法则进行运算，当计算机输出时又把计算机内数据转换成人们习惯了的外部数据，这些工作均由计算机系统自动完成，用户无须进行干预，因此，在使用计算机时，一般无须考虑数据的形式，用人们习惯的外部数据即可。本节主要介绍数的进位制、字符编码、汉字编码及其声音、图像等数据编码。

1.5.1 数的进位制及其转换

1．数的进位制

通常，把"逢几进一的数"就称为几进制的数。如常用的十进制数就是逢十进一的数。二进制数就是逢二进一的数。其实，生活中，人们会用到许多的进位制，例如，"半斤八两"逢十六两进为一斤；60 s 进为 1 min；12 个月进为 1 年；两只手套或袜子称一双，等等。

每种进位制都有自己的数符：

十进制 D：0，1，2，3，4，5，6，7，8，9。

二进制 B：0，1。

十六进制 H：0，1，2，3，4，5，6，7，8，9，A，B，C，D，E，F。

八进制 Q：0，1，2，3，4，5，6，7。

前面提到，计算机中使用的数都是二进制数，但书写和表示时还经常用到八进制、十六进制数。实际上，不同进位制数仅仅是数的不同表示形式而已，它们并无本质差别，其间是可以互相转换和比较的。例如：

$$
\begin{array}{cccc}
1 & 7 & 9 & F \\
+1 & +1 & +1 & +1
\end{array}
\Big\}\ 不同进位制的进位情况
$$

$$
\begin{array}{cccc}
10\ B & \neq\ 10\ Q & \neq\ 10\ D\ \neq & 10\ H \\
2 & 8 & 10 & 16
\end{array}
\Big\}\ 形式相同，值大小不等
$$

2．计算机内采用二进制数的优点

1）容易实现

二进制只有两个数符"0"和"1"，用两种物理状态的电子元件来表示两个数码容易实现。例如，电灯的"亮"和"熄"，开关的"开"和"关"，电压的"高"和"低"，晶体管的"导通"和"截止"，磁芯的两种正负磁性。它们都能表示二进制数码的"0"和"1"，而十进制有 10 个数码，要用 10 种物理状态的电子元件来表示 10 个数码，比较难实现。

2）运算简单

用二进制表示的数运算起来特别简单。

二进制加法规则为：0+0=0，0+1=1，1+0=1，1+1=10 四种。

十进制加法规则为：0+0～9，0+1～9，……，9+0，……，9+9，共 100 种。很显然，二进制的运算比十进制的运算要简单得多。

特别是仅有的两个符号 0、1 正好对应了逻辑值的"真"（1）与"假"（0）和数值的"正"（0）"负"（1），从而为计算机实现逻辑运算判断及数值的正负运算提供了极大的方便。

3）节省设备

二进制数只有两个数符"0""1"，而十进制数有 10 个数符"0～9"，因此，二进制用电子元件来表示较为简单和节省设备。

4）可靠性高

由于电压的高低、电流的有无等都是一种跃变而非渐变，两种状态分明，所以 0 和 1 两

个数的传输和处理抗干扰性强，不易出错，信息可靠性高。

3．不同进制数之间的转换

要将十进制数转换成 n（二、八、十六）进制的数，只须将此十进制数反复除以 n（2、8、16），直至商为零止，然后将所得余数从末尾向前排列起来即可（整数的转换规则）。

要将其他进制的数转换成十进制数，只须将此进制数按多项式展开求和即可。例如，$987=9 \times 10^2+8 \times 10^1+7 \times 10^0$（每位上的数乘进位制的位数次方"位权"，位从右向左依次为 0、1、2、…）。

1）十进制数与二进制数之间的转换

整数部分除 2 取余法，小数部分乘 2 取整法。

$(94)_{10}=(1011110)_2$　　　$(1011001)_2=(89)_{10}$　　　$0.625D=(0.101)B$

$(1011001)_2 =1 \times 2^6+0 \times 2^5+1 \times 2^4+1 \times 2^3+0 \times 2^2+0 \times 2^1+1 \times 2^0=64+0+16+8+0+0+1$
　　　　　　$=(89)_{10}$

$0.101B=1 \times 2^{-1}+0 \times 2^{-2}+1 \times 2^{-3}=0.625D$

需要特别指出的是：十进制小数不一定能够精确地转换成二进制小数。

2）十进制数与八进制数之间的转换

　　　　$(94)_{10}=(136)_8$

$(177)_8 =1 \times 8^2+7 \times 8^1+7 \times 8^0=64+56+7=(127)_{10}$

3）十进制数与十六进制数之间的转换

$(94)_{10} = (5E)_{16}$

$(AB)_{16}=10 \times 16^1+11 \times 16^0 =160+11 =(171)_{10}$

4）二、八、十六进制数之间的转换

（1）二进制数与八进制数之间的转换：二进制和八进制之间是 3 位的关系，即 3 位二进制可以表示成 1 位八进制，1 位八进制可以表示成 3 位二进制。其对应关系是：

八进制：　0　　1　　2　　3　　4　　5　　6　　7
二进制：　000　001　010　011　100　101　110　111

　2　5　7　Q　⟶　10101111B　1 001 110 001B⟶1161Q
　010 101 111　　　　　　　　　　　　 1　1　6　1

（2）二进制数与十六进制数之间的转换：二进制和十六进制之间是 4 位的关系，即 4 位二进制可以表示成 1 位十六进制，1 位十六进制可以表示成 4 位二进制。可以根据这一关系对它们进行互换。其对应关系是：

十六：0　　1　　2　　3　　4　　5　　6　　7　　8　　9　　A　　B　　C　　D　　E　　F
二：0000 0001 0010 0011 0100 0101 0110 0111 1000 1001 1010 1011 1100 1101 1110 1111

　A　0　1　H　⟶　101000000001B　　1 0000 1100 B ⟶10CH
　1010 0000 0001　　　　　　　　　　　 1　0　C

（3）八进制数与十六进制数之间的转换：八进制和十六进制之间的转换可以通过二进制作为纽带。

　　　(1　7　　3)Q=(7B)H　　　　　　(E　　0　)H=(340)Q
　　0 01 11 1 011　B　　　　　11 10 0 000　B
　　　　7　B　H　　　　　　　3　4　0　Q

4. 逻辑运算

逻辑代数是英国数学家、逻辑学家乔治·布尔建立的。初等代数中研究的是数和数的运算，逻辑代数中研究的是命题和命题的运算。

命题是可以"演算的"，两个命题 A、B，如果用"‾""∧""∨"分别表示"非运算（否定）""与运算（逻辑乘、合取）""或运算（逻辑加、析取）"，真、假分别用 T、F（1、0）表示，则它们的"演算"结果见表 1-3。

表 1-3　命题运算结果表

A	B	$A \wedge B$	$A \vee B$	$\bar{A}$
T	T	T	T	F
1	1	1	1	0
T	F	F	T	F
1	0	0	1	0
F	T	F	T	T
0	1	0	1	1
F	F	F	F	T
0	0	0	0	1

从表中可以看出：

逻辑乘法：1∧1=1，1∧0=0，0∧1=0，0∧0=0。表示只有两个逻辑值同时为 1 时，结果才为 1，否则结果为 0。

　　逻辑加法：$1 \lor 1=1$，$1 \lor 0=1$，$0 \lor 1=1$，$0 \lor 0=0$。表示只要有一个逻辑值为 1，结果就为 1，否则为 0。

　　逻辑非：$\bar{1}=0$，$\bar{0}=1$。

　　逻辑异或：$1 \oplus 1=0$，$1 \oplus 0=1$，$0 \oplus 1=1$，$0 \oplus 0=0$。表示两个逻辑值相异（不同）时，结果为真或 1，否则为假或 0。

　　例如：两个二进制数 1101 和 1110 进行逻辑乘和逻辑加的运算其计算如下：

$$
\begin{array}{r}
1101 \\
\land \quad 1110 \\
\hline
1100
\end{array}
\qquad
\begin{array}{r}
1101 \\
\lor \quad 1110 \\
\hline
1111
\end{array}
$$

　　在各种混合表达式运算中，一般的运算顺序为：算术运算、关系运算、逻辑运算。

　　逻辑代数已在工程技术上得到了广泛的应用，是电子计算机设计中不可缺少的有力工具。如逻辑乘、逻辑加、逻辑非的运算规则，就相当于计算机中的"与""或""非"门。

　　除数值在计算机中转换为二进制数外，数值的"+""−"符号可分别用"0""1"表示，从而使符号（正负号）数字化，并且通过采用数的补码形式，使数字化后的符号能够直接参与运算，加上对数的约定（使用定点数和浮点数方式），这样就解决了所有数值的二进制化问题，并可在计算机中方便地进行二进制运算。

1.5.2　字符编码：ASCII 码

　　ASCII（American Standard Code for Information Interchange，美国标准信息交换码）规定用怎样的二进制码来表示字母、数字以及特殊符号。ASCII 已被国际标准化组织（ISO）接收为国际标准，称为 ISO–646。它采用 8 位二进制对字符进行编码，当 8 位二进制的最高位为 0 时称为七位码或基本 ASCII 码，8 位二进制的最高位为 1 时称为八位码或扩展的 ASCII 码。每个字符在计算机中用一个字节来表示。

　　ASCII 采用低七位（除最高位）对字符进行二进制编码，这样共可以表示 128 个字符（见表 1–5），最高位一般当 0 看待，用作检验位。例如，"A""=""5"三个字符的编码及在计算机内的存储见表 1–4。

表 1-4　编码及存储表

字符	b_7	b_6	b_5	b_4	b_3	b_2	b_1	b_0	十进制码	八进制码	十六进制码
A	0	1	0	0	0	0	0	1	65	101	41
=	0	0	1	1	1	1	0	1	61	75	3D
5	0	0	1	1	0	1	0	1	53	65	35

　　编码称为字符的 ASCII 编码，可以将字符的 ASCII 码视为字符的"ASCII 码值"，这样，字符就可以比较大小了。如"A"＞"="、"A"＜"a"等。

　　从表 1–5 中可以看出：128 个 ASCII 字符由 10 个阿拉伯字符 0、1、2、3、4、5、6、7、8、9，52 个大小写英文字母 A、B、C、……、X、Y、Z，a、b、c、……、x、y、z，32 个运算符和标点符号+、−、*、/、＜、＞=、？、"，1 个空格符（SP）共 95 个符号，33 个控制码

组成。

表 1-5　七位 ASCII 码字符编码表

$b_3b_2b_1b_0$ ＼ $b_6b_5b_4$	000	001	010	011	100	101	110	111
0000	NUL	DEL	SP	0	@	P	`	p
0001	SOH	DC1	!	1	A	Q	a	q
0010	STX	DC2	”	2	B	R	b	r
0011	ETX	DC3	#	3	C	S	c	s
0100	EOT	DC4	$	4	D	T	d	t
0101	ENQ	NAK	%	5	E	U	e	u
0110	ACK	SYN	&	6	F	V	f	v
0111	REL	ETB	'	7	G	W	g	w
1000	BS	CAN	(	8	H	X	h	x
1001	HT	EM	)	9	I	Y	i	y
1010	LF	SUB	*	:	J	Z	j	z
1011	VT	ESC	+	;	K	[	k	{
1100	FF	FS	,	<	L	\	l	|
1101	CR	GS	–	=	M	]	m	}
1110	SO	RS	.	>	N	^	n	~
1111	SI	US	/	?	O	_	o	DEL

1.5.3　汉字编码

汉字也是一种字符，其字形结构复杂、笔画较多，重音字、多音字多，与西文拼音文字相比，它是一种象形文字和表意文字，数量庞大，这就决定了汉字编码处理与西文拼音文字编码处理有较大差别，用计算机进行处理比西文拼音文字困难得多，它涉及多种编码。首先，将汉字通过键盘输入计算机的编码称为汉字输入码（外码）；输入码进入计算机后须转换成汉字内码（机内码）才能进行处理；显示和打印还需要汉字字形码；不同系统间通信和交换汉字信息还要通过汉字交换码。

1. 汉字输入码

通过西文键盘将汉字输入到计算机所采用的代码叫汉字输入码。西文的每一个输入码都与键盘上的按键一一对应，但对于汉字却不能如此，否则仅常用汉字就需要数千个按键的大键盘。汉字输入码很多，目前，最常见的汉字输入码的编码方案主要有字音、字形、数字、音形四大类。

1）字音编码

依据汉字汉语拼音或压缩拼音作编码。如全拼音输入码、双拼音输入码、简化压缩拼音输入码、智能 ABC 输入码、搜狗输入码等。其特点是输入简单，易于掌握，但重码率高。

2）字形编码

依据汉字字形结构特征和笔画进行编码。通过基本的字根（一些选出的组字的基本单位）部件像搭积木一样组装汉字。如笔画输入码、首尾输入码、五笔字型输入码等。其特点是重码率低，但入门相对困难。

3）数字编码

以数字作为输入码。如国标码、区位码、电报码等。其特点是没有重码，但难于记忆。

4）音形混合码

音形结合构成编码。如自然码等。其特点是音形互为补充，识记较容易。

2．汉字国标码（交换码）

我国于 1980 年颁布了第一个汉字编码字符集标准，即信息交换用汉字编码字符集·基本集，简称国标字符集 GB 2312—1980，其编码称为国标码。它规定每个汉字及符号用两个字节来表示，每个字节的最高位为 0。

两个字节分别表示成"区""位"，构成区位码，第一个字节称为"区"，第二个字节称为"位"，共 94 区 94 位，汉字及字符可在相应的"区""位"中确定，因此国标码和区位码存在着内在联系，人们有时会将两者混为一谈。国标码对 7 445 个汉字及符号进行编码，其中特殊符号 682 个，常用一级汉字 3 755 个，较常用二级汉字 3 008 个，一二级汉字共计 6 763 个。

3．汉字机内码

前面讲过，ASCII 进入计算机后进行处理存储时，机内代码就是 ASCII，字节高位为 0。而汉字国标码进入计算机后由于组成汉字编码的两个字节的最高位都是 0，如果汉字利用国标码作为机内表示，在一个文本中汉字与西文字符混合在一起使用势必引起混淆。为了解决这一问题，不至于让国标码和 ASCII 相混，可将国标码两个字节的最高位均置为 1，成为的汉字编码称为汉字机内码。这样就较好地将一个汉字的两个字节与两个单字节的 ASCII 字符区分开来，汉字内码是汉字在计算机内部存储、运算的编码，是任何一个汉字系统都必须具备的。

当一个汉字以某种输入码进入计算机后，汉字管理模块立即将其转换成两字节长的 GB 2312—1980 国标码，再将国标码每个字节的最高位置为"1"成为该汉字的机内码进行处理，同样，当内部汉字信息与外部交换时，也要转换成国标码才能输出。例如，汉字"啊"的国标码是 3021H（00110000 00100001B），内码是 B0A1H（10110000 10100001B）。

4．汉字字形码

存储在计算机内的汉字需要在显示器或打印机上输出时，由于汉字内码不是汉字的字形信息，因此不能直接输出，而是要根据汉字的内码再检索出相应汉字的字形码后，送到输出设备得到汉字的字形。

构造汉字字形有点阵法和矢量法，它们编码对应的就是点阵码和矢量码。对于每一个汉字，都要有对应的字形存储在计算机内，各个字的字形集合就构成了字库。汉字输出时，需要先根据内码找到字库中对应的字形码输出汉字。

1）点阵码

点阵码是一种点阵表示汉字的编码，它把汉字以点阵形式记录在存储介质上，有点的地方为"1"，空白的地方为"0"，再用它去驱动字形电路输出字形。常用的点阵有 16×16、24×24、32×32、64×64 甚至更高。存储一个 64×64 的点阵汉字字形码：8（64位 8 字节）×64=512 B。"中"字的 16×16 点阵汉字字形如图 1–20 所示。

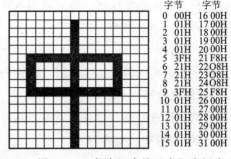

字节		字节	
0	00H	16	00H
1	01H	17	00H
2	01H	18	00H
3	01H	19	00H
4	01H	20	00H
5	3FH	21	F8H
6	21H	22	08H
7	21H	23	08H
8	21H	24	08H
9	3FH	25	F8H
10	01H	26	00H
11	01H	27	00H
12	01H	28	00H
13	01H	29	00H
14	01H	30	00H
15	01H	31	00H

图 1–20　用 16×16 点阵组成的"中"字汉字字形

点阵码显著的缺点是缩放困难，容易失真。

2）矢量码

矢量码是使用一组数学矢量来记录汉字的外形轮廓，即将汉字分解成笔画，每种笔画使用一段直线（矢量）近似地表示，这样每个字形都可以变成一连串的矢量。矢量码记录的字体称为矢量字体或轮廓字体。

矢量码记录的字体具有容易缩放且节省存储空间的特点。现在普遍使用的是轮廓字体（True Type 字体），即宋体、仿宋体、楷体和黑体 4 种 True Type 字体的汉字库。

1.5.4　声音图像数字化

1. 声音信息数字化

声音信号是典型的连续信号，声音信息的计算获取过程就是声音信号的数字化处理过程。经过数字化处理后的数字声音信息就能像数字和文字一样在计算机内进行存储、检索、编辑和其他处理。数字化过程如图 1–21 所示。

用数字方式记录声音，首先需对声波采样，声音数字化实际上就是对声音信号进行采样和量化。连续时间的离散化通过采样来实现，就是每隔相等的一小段时间采样一次，这种采样称为均匀采样（uniform sampling）；连续幅度的离散化通过量化（quantization）来实现，把信号的强度划分成多个小段，如果幅度的划分是等间隔的，就称为线性量化。

图 1–21　声音数字化过程

如果提高采样频率，单位时间所得的振幅值就会更多，对于原声音曲线的模拟就越精确。另外，量化精度也是声音模拟精度的一个重要指标。采样频率和量化精度两个参数的提高也会使记录声音所需的存储空间变大。未压缩的数字化声音每秒所需的存储空间（单位为字节）为：

$$存储量=（采样频率 \times 量化位数 \times 声道数）/8$$

例如，数字激光唱盘（CD-DA）的标准采样频率为 44.1 kHz，量化位数为 16 位，双声道立体声，1 min 音乐所需的存储空间根据上述公式计算如下：

$$44.1 \times 1000 \times 16 \times 2/8 \times 60 = 10.094 \text{ MB}$$

2. 图像信息数字化

图像数字化过程就是利用数字化设备从现实世界获取图像的过程。数字化过程大体可分为三步：取样、分色和量化。其过程如图 1-22 所示。

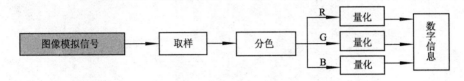

图 1-22　图像数字化过程

一幅不经压缩的图像的数据量可按下面的公式计算：

图像数据量=图像水平分辨率×图像垂直分辨率×像素深度/8

其中，像素深度表示每一个取样点的颜色值所采用的数据位数。

例如：计算一幅 640×480 分辨率（即 640×480 采样点）的真彩色图像的数据量。

一幅 640×480 分辨率的真彩色图像若分红、绿、蓝三色，并且每一颜色分量的亮度用 8 位二进制数表示，则每一个采样点的数据位数（像素深度）为 8+8+8=24。根据上述公式，此图像数据量为：

$$640 \times 480 \times 24/8 = 900 \text{ KB}$$

一幅未经压缩的图像的数据量是比较大的，这既浪费存储空间，又不利于图像数据传输，所以后面讲到的图像的压缩，就是用来解决数据占用空间过大的问题。

通过本节的介绍，我们知道了所有的数据：数字（值）、字符、汉字、声音、图形图像、视频等数据到了计算机中都变成了 0、1 表示的二进制数，因此，可以说计算机世界或者说信息世界就是由 0 和 1 组成的"二人"世界。

第 2 章 ｜ Windows 7 操作系统

2.1 操作系统概述

操作系统（operating system，OS）是管理和控制计算机硬件与软件资源的计算机程序，是直接运行在"裸机"上的最基本的系统软件，任何其他软件都必须在操作系统的支持下才能运行，如图 2-1 所示。在计算机的发展过程中，出现过许多不同的操作系统，其中最为常用的有：Mac OS、Windows、Linux、Free BSD、Unix/Xenix、OS/2 等。

Windows 是美国微软公司研发的一套操作系统，它问世于 1985 年，开始仅仅是 Microsoft-DOS 的模拟环境，后续的系统版本由于微软不断地更新升级，因为易用，慢慢成为人们最喜爱的操作系统。

Windows 采用了图形化模式 GUI，比起从前的 DOS 需要键入指令使用的方式更为人性化。随着电脑硬件和软件的不断升级，微软的 Windows 也在不断升级，从架构的 16 位、32 位再到 64 位，系统版本从最初的 Windows 1.0 到大家熟知的 Windows 95、Windows 98、Windows ME、Windows 2000、Windows 2003、Windows XP、Windows Vista 和 Windows 7/8/10，并不断持续更新。

图 2-1 "操作系统所处位置"菜单

Windows 7 操作系统，它可供家庭及商业工作环境、笔记本电脑、平板电脑、多媒体中心等使用。Windows 7 继承融合了 Windows XP 的易用性和 Vista 的安全性，更注重于系统的性能，使系统响应更为迅速，对 XP 时代显得脆弱的易遭病毒、木马软件、钓鱼软件等侵袭的问题进行了严格设计和改进。与 Vista 相比，提高了对应用程序和设备的兼容性，使用户可以很快从 XP 转到 Windows 7 的系统中来。

Windows 7 根据不同的使用对象和应用领域，有多个版本，主要有简易版、家庭基础版、家庭高级版、专业版、企业版、旗舰版等。在这些版本中，旗舰版的功能最强，拥有 Windows 7 的所有功能，其他版本是在旗舰版的基础上对功能和组件的精简。除了简易版之外，所有版本都支持 32 位或 64 位的计算机。其中，64 位计算机处理数据的速度更快，对内存寻址的能力更强；32 位计算机最多可使用 4 GB 内存，而后三个版本在 64 位计算机上最多可使用 128 GB 的内存，同时还可支持多个 CPU。Windows 7 操作系统与以前 Windows 操作系统相比在响应速度、兼容性、安全可靠性、部分基本特征、电池使用时间、媒体娱乐性上都有所提升。

2.2 Windows 7 的基本操作

2.2.1 桌面的组成

Windows 7 是图形用户界面操作系统，通过鼠标和键盘操作，可以定制 Windows 7 的桌面、开始菜单和任务栏。

启动计算机并进入 Windows 7 系统后，呈现在用户面前的屏幕上方区域称为桌面，在屏幕最下方有一长方条称为任务栏，所有的图标、桌面组件、应用程序窗口以及对话框都在桌面上显示。如图 2-2 所示，为使工作环境变得更方便、更友好，使系统更加符合要求。为此，需要对系统进行设置操作，系统设置的不同，桌面显示会有差异。

图 2-2 Windows7 桌面

桌面上排列了系统建立的"计算机""网络""回收站""我的文档"等系统图标，系统中安装的应用程序自动建立的快捷方式图标，以及用户自己建立的常用程序或文档的快捷方式图标。桌面设置的主要任务就是为用户在日常操作下弹出程序或文档提供简便的方式，将常用的图标添加到桌面，将不常用的图标从桌面上移除，并将桌面的各种图标合理地排列。

2.2.2 桌面的操作

Windows7 为我们提供了丰富多彩的桌面，用户可以根据自己的需要，发挥自己的特长，打造极富个性的桌面。有关桌面的基本操作如下：

1．设置系统图标

可以在桌面上对系统图标进行设置，包括添加、隐藏、更改图标样式等操作，用以满足不同用户的个性化需求。例如需要在桌面上添加"控制面板"图标，具体操作步骤如下。

步骤 1：打开"个性化"窗口。右击桌面空白处，在弹出的快捷菜单中选择"个性化"命令，打开"个性化"窗口，如图 2-3 所示。

图 2-3 "个性化"窗口

步骤 2：打开"桌面图标设置"对话框。单击窗口左侧"更改桌面图标"文字链接，打开"桌面图标设置"对话框，如图 2-4 所示。

步骤 3：设置显示图标。选中"控制面板"复选框，单击"确定"按钮。

注意："回收站"图标比较特殊，若要将其从桌面除去，不能通过删除的方法，只能通过"桌面图标设置"对话框进行。而其他系统图标的删除，则既可以通过"桌面图标设置"对话框，也可以通过删除方式进行操作。

2．设置快捷方式图标

通过快捷方式可以方便、快速地访问相应的项目，例如应用程序、文档、文件夹、驱动器以及打印机等。快捷方式的图标与一般图标的不同之处在于图标的左下方有一个向上跳转

图 2-4 "桌面图标设置"对话框

的箭头图案，如图 2-5 所示。

3. "开始"菜单

"开始"菜单是计算机程序、文件夹和设置的主门户，使用开始菜单可以方便地启动应用程序、打开文件夹、访问 Internet 和收发邮件等，也可对系统进行各种设置和管理。"开始"菜单的组成如图 2-6 所示。

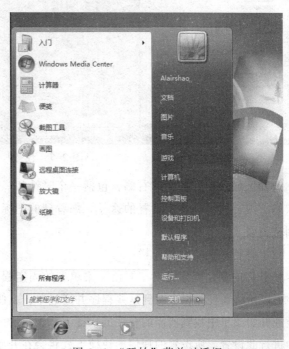

图 2-5　快捷方式图标　　　　　　图 2-6　"开始"菜单对话框

左窗格：用于显示计算机上已经安装的程序。

右窗格：提供了对常用文件夹、文件、设置和其他功能访问的链接，如图片、文档、音乐、控制面板等。

用户图标：代表当前登录系统的用户。单击该图标，将打开用户账户窗口，以便进行用户设置。

搜索框：输入搜索关键词，单击搜索按钮即可在系统中查找相应的程序或文件。

关闭工具：其中包括一组工具，可以注销 Windows、关闭或重新启动计算机，也可以锁定系统或切换用户，还可以使系统休眠或睡眠。

4. 设置任务栏

任务栏处是位于屏幕底部的水平长条，是桌面系统的重要组成部分。如图 2-7 所示。相比以往版本，Windows 7 的任务栏不光好看了，功能上也有很多增强。因而，Windows 7 的任务栏也称为超级任务栏。

在任务栏最左端是"开始"按钮，单击它打开"开始"菜单；中间区域则将以往的"快速启动"按钮和当前运行的应用程序按钮结合为一体。从图 2-7 中可以看到，有些图标的周围有一个方块，形成了"按钮"的效果，这种图标对应着正在运行的程序（如图中 Word 图标和计算机图标）；有些图标的周围没有"按钮"效果（如图中 IE 图标），这种图标为"快速启动"按钮，属于普通的快捷方式，单击它们可以启动对应的程序。

图 2-7　任务栏

通知区域位于任务栏的右侧，包括一个时钟和一组图标。这些图标表示计算机上某程序的状态，或提供访问特定设置的途径。您看到的图标集取决于已安装的程序或服务以及计算机制造商设置计算机的方式。

（1）将程序锁定在任务栏

任务栏的固定程序是对"开始"菜单上的固定程序的补充。将喜欢的程序固定到任务栏后，可以始终在任务栏中看到这些程序并通过单击方便地对其进行访问。具体方法如下：在桌面上或开始菜单中找到所需的程序的快捷方式，右击，选择"锁定到任务栏"选项。在开始菜单中进行此设置，所设置的程序的快捷方式将会在开始菜单中消失，如图 2-8 所示。

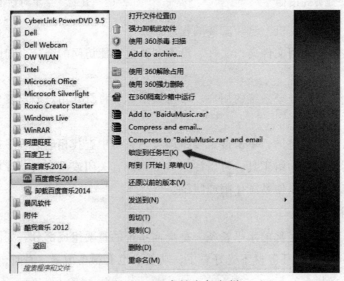

图 2-8　程序锁定任务栏

若不需要某个程序锁定在任务栏上时，右击该图标，在右键菜单中选择"将此程序从任务栏上解锁"。

（2）查看所打开窗口的预览

将鼠标指针移向任务栏按钮时，将看到一个缩略图大小的窗口预览（缩小版的相应窗口预览），如图 2-9 所示。如果其中一个窗口正在播放视频或动画，则会在预览中看到它正在播放，可进行"暂停""下一首"等操作（即不切换就能看到后台窗口中的内容）。

图 2-9　指向窗口的任务栏按钮会显示该窗口的缩略图预览

将鼠标指针移向缩略图时，将看到对应窗口的全屏预览。若要打开正在预览的窗口，单击该窗口对应的缩略图。

（3）设置通知区域

将指针移向通知区域特定图标时，会看到该图标的名称或某个设置的状态。例如，指向音量图标将显示计算机的当前音量级别，指向网络图标将显示有关是否连接到网络、连接速度以及信号强度的信息。单击通知区域中的图标通常会打开与其相关的程序或设置。例如，单击音量图标会打开音量控件，单击网络图标会打开"网络和共享中心"。

有时，通知区域中的图标会显示小的弹出窗口（称为通知），向您通知某些信息。例如，向计算机添加新的硬件设备之后，可能会看到通知。

为了减少混乱，如果在一段时间内没有使用图标，Windows 会将其隐藏在通知区域中。如果图标变为隐藏，则单击通知区域旁边的"显示隐藏的图标"箭头可临时显示隐藏的图标，如图 2-10 所示。

图 2-10　"显示隐藏的图标"按钮

　　系统图标（包括时钟、音量、网络、电源和解决方案）是属于 Windows 的特殊图标。对于这些图标，可以更改图标和通知出现的方式，还可以更改是否显示它们。操作步骤如下：

　　步骤 1：右击任务栏上的空白区域，然后单击"属性"，打开"任务栏和「开始」菜单属性"对话框。

　　步骤 2：在"通知区域"下，单击"自定义"按钮。

　　步骤 3：单击"打开或关闭系统图标"。对于每个系统图标，在列表中单击"打开"按钮以在通知区域中显示该图标，或单击"关闭"按钮以从通知区域中完全删除该图标。

　　步骤 4：单击"确定"按钮，然后再次单击"确定"按钮。

　　（4）使用"显示桌面"按钮

　　将鼠标指针指向任务栏末端的"显示桌面"按钮或按下 Windows 徽标键🏁+空格键并保持住，此时打开的窗口淡出视图，以显示桌面。若要再次显示这些窗口，只需将鼠标移开"显示桌面"按钮（或释放 Windows 徽标键🏁+空格键）。这是 Windows 7 的 Aero Peek 临时查看桌面功能。若要快速查看桌面小工具和文件夹，或者不希望最小化所有打开窗口，然后必须还原它们时，此功能将非常有用。

　　若要最小化打开的窗口，以使其保持最小化状态，单击"显示桌面"按钮（或按 Windows 徽标键🏁+D）。若要还原打开的窗口，再次单击"显示桌面"按钮（或再次按 Windows 徽标键🏁+D）即可。

　　如果不希望桌面在鼠标指针指向"显示桌面"按钮时窗口淡出，可以关闭此"Peek"功能。操作步骤如下：

　　步骤 1：右击任务栏空白处或右击"开始"按钮，在弹出的快捷菜单中选择"属性"选项，打开"任务栏和「开始」菜单属性"对话框，并显示 "任务栏"选项卡。

　　步骤 2：在"使用 Aero Peek 预览桌面"下，清除"使用 Aero Peek 预览桌面"复选框，单击"确定"。

5. 设置桌面小工具

　　Windows 7 操作系统中自带有一些小工具，如时钟、日历、CPU 仪表盘等，用户可以根据需要在桌面上的任意位置添加相应的小工具。下面以为桌面添加"时钟"小工具为例进行讲解，具体操作步骤如下。

　　步骤 1：打开"小工具库"窗口。右击桌面空白位置，在弹出的快捷菜单中选择"小工具"命令，打开"小工具库"窗口，如图 2-11 所示。

　　步骤 2：在桌面上添加"时钟"小工具。双击"时钟"小工具图标或直接将其拖放到桌面上，然后关闭"小工具库"窗口。

　　步骤 3：设置时钟选项。右击桌面时钟，在弹出的快捷菜单中选择"选项"命令，打开"时钟"

图 2-11　"小工具库"窗口

对话框，在"时钟名称"文本框中输入："北京时间"，勾选"显示秒针"复选框，设置完毕后单击"确定"按钮。

注意：当"小工具库"中的小工具不能满足要求时，单击"小工具库"窗口底部"联机获取更多小工具"超链接，将会打开"桌面小工具"网页，可以获取更多小工具。

6. 设置桌面背景图案及墙纸

在默认情况下，桌面上没有设置墙纸，Windows 7 允许用户选择墙纸图案来美化桌面。利用"人性化"窗口可以对桌面背景图案及墙纸进行设置。

在"个性化"窗口中，系统提供了可供用户选择的图片。双击"桌面背景"可以选择喜欢的图片，也可以单击"浏览"按钮，弹出"浏览"对话框，然后选择任意一个.bmp、.gif或其他格式类型的文件作为墙纸，如图 2-12 所示。当最终选定了某个图片并确定了显示方式后，单击"确定"按钮使所做的桌面设置生效，此时桌面背景出现用户选定的图案，还可以设置自动更换墙纸的时间。

7. 屏幕保护程序

所谓屏幕保护是指当一定时间内用户没有操作计算机时，Windows 7 会自动启动屏幕保护程序。此时，工作屏幕内容被隐藏起来，而显示一些有趣的画面，当用户按键盘上的任意键或移动一下鼠标时，如果没有设置密码，屏幕就会恢复到以前的图像，回到原来的环境中。

设置屏幕保护的原因通常是用户需要休息一会，或因为某些原因离开计算机一段时间。在离开期间，可能不希望屏幕上的工作内容被别人看见或不希望其他人使用自己的计算机。这时，除了关机外，还可以选择使用屏幕保护程序。

设置屏幕保护在"个性化"窗口中的"屏幕保护"图标中进行，双击"屏幕保护"图标，在"屏幕保护程序"下拉列表框中，选择一个屏幕保护程序的效果。如图 2-13 所示，"等待"数值框中可以设置等待时间。

图 2-12 "个性化"选项卡

图 2-13 "屏幕保护程序"选项卡

在进行上述操作并单击"确定"按钮后，屏幕保护程序即设置完成了。如果用户在设置的等待时间内没有操作计算机，Windows 7将会自动启动屏幕保护。

在设置Windows 7的屏幕保护程序时，如果同时选中"在恢复使用密码保护"复选框，那么从屏幕保护程序回到Windows 7时，必须输入系统的登录密码，这样可以保证未经许可的用户不能进入系统。

8. 设置窗口的外观

窗口的外观由组成窗口的多个元素（项目）组成，Windows 7向用户提供了一个窗口外观的方案库。默认情况下，Windows 7是采用"Windows 标准"的外观方案，即通常看到的活动窗口的标题栏是蓝色的、非活动窗口的标题栏为灰色、窗口中的文字均为黑色等。在Windows 7中，可以从Windows 7提供的窗口外观方案中选择一个方案，以改变窗口标题栏、文字等的颜色，也可以创建一个窗口的外观方案。

窗口外观的设置仍然在"个性化设置"窗口中完成。在弹出的"个性化"窗口中双击"窗口颜色"图标，如图2-14所示。在"窗口和按钮"下拉列表框中，列出了可以选择的外观方案，可以在该下拉列表框中选择一种外观方案。

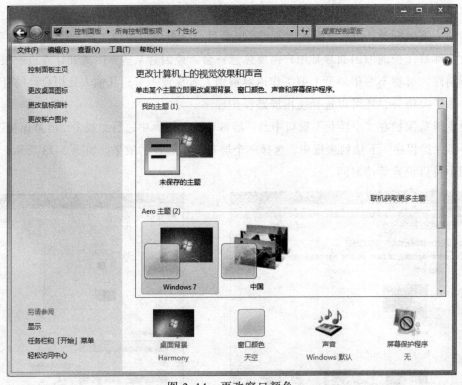

图2-14 更改窗口颜色

在"色彩方案"下拉列表框中，列出了可以选择的外观方案，可以在该下拉列表框中选择一种色彩方案。

在"字体大小"下拉列表框中，列出了"正常""大字体""特大字体"几种选择方案，可以选择一种用于当前选定项中正文显示的字体格式。

当选择了某一个方案或进行某项设置时，在选项卡上半部的显示器中即可显示该窗口外观的效果，用户可以随时了解自己对窗口外观的有关设置的效果。在设置好有关的屏幕外观选项之后，单击"确定"按钮，即可应用并保存当前的设置。

9. 设置屏幕分辨率

设置显示器屏幕分辨率可以右击，在弹出的快捷菜单中选中"屏幕分辨率"如图 2-15 所示，包括屏幕分辨率、颜色质量设置及已安装的视频适配器类型的选择等。其中常见的分辨率包括 640×480 像素、800×600 像素、1024×768 像素、1152×864 像素及 1600×1200 像素。可用的分辨率范围取决于计算机的显示硬件。分辨率越高，屏幕中的像素点就越多，可显示的内容就越多，所显示的对象就可以越小。

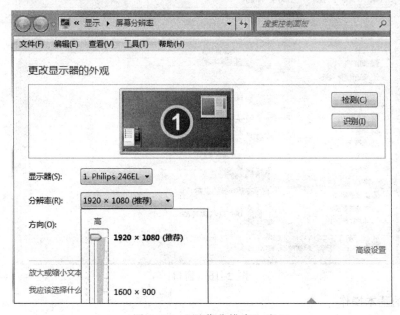

图 2-15 "屏幕分辨率"窗口

2.2.3　Windows 7 的窗口

运行一个程序或弹出一个文档，Windows 7 就会在桌面上开辟一块矩形区域，用来查看相应的程序或文档，这个矩形区域称为窗口。窗口可以弹出、关闭、移动和缩小。

1. 窗口的组成

大多数窗口都具有相同的基本部分，其他窗口可能具有其他的按钮、框或栏，但是它们通常也具有基本部分。图 2-16 是一个典型窗口，各部分具体功能如下。

导航窗格：可以使用导航窗格（左窗格）来查找文件和文件夹。还可以在导航窗格中将项目直接移动或复制到目标位置。"收藏夹"用于打开最常用的文件夹和搜索；"库"部分用于打开库；"计算机"部分用于浏览电脑中的任意文件和文件夹。

工具栏：工具栏可自动感知当前位置的内容，智能化变换按钮项，以提供最贴切的操作。

因此大部分操作，都可通过该工具栏实现，不再需要传统的菜单栏。

地址栏：使用地址栏可以导航到不同的文件夹，即在不同的文件夹之间跳转。

列标题：使用列标题可以对文件或文件夹进行排序。注意：只有在"详细信息"显示方式下才可以使用列标题的功能。

文件列表：文件列表区显示了当前文件夹下的子文件夹和文件。

详细信息窗格：在窗口底部的信息窗格中，可以查看与选定项目相关的信息。

提示：如果在打开窗口中没有显示导航窗格、预览窗格或详细信息窗格，单击工具栏上的"组织"按钮，指向"布局"，然后单击相应选项以将其显示出来。

图 2-16　窗口

2．窗口的基本操作

在 Windows 中窗口随处可见，了解如何移动它们、更改它们的大小或只是使它们消失很重要。Windows 7 简化了在桌面上使用窗口的方式，可用更为直观的方式将其打开、关闭、重设其大小以及排列它们。

（1）在窗口间切换

如果打开了多个程序或文档，桌面会快速布满杂乱的窗口。通常不容易跟踪已打开了哪些窗口，因为一些窗口可能部分或完全覆盖了其他窗口。在窗口间切换可使用如下方法：

方法一：使用任务栏。任务栏提供了整理所有窗口的方式。每个窗口都在任务栏上对应相应的按钮，若要切换到其他窗口，只需单击其任务栏按钮。该窗口将出现在所有其他窗口的前面，成为活动窗口（即当前正在使用的窗口）。

方法二：使用【Alt+Tab】组合键。通过按【Alt+Tab】组合键可以切换到先前的窗口，或者通过按住【Alt】键并重复按【Tab】键循环切换所有打开的窗口和桌面。释放【Alt】键可以显示所选的窗口。

方法三：使用 Aero 三维窗口切换。Aero 三维窗口切换以三维堆栈排列窗口，可以快速浏览这些窗口，如图 2-17 所示。使用三维窗口切换的步骤：

步骤 1：按住 Windows 徽标键 的同时按【Tab】键可打开三维窗口切换。

步骤 2：当按下 Windows 徽标键时，重复按【Tab】键或滚动鼠标滚轮可以循环切换打开的窗口。

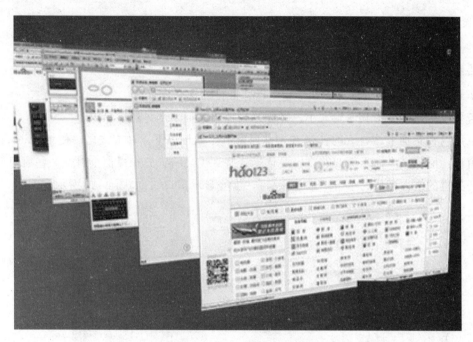

图 2-17　Aero 三维窗口切换

步骤 3：释放 Windows 徽标键可以显示堆栈中最前面的窗口。或者，单击堆栈中某个窗口的任意部分来显示该窗口。

（2）使用 Aero Peek 预览打开的窗口

在桌面上打开多个窗口的情况下，有时要查看单个窗口并在这些窗口之间切换可能会有很大难度。

可以使用 Aero Peek 快速查看其他打开的窗口，无须在当前正在使用的窗口外单击。将鼠标指向任务栏图标，随即与该图标关联的所有打开窗口的缩略图预览都将出现在任务栏的上方。如果希望打开正在预览的窗口，只需单击该窗口的缩略图即可。

（3）使用"对齐"在桌面上并排排列窗口

将窗口并排排列，这对于比较两个文档或将文件从一个文件夹移动到另一个文件夹时特别有帮助，如图 2-18 所示。并排排列窗口的步骤：

步骤 1：将窗口的标题栏拖动到屏幕的左侧或右侧，直到出现展开的窗口轮廓。

图 2-18　并排排列窗口

步骤 2：释放鼠标即可，窗口扩展为屏幕大小的一半。

步骤 3：对其他窗口重复步骤 1 和 2 以并排排列这些窗口。

若要将窗口还原为其原始大小，将标题栏拖离桌面顶部，然后释放。

也可以在桌面上按喜欢的任何方式排列窗口。如按以下三种方式之一使 Windows 自动排列窗口：层叠、纵向堆叠或并排。要选择这些选项之一，先在桌面上打开一些窗口，然后右击任务栏的空白区域，单击"层叠窗口""堆叠显示窗口"，如图 2-19 所示。

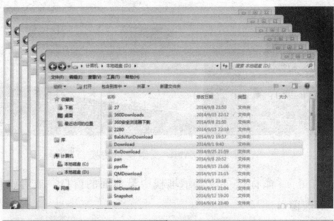

图 2-19　以层叠（左）、堆叠（右）排列窗口

（4）使用"对齐"在桌面上垂直展开窗口

可以使用"对齐"垂直展开窗口，这对于读取较长的文档特别有帮助。垂直展开窗口的步骤如下：

步骤1：指向打开窗口的上边缘或下边缘，直到指针变为双头箭头。

步骤2：将窗口的边缘拖动到屏幕的顶部或底部，使窗口扩展至整个桌面的高度。窗口的宽度不变。若要将窗口还原为原始大小，将标题栏拖离桌面的顶部，或将窗口的下边缘拖离桌面的底部。

（5）使用"对齐"在桌面上最大化窗口

可以使用"对齐"最大化窗口，这样便于聚焦该窗口，因为没有其他打开的窗口分散注意力。最大化窗口的步骤如下：

步骤1：将窗口的标题栏拖动到屏幕的顶部，该窗口的边框即扩展为全屏显示。

步骤2：释放鼠标使其扩展为全屏显示。

若要将窗口还原为原始大小，请将窗口的标题栏拖离屏幕的顶部。

最大化打开窗口的另一常用方法：双击窗口标题栏。若要将最大化的窗口还原为其原始大小，再次双击该窗口的标题栏。

2.2.4　Windows 7 对话框

在 Windows 7 菜单命令中，选择带有省略号的命令后会在屏幕上弹出一个特殊的窗口，在该窗口中列出了该命令所需的各种参数、项目名称、提示信息及参数的可选项，这种窗口称为对话框，如图 2-20 所示。

对话框是一种特殊的窗口，它没有控制菜单图标、最大/最小化按钮，对话框的大小不能改变，但可以用鼠标将其拖动、移动或关闭。

图 2-20　对话框

Windows 对话框中通常有以下几种控件：

（1）文本框（输入框）：接受用户输入信息的区域。

（2）列表框：列表框中列出可供用户选择的各种选项，这些选项称为条目，用户单击某个条目，即可将其选中。

（3）下拉列表框：与文本框相似，右端带有一个指向下的按钮，单击该下三角按钮会展开一个列表，在列表框中选中某一条目，会使文本框中的信息发生变化。

（4）单选按钮：是一组相关的选项，在这组选项中，必须选中且只能选中一个选项。

（5）复选框：在复选框中，给出了一些具有开关状态的设置项，可选中其中一个或多个，也可一个都不选中。

（6）微调框（旋转框）：一般用来接收数字，可以直接输入数字，也可以单击"微调"按钮来增大数值或减小数值。

命令按钮：在对话框中选择了各种参数，进行了各种设置之后，用鼠标单击命令按钮，即可执行相应命令或取消退出命令状态。

2.3　Windows 7 文件管理

操作系统作为计算机的最为重要的系统软件所提供的基本功能有数据存储、数据处理以及数据管理等。数据存储通常是以文件形式存放在磁盘或其他外部存储介质上，数据处理的对象是文件，数据管理也是通过文件管理来完成的。文件系统实现对文件的存取、处理和管理等操作。

理解文件和文件夹的概念和掌握它们的基本操作是学习 Windows 7 的基础之一。Windows 7 还引入了一个新的概念："库"，并改进了"用户文件夹"的功能。

2.3.1　文件

文件就是存储在磁盘上的信息的集合，程序和数据是以文件的形式存放的。它可以是用户创建的文档，也可以是可执行的应用程序或一张图片、一段声音等。文件夹是系统组织和管理文件的一种形式，在文件夹中可存放所有类型的文件和子文件夹，用户可以将文件分门别类地存放在不同的文件夹中。

每个文件都必须有一个确定的名字，这样才能做到对文件按名存取的操作。通常文件名称由文件名和扩展名两部分组成，而文件名称（包括扩展名）可由最多达 225 个字符组成。

1．文件的类型

计算机中所有的信息都是以文件的形式进行存储的，如程序、文档、图像、声音信息等。由于不同类型的信息有不同的存储格式与要求，相应就会有多种不同的文件类型，这些不同的文件类型一般通过扩展名来标明。表 2-1 列出了常见的扩展名及其含义。

表 2-1　常见文件扩展名及其含义

扩 展 名	含 义	扩 展 名	含 义
.com	系统命令文件	.exe	可执行文件
.sys	系统文件	.rtf	带格式的文本文件
.doc	Word 文档	.obj	目标文件
.txt	文本文件	.swf	Flash 动画发布文件
.bas	BASIC 源程序	.zip	ZIP 格式的压缩文件
.c	C 语言源程序	.rar	RAR 格式的压缩文件
.html	网页文件	.cpp	C++语言源程序
.bak	备份文件	.java	Java 语言源程序

2．文件属性

文件属性是用于反映该文件的一些特征的信息。常见的文件属性一般分为以下三类。

（1）时间属性

①　文件的创建时间：该属性记录了文件被创建的时间。

②　文件的修改时间：文件可能经常被修改，文件修改时间属性会记录下文件最近一次被修改的时间。

③　文件的访问时间：文件会经常被访问，文件访问时间属性则记录了文件最近一次被访问的时间。

（2）空间属性

①　文件的位置：文件所在位置，一般包含盘符、文件夹。

②　文件的大小：文件实际大小。

③　文件所占磁盘空间：文件实际所占有磁盘空间。由于文件存储是以磁盘簇为单位，因此文件的实际大小与文件所占磁盘空间，在很多情况下是不同的。

（3）操作属性

①　文件的只读属性：为防止文件被意外修改，可以将文件设为只读属性，只读属性的文件可以被弹出，但除非将文件另存为新的文件，否则不能将修改的内容保存下来。

②　文件的隐藏属性：对重要文件可以将其设为隐藏属性，一般情况下隐藏属性的文件是不显示的，这样可以防止文件误删除、被破坏等。

③　文件的系统属性：操作系统文件或操作系统所需要的文件具有系统属性。具有系统属性的文件一般存放在磁盘的固定位置。

④　文件的存档属性：当建立一个新文件或修改旧的文件时，系统会把存档属性赋予这个文件，当备份程序备份文件时，会取消存档属性，这时，如果又修改了这个文件，则它又获得了存档属性。所以备份文件程序可以通过文件的存档属性，识别出来该文件是否备份过或做过了修改。

3．文件目录/文件夹

为了便于对文件的管理，Windows 操作系统采用类似图书馆管理图书的方法，即按照一定的层次目录结构，对文件进行管理，称为树形目录结构。

所谓的树形目录结构，就像一颗倒挂的树，树根在顶层，称为根目录，根目录下可有若干个（第一级）子目录或文件，在子目录下还可以有若干个子目录或文件，一直可以嵌套若干级。

在 Windows 7 中，这些子目录称为文件夹，文件夹用于存放文件和子文件夹。可以根据需要，把文件分成不同的组并存放在不同的文件夹中。实际上，在 Windows 7 的文件夹中，不仅能存放文件和子文件夹，还可以存放其他内容，如某一程序的快捷方式等。

在对文件夹中的文件进行操作时，作为系统应该知道这个文件的位置，即它在哪个磁盘的哪个文件夹中。对文件位置的描述称为路径，如"F:\世界各国文化\英国\英国文化.doc"就指示了英国文化.doc 文件的位置在 D 盘的"世界各国文化"文件夹下的"英国"子文件夹中。

4．文件通配符

在文件操作中，有时需要一次处理多个文件，当需要成批处理文件时，有两个特殊的符号非常有用，它们就是文件通配符"＊"和"？"。"＊"在文件操作中使用它代表任意多个ASCⅡ码字符。"？"在文件操作中使用它代表任意一个字符。在文件搜索等操作中，通过灵活使用通配符，可以很快匹配出含有某些特征的多个文件。

2.3.2 文件和文件夹的基本操作

在了解了文件和文件夹的基本概念之后，接下来介绍文件和文件夹的基本操作。

1．文件和文件夹的新建、打开和重命名

新建文件的方法有很多种。一种是在应用程序中新建，例如在 Word 程序中，新建一个文档并保存到相应的文件夹中；另一种是直接在文件夹下新建；还有些程序直接打开后就会有一个已经建好的默认文件名的文件了。第二种新建文件的过程和新建文件夹类似，只不过在"新建"菜单的子菜单中，选择所需的文件类型即可。

Windows 7 为所能识别的文件类型，都关联了一个默认打开方式的应用程序。一般说来，要打开文件，只需用鼠标双击该文件图标，系统就会自动启动关联该文件的应用程序并在应用程序中打开它。对于系统未识别的文件类型，双击该图标后，系统会弹出"打开方式"对话框让用户选择打开此文件的程序。或者用鼠标右击图标，在弹出的快捷菜单中选择"打开方式"命令，也可以弹出"打开方式"对话框，如图 2-21 所示。用户可以在列表框中选择合适的程序来打开该文件。

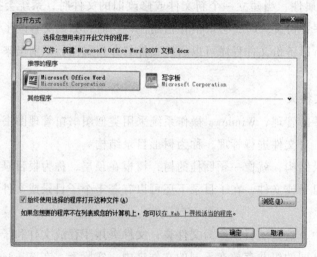

图 2-21 "打开方式"对话框

对于已经建好的文件和文件夹，可以对它进行重命名。要重命名文件或文件夹，在该文件或文件夹上右击，在弹出的快捷菜单中选择"重命名"命令。或用鼠标在名称文本框上单击两次（注意是单击两次，不是双击，两次单击中间应稍有停顿）。待文件或文件夹的名称文本框处于编辑状态时，输入新的名称，按【Enter】键或用鼠标在其他地方单击即可。

2．选中文件和文件夹

在资源管理器中要选定单个文件或文件夹，只需用鼠标在图标上单击即可。如果要选择多个文件和文件夹，可以和键盘按键结合起来。

要选择多个连续的文件或文件夹，可以先单击第一个文件或文件夹，然后按住【Shift】键，再用鼠标单击最后一个文件或文件夹，这样，两次选定的文件或文件夹之间的所有内容就会都被选中。要选择多个不连续的文件或文件夹，可以按住【Ctrl】键，然后单击要选中的所有文件或文件夹，选择完毕放开【Ctrl】键即可。

如果要对当前文件夹下的内容全部选定，可以按【Ctrl+A】组合键；或者在工具栏中选择"组织"菜单下的"全选"命令；或者在菜单栏中选择"编辑"|"全部选定"命令。

"编辑"菜单中的"反向选定"命令，可以把当前已选内容之外的所有内容选中（原选中内容不再选中）。

Windows 7 中还可以在文件或文件夹的旁边显示复选框，这样就可以在不使用键盘的情况下选择不连续的多个文件和文件夹了。操作步骤如下。

① 在资源管理器的工具栏中单击"组织"按钮，在弹出的菜单中选择"文件夹和搜索选项"命令，或者在菜单栏中选择"工具"|"文件夹选项"命令，系统会弹出"文件夹选项"对话框，选择"查看"标签，如图 2-22 示。

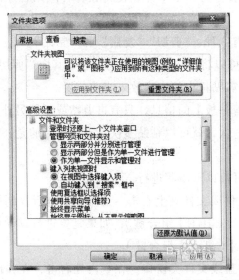

图 2-22　"文件夹选项"对话框的"查看"选项卡

② 在"高级设置"列表框内选中"使用复选框以选择项"复选框，然后单击"确定"按钮。

③ 当在资源管理器中选择文件时，把鼠标放在文件或文件夹上，文件或文件夹的左侧，就会出现一个复选框，选中复选框就选中了对应的文件和文件夹。

3．文件和文件夹的复制、移动、删除

在实际使用中，往往会需要对文件或文件夹进行重新组织，或需要一个文件、文件夹的多个副本，这就需要对现有的文件或文件夹进行复制、移动等操作。复制或移动文件、文件夹有两种方法，一种是用鼠标拖动来操作；另一种是通过剪贴板来操作。

（1）用鼠标"拖放"的方法复制、移动文件或文件夹

复制和移动文件或文件夹对象最简单的方法就是直接用鼠标把选中的文件图标拖放到目的地。至于鼠标"拖放"操作到底是执行复制还是移动，取决于源文件夹和目的文件夹的位置关系。

相同磁盘：在同一磁盘上拖放文件或文件夹执行移动命令。若拖放对象时按下【Ctrl】键则执行复制操作。

不同磁盘：在不同磁盘之间拖放文件或文件夹执行复制命令。若拖放文件时按【Shift】键则执行移动操作。

如果希望自己决定鼠标"拖放"操作到底是复制还是移动的话，可用鼠标右键把对象拖放到目的地。当释放右键时，将弹出一个快捷菜单，从中可以选择是移动还是复制该对象，或者为该对象在当前位置创建快捷方式图标。

（2）使用"剪贴板"复制和移动文件或文件夹

剪贴板是内存中的一块区域，是 Windows 内置的一个非常有用的工具，在剪贴板中可以保存文件和数据，剪贴板作为一个中介，使得在各种应用程序之间，传递和共享信息成为可能。

对剪贴板的操作主要有 3 种："剪切""复制"和"粘贴"。

"剪切"和"复制"都可以将选定对象放入剪贴板，其中"剪切"会删除原对象，而"复制"则不会。"粘贴"是把剪贴板中的内容放入当前位置。

剪切或复制时保存在剪贴板上的信息，只有再剪贴或复制另外的信息，才可能更新或清除其内容，即剪切或复制一次，就可以粘贴多次。需要注意的是：在断电后，剪贴板中的数据将会消失。

通过剪贴板操作时，可按以下步骤进行。

① 鼠标在要操作的文件或文件夹上右击，如果是要进行复制操作，则在弹出的快捷菜单中选择"复制"（或者用【Ctrl+C】组合键）；如果是要进行移动操作，则在弹出的快捷菜单中选择"剪切"（或者用【Ctrl+X】组合键）。

② 打开目标位置的磁盘或文件夹窗口，在空白处右击，在弹出的快捷菜单中选择"粘贴"（或者用【Ctrl+V】组合键），文件或文件夹即出现在目标窗口中。

要删除文件或文件夹非常简单。只要选中要操作的文件或文件夹，然后在窗口菜单中选择"编辑"|"删除"命令，或者用鼠标右击文件或文件夹，在弹出的快捷菜单中选择"删除"命令，或者在键盘上按下【Delete】键，都可以将文件或文件夹删除。

需要注意的是，上述方法的删除并不是真的从计算机中删除，而是被放到了"回收站"中，如果想要彻底从计算机中删除，可以在"回收站"中再清除该文件或文件夹。如果用户觉得这样太麻烦，也可以不经过"回收站"，直接删除，方法是在进行删除操作的同时，按住

【Shift】键。这样文件或文件夹即可直接从计算机中删除。

"回收站"是硬盘的一部分空间，提供了删除文件或文件夹的补救措施。用鼠标右击"回收站"图标，从弹出的快捷菜单中选择"属性"命令，如图 2-23 所示，打开"回收站属性"对话框，如图 2-24 所示，Windows 为每个分区或硬盘分配一个"回收站"，如果硬盘已经分区，或者如果计算机中有多个硬盘，则可以为每个分区或设备指定不同大小的"回收站"。从 U 盘或网络驱动器中删除的项目不受"回收站"保护，将被永久删除。

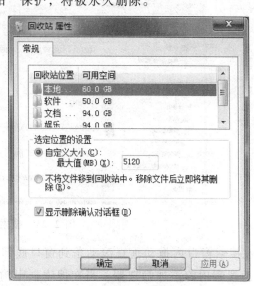

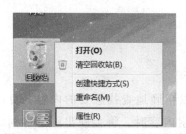

<table>
<tr><td>图 2-23　"回收站"右键快捷菜单</td><td>图 2-24　回收站"属性"对话框</td></tr>
</table>

2.3.3　搜索文件和文件夹

相比于以前的 Windows 版本，Windows 7 增强了搜索功能，使搜索文件变得更加高效快捷。关于搜索功能的改进如下：Windows 7 允许用户在多个位置进行搜索，包括"开始"菜单、文件夹、库、外部硬盘以及网络中，加大了可搜索的范围；搜索的响应速度更快，Windows 7 中的搜索是动态进行的，在输入搜索关键字的第一个文字时，搜索工作就已经开始了，并且会立刻显示出匹配的结果。随着关键字的完善，搜索结果也将更加准确，并最终精确反映出用户需要搜索的内容；增加了索引机制，大幅度提高搜索的速度。

1. 开始菜单中搜索

单击"开始"菜单，在"搜索程序和文件"输入框内输入想要搜索的内容，随着输入内容的增加，开始菜单上方的列表将快速筛选出符合搜索条件的内容，并将其分类。

2. 文件夹或库中搜索

如果您确定要搜索的内容位于某个文件夹中，但是具体在哪一个子文件夹中已经记不住了。这时可以打开这个文件夹，在窗口的左上角可以看到一个搜索框，在其中输入要查找的内容，系统就会自动开始搜索符合的内容，并显示在下方的列表中，与搜索内容匹配的文字仍然是特殊颜色进行突出显示。

例如，要在计算机中搜索格式为".jpg"的图片文件操作步骤如下。

步骤 1：选择搜索位置。在"资源管理器"窗口的"导航"窗格中选择。

步骤 2：输入搜索关键字。在"资源管理器"窗口右上角的搜索框中输入"*.jpg"，搜索结果随之出现，如图 2-25 所示。

图 2-25　搜索结果显示

在搜索窗口内拖动垂直滚动条到窗口底部，可以精确地查找想要的内容，可以在搜索时为搜索内容添加筛选器。当在搜索框中输入搜索内容时，将会弹出筛选器列表，如图 2-26 所示。如果在某个文件夹或库中没有找到所需的内容，那么还可以很方便地改变搜索位置。

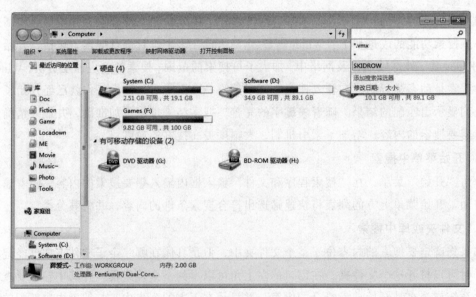

图 2-26　搜索筛选器

在搜索时，如果关于文件的某些信息记得不是很清楚，就可以利用通配符来进行模糊查找。"?"号代表任何单个字符，"*"号可代表文件或文件夹名称中的一个或多个字符。例如要查找所有以字母"D"开头的文件，可以在查询内容中输入"D*"。同时也可以一次使用多个通配符。如果想查找一种特殊类型的字符串时，可以使用"*."+"文件类型"的方法，如使用"*.JPG"就可以查找到所有.JPG格式的文件。

3. 更改索引以提高搜索性能

在 Windows 7 中，通过使用索引可以对计算机中的大部分常见的文件类型进行快速的搜索。索引的运行机制是由 Windows 扫描索引，而不是在整个计算机的磁盘中查找文件。如果在未索引的位置进行搜索，那么搜索过程可能会变得非常缓慢。这是因为系统必须在搜索时检查这些位置中的每一个文件，因此会相当耗时。

默认情况下，Windows 7 对系统预置的用户个人文件夹和库进行索引。如果用户要为其他位置添加索引路径，可以自己添加索引数据库来提高搜索效率。打开"开始"菜单，在菜单底部的搜索框中输入"索引选项"，找到后打开，如图 2-27 所示。单击"修改"按钮，弹出如图 2-28 所示的对话框，在要添加索引的位置前勾选相应目录，就可以为新位置创建索引了。

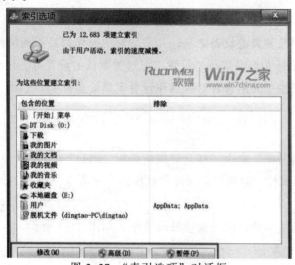

图 2-27　"索引选项"对话框

图 2-28　"索引位置"对话框

2.4　Windows 7 系统控制面板

初装 Windows 7 系统后，展现在用户面前的是一个标准的 Windows 7 桌面，鼠标和键盘等硬件都是标准化的设置。系统所提供的这些默认设置未必适合所有的人，用户可以根据自己的需要和爱好自定义 Windows 7 的各种系统属性，控制面板就是可以来重新配置系统。

单击"开始"按钮，从"开始"菜单中选择"控制面板"命令，打开"控制面板"窗口。在"计算机"和"资源管理器"中单击"控制面板"也可以打开"控制面板"窗口，如图 2-29 所示。

图 2-29　控制面板

2.4.1　设置鼠标和键盘

鼠标和键盘是操作计算机过程中使用最频繁的设备之一，几乎所有的操作都要用到鼠标和键盘。在安装 Windows 7 时系统已对鼠标和键盘进行过设置，但这种默认的设置可能并不符合用户个人的使用习惯，这时用户可以按个人的喜好对鼠标和键盘重新设置。

1. 调整鼠标

具体操作步骤如下：

（1）单击"开始"按钮，选择"控制面板"命令，打开"控制面板"窗口。

（2）打开"鼠标"图标，弹出"鼠标属性"对话框，选择"鼠标键"选项卡，如图 2-30 所示。

（3）用户根据自己的使用习惯对鼠标的移动速度等选项做出调整，如图 2-31 所示。

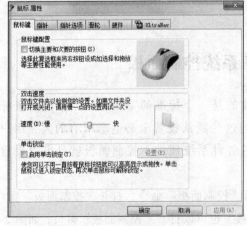

图 2-30　"鼠标键"选项卡

图 2-31　"指针选项"选项卡

2．调整键盘

调整键盘的操作步骤如下：

（1）单击"开始"按钮，选择"控制面板"命令，打开"控制面板"窗口。

（2）打开"键盘"图标，弹出"键盘属性"对话框。

（3）选择"速度"选项卡，如图 2-32 所示。

（4）在"字符重复"选项组中，拖动"重复延迟"滑块，可调整在键盘上按住一个键需要多长时间才开始重复输入该键；拖动"重复率"滑块，可调整输入重复字符的速率；在"光标闪烁速度"选项组中，拖动滑块，可调整光标的闪烁频率。

（5）单击"应用"按钮，即可应用所选设置。

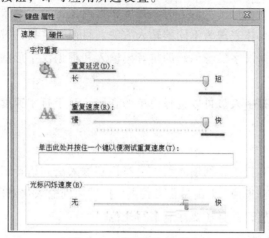

图 2-32　"速度"选项卡

（6）选择"硬件"选项卡，如图 2-33 所示。

（7）在该选项卡中显示了所用键盘的硬件信息，如设备的名称、类型、制造商、位置及设备状态等。单击"属性"按钮，弹出"键盘属性"对话框，如图 2-34 所示。在该对话框中可查看键盘的常规设备属性、驱动程序的详细信息，更新驱动程序，返回驱动程序，卸载驱动程序等。

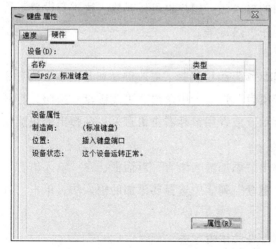

图 2-33　"硬件"选项卡

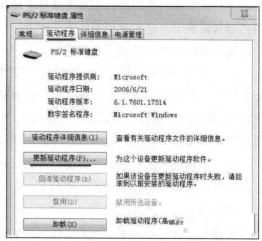

图 2-34　"键盘属性"对话框

（8）设置完毕后，单击"确定"按钮即可。

2.4.2　中文输入法设置

中文输入与字体管理是一个中文操作系统应具有的基本功能。要想用计算机实现信息处理，首先应当掌握计算机的汉字输入方法。

1．中文输入法常识

目前，中文输入法主要有两种基本模式：键盘输入法和非键盘输入法。

（1）键盘输入法

中文的键盘输入法是指汉字通过计算机的标准输入设备键盘进行输入，这是目前最常用的方法。数目庞大的汉字通过键盘输入时，需要根据西文键盘上有限的字符按键进行编码，采用不同的编码规则，具体表现为不同的输入方法。目前，这样的键盘输入方法有几百种，从编码类型上可分为根据汉字发音编码的拼音码输入和根据汉字形状结构及书写顺序的拼形码输入两种。

一般来讲，非专业打字人员可以选择简单的音码，对于打字速度有要求的专业打字人员应选择形码。

（2）非键盘输入法

非键盘输入法主要有扫描识别输入法、手写识别输入法和语音识别输入法。这对于那些不熟悉计算机操作的用户来说，无疑是很方便的。扫描识别输入法对印刷体汉字识别率很高。手写汉字识别速度不理想，并且还要注意书写规范。

2．安装和设置输入法

目前的输入法种类繁多，Windows 7默认安装了全拼、微软拼音、郑码、智能ABC等汉字输入法。如果用户想要使用其他的汉字输入法，如五笔、紫光拼音、搜狗拼音等输入法，需要另行安装。中文输入法的安装与其他应用程序的安装过程基本相同。

用户可以根据需要对输入法进行切换，选用合适的输入法。切换输入法时，可以在任务栏语言栏上单击，在弹出的菜单中选择要使用的输入法。用户也可以对输入法进行设置。设置内容包括在语言栏中显示的输入法种类、顺序、热键等。

输入法的设置可按如下步骤进行。

（1）打开"控制面板"，在"时钟、语言和区域"组中选择"更改键盘和其他输入法"命令，弹出"区域和语言"对话框，在"键盘和语言"选项卡中单击"更改键盘"按钮，打开"文本服务和输入语言"对话框，如图2-35所示。或者用鼠标右击语言栏，在弹出的快捷菜单中选择"设置"命令，也可以打开此对话框。

（2）添加输入法。单击"添加"按钮，弹出"添加输入语言"对话框，在"输入语言"下拉列表中选择"中文（简体，中国）"，在"键盘"列表中选择要添加的输入法，单击"确定"按钮即可。

注意：要添加输入法，首先必须在计算机上安装该输入法。

（3）删除输入法。在如图 2-35 所示的对话框中，选中要删除的输入法，单击"删除"按钮即可。

（4）设置输入法热键。在如图 2-35 所示的对话框中，选择"高级键设置"选项卡，如图 2-36 所示，在"输入语言的热键"分组框中的"操作"列表框中，选择要进行的操作，再单击"更改按键顺序"按钮，选择所需的按键设置，单击"确定"按钮，那么按下所设置的热键后，就会执行所要进行的操作。

图 2-35　输入法设置　　　　　图 2-36　设置输入法热键

（5）语言栏按钮。利用 Windows 的语言栏可以方便地进行输入法切换，除此之外，还有一些切换可以利用语言栏来完成。不同的输入法下语言栏的显示不尽相同。语言栏上常见的按钮有输入法切换按钮、中／英文切换按钮、全角／半角切换按钮、中／英文标点切换按钮、最小化按钮、选项菜单按钮等。输入法切换既可以用鼠标在语言栏完成，也可以用键盘完成。

这里要特别说明一下全角字符和半角字符的问题。全角字符在计算机中占两个字节，半角字符占一个字节。在这两种状态下所输入的数字、标点、字母等符号外观相近但是不完全相同，全角字符的宽度要比半角字符的宽度长。在计算机内部，即使同一种符号在全角和半角方式下会被认为是两个不同的符号。单击语言栏的最小化按钮可以把语言栏最小化到任务栏中。在任务栏中右击语言栏，选择"还原语言栏"命令也可以还原语言栏的显示。

除可以通过鼠标点击选定输入法或切换状态外，还可通过热键选定输入法和切换输入状态。

【Ctrl+Shift】：循环切换并选定输入法；

【Ctrl+空格】：中文/英文输入法切换；

【Ctrl+ . 】：中文/英文标点符号切换；

【Shift + 空格】：全角/半角切换；

2.4.3　管理用户账户

Windows 7 系统的用户管理功能，主要包括账号的创建、设置密码、修改账号等内容，可以通过"控制面板"中的"用户账户"或者"管理工具"来进行设置。第一种方式采用图形界面，比较适合初学者使用，但是只能对用户账户进行一些基本的设置；第二种方式适合中、高级用户，能够对用户管理进行系统的设置。

双击"控制面板"窗口中的"用户账户"图标，就可以启动用户账户管理程序。

（1）创建的一个新账户

在图 2-37 所示窗口中单击"创建一个新账户"任务，然后按照提示单击"下一步"按钮，依次输入新账户的名称，选择账户的类型，即可建立一个新的账户。

图 2-37　"管理用户账户"窗口

在 Windows 7 系统中，用户账户分为两种类型，一种是"计算机管理员"类型，另外一种是"受限"类型。两种类型的权限是不同的，"计算机管理员"拥有对计算机操作的全部权力，可创建、更改、删除账户，安装、卸载程序，访问计算机的全部文件资料；而"受限"类型用户账户只能修改自己的用户名、密码等，也只能浏览自己创建的文件和共享的文件。在创建新账户时，只有创建一个管理员账户以后，才能创建其他的类型的账户。而在欢迎屏幕上所见到的用户账户 Administrator（管理员）为系统的内置账户用户，是在安装系统时自动创建的。

（2）更改账户

用户账户建立后，可以对用户账户进行一系列的修改，比如设置密码、更改账户类型、更改账户图片、删除账户等。"受限"类型的账户，只能修改自己的设置，若修改其他用户账户，必须以计算机管理员身份登录。

在图 2-38 所示的窗口中单击"更改账户"任务，然后在窗口中选择一个待修改的账户。修改账户的主要内容包括：

① 更改名称：对账户重新命名。

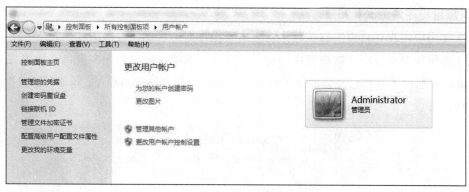

图 2-38　"用户账户"窗口

② 创建密码：为用户账户创建密码后，在登录时必须输入。如果已经设置密码，这里将变为"更改密码""删除密码"两个选项。

③ 更改图片：为用户账户选择新的图片，这个图片将出现欢迎屏幕的用户账户的旁边，也可以单击下面的"浏览图片"超链接来选择自己喜欢的图片，甚至可以选择自己的照片。

④ 更改账户类型：设置为"计算机管理员"或者"受限"类型。

⑤ 在欢迎屏幕上可能看到还有一个 Guest 账户，它不需要密码就可以访问计算机，但是只有最小权限，不能更改设置、删除安装程序等。如果不希望其他人通过这个账户进入自己的计算机，可以在"用户账户"窗口中单击 Guest 账户，在下一步操作中，选择"禁用来宾账户"命令，即可关闭 Guest 账户。

（3）更改用户登录或注销的方式

在窗口中单击"更改用户登录或注销的方式"任务，窗口中给出两个复选项，使用欢迎屏幕和使用快速用户切换。

2.4.4　添加或删除程序

计算机上只有操作系统是不够的，还需要安装一系列的应用软件。用户经常要根据需要安装应用程序，有时删除不需要的程序以释放磁盘空间。

1．安装应用程序

（1）从硬盘安装。打开硬盘中安装程序所在的目录，双击其安装文件（一般其文件名为 setup.exe 或者"安装程序名.exe"），运行安装向导，按向导的指示操作即可完成安装。

（2）从 CD/DVD 安装。从 CD 或 DVD 安装的许多程序会自动启动程序的安装向导，在这种情况下，当插入光盘后，会自动弹出"自动播放"对话框，然后可以运行选择运行安装向导。

（3）从 Internet 安装。在 Web 浏览器中，单击指向该应用程序的链接。若要马上开始安装程序，则单击"运行"按钮，然后按照屏幕上的指示进行操作。若要以后安装程序，则单击"保存"按钮，然后将安装文件下载到计算机的指定位置上，之后双击该安装文件，并按照屏幕上的指示进行操作即可。

2．应用程序的更改和卸载方法

（1）使用应用程序自带的卸载软件，按向导操作即可将应用程序删除。

（2）使用控制面板中"卸载程序"选项，打开"卸载或更改程序"窗口，如图 2-39 所示。该窗口中列出了所有已安装的应用程序，选择需要卸载的应用程序，单击"卸载"或"更改"按钮即可。

图 2-39　"卸载或更改程序"窗口

2.4.5　打印机安装

安装打印机分硬件连接和安装驱动程序两部分。目前打印机的连接端口多为传统的并口，也有 USB 接口的打印机，它们在安装时稍有区别。

如果使用的是 USB 打印机，那么用户只需在连接好 USB 数据线和打印机电源后，系统便会自动搜寻并安装驱动程序。如果搜索不到，会弹出对话框要求用户指定启动程序的位置，此时用户只需插入驱动程序光盘，并指明驱动程序的路径，即可自动完成安装。如果使用的是传统的并口打印机，那么在安装打印机驱动程序之前，用户需要将打印机的数据线连接在计算机的 LPT1 并行口上，然后接通电源打开打印机。但有时为了应用程序可正确完成打印预览，即使没有打印机也可进行安装。操作步骤如下：

（1）选择"开始"→"打印机和传真"命令，或者在"控制面板"窗口中双击"打印机和传真"图标，打开"打印机和传真"窗口，选择"文件"→"添加打印机"命令，如图 2-40 所示。

（2）弹出"添加打印机向导"对话框，直接单击"下一步"按钮。

（3）弹出询问用户以哪种方式连接打印机的对话框。

图 2-40　"打印机和传真" 窗口

（4）这里介绍安装本地打印机，因此选中"连接到此计算机的本地打印机"单选按钮，取消选中"自动检测并安装即插即用打印机"复选框，单击"下一步"按钮。

目前打印机基本都是即插即用打印机，所以可以选中"自动检测并安装即插即用打印机"复选框，这样系统将自动检测打印机的型号、连接端口等，如图 2-41 所示，并自动搜寻、安装它的驱动程序。如果找不到，将会弹出一个对话框，要求用户指定驱动程序所在的位置。

（5）选中"使用以下端口"单选按钮，在后面的下拉列表框中选择"LPT1:（推荐的打印机端口）"选项。然后单击"下一步"按钮，弹出图 2-42 所示的对话框，要求用户选择打印机的型号。

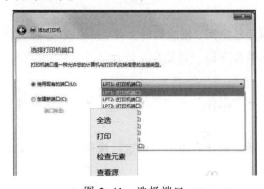

图 2-41　选择端口

图 2-42　选择打印机的厂商和型号

（6）根据所安装打印机的厂商和型号选取，然后单击"从磁盘安装"按钮，弹出"从磁盘安装"对话框。

（7）把安装光盘放入光驱，单击"浏览"按钮，选择驱动程序所在的位置，再按向导提示操作，最后提示"您已成功完成了添加打印机向导"，并给出打印机的设置信息，此时如果需要更改，可单击"上一步"按钮完成更改信息，如果确认打印机设置信息正确，则单击"完成"按钮，系统复制打印机驱动程序文件，随后完成安装。

2.5　Windows 7 的磁盘管理

磁盘管理是指对计算机中的硬盘进行管理的操作，包括磁盘分区、磁盘格式化、查看磁盘信息和调整、清理磁盘垃圾、磁盘碎片整理等。在计算机的日常使用过程中，用户可能会非常频繁地进行应用程序的安装、卸载，文件的移动、复制、删除或在 Internet 上下载程序文件等多种操作，而这样操作过一段时间后，计算机硬盘上将会产生很多磁盘碎片或大量的临时文件等，致使运行空间不足，程序运行和文件打开变慢，计算机的系统性能下降。善用磁盘管理可以使系统运行更为高效快速，提升系统性能，达到更好的使用效果。

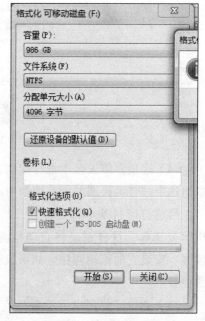

图 2-43　"格式化"窗口

2.5.1　格式化磁盘

进行格式化磁盘的具体操作如下：

（1）单击"计算机"图标，打开"计算机"对话框。

（2）选择要进行格式化操作的磁盘，右击要进行格式化操作的磁盘，在打开的快捷菜单中选择"格式化"命令。

（3）打开"格式化"对话框选择格式化，如图 2-43 所示。

2.5.2　清理磁盘

使用磁盘清理程序可以帮助用户释放硬盘驱动器空间，删除临时文件、Internet 缓存文件和可以安全删除不需要的文件，腾出它们占用的系统资源，以提高系统性能。

执行磁盘清理程序的具体操作如下：

（1）单击"开始"按钮，选择"所有程序"→"附件"→"系统工具"→"磁盘清理"命令，打开"驱动器选择"对话框。

（2）在该对话框中可选择要进行清理的驱动器。选择后单击"确定"按钮可弹出该驱动器的"磁盘清理"对话框，选择"磁盘清理"选项卡。

（3）在该选项卡中的"要删除的文件"列表框中列出了可删除的文件类型及其所占用的磁盘空间大小，选中某文件类型前的复选框，在进行清理时即可将其删除；在"获取的磁盘空间总数"中显示了若删除所有选中复选框的文件类型后，可得到的磁盘空间总数；在"描述"框中显示了当前选择的文件类型的描述信息，单击"查看文件"按钮，可查看该文件类型中包含文件的具体信息。

（4）单击"确定"按钮，将弹出"磁盘清理"确认删除对话框，单击"是"按钮，弹出"磁盘清理"对话框。清理完毕后，该对话框将自动消失，如图 2-44 所示。

（5）若要删除不用的可选 Windows 组件或卸载不用的安装程序，可选择"其他选项"选项卡。

（6）在该选项卡中单击"Windows 组件"或"安装的程序"选项组中的"清理"按钮，即可删除不用的可选 Windows 组件或卸载不用的安装程序。

2.5.3　整理磁盘碎片

运行磁盘碎片整理程序的具体操作如下：

（1）单击"开始"按钮，选择"所有程序"→"附件"→"系统工具"→"磁盘碎片整理程序"命令，打开"磁盘碎片整理程序"对话框，如图 2-45 所示。

图 2-44　"磁盘清理"窗口

图 2-45　"磁盘碎片整理程序"对话框

（2）在该对话框中显示了磁盘的一些状态和系统信息。选择一个磁盘，单击"分析磁盘"按钮，可以进行分析。

（3）在该对话框中单击"磁盘碎片整理"按钮，可以进行碎片整理，显示整理的百分比。

2.5.4　查看磁盘属性

磁盘的常规属性包括磁盘的类型、文件系统、空间大小、卷标信息等，查看磁盘的常规属性可执行以下操作：

（1）双击"计算机"图标，打开"计算进"窗口。

（2）右击要查看属性的磁盘图标，在弹出的快捷菜单中选择"属性"命令。

（3）打开"磁盘属性"对话框，选择"常规"选项卡。

（4）在该选项卡中，用户可以在最上面的文本框中键入该磁盘的卷标；在该选项卡的中部显示了该磁盘的类型、文件系统、打开方式、已用空间及可用空间等信息；在该选项卡的下部显示了该磁盘的容量，并用饼图的形式显示了已用空间和可用空间的比例信息。单击"磁盘清理"按钮，可启动磁盘清理程序，进行磁盘清理。

（5）单击"应用"按钮，即可应用在该选项卡中更改的设置。

2.6 Windows 7 的任务管理器

Windows 任务管理器提供了有关计算机性能的信息，并显示了计算机上所运行的程序和进程的详细信息；如果连接到网络，那么还可以查看网络状态并迅速了解网络是如何工作的。它的用户界面提供了文件、选项、查看、窗口、关机、帮助等六大菜单项，其下还有应用程序、进程、性能、联网、用户等五个标签页，窗口底部则是状态栏，从这里可以查看到当前系统的进程数、CPU 使用比率等数据，默认设置下系统每隔两秒钟对数据进行 1 次自动更新。

2.6.1 任务管理器

当需要启动"任务管理器"时，可以按【Ctrl+Alt+Del】组合键，在打开的菜单中单击"启动任务管理器"按钮，或是右击任务栏空白处，在弹出的快捷菜单中选择"启动任务管理器"命令，打开"Windows 任务管理器"窗口，如图 2-46 所示。任务管理器共有 6 个标签，分别是应用程序、进程、服务、性能、联网和用户，每一个标签对应任务管理功能的一个方面。

图 2-46 "Windows 任务管理器"窗口

　　"应用程序"选项卡显示了系统当前正在运行的应用程序名称及其运行状态。在该选项卡中可以强行终止正在运行的应用程序、启动新的应用程序或是在运行的程序之间切换。例如，当某个应用程序长时间不响应用户操作，通过应用程序本身的关闭命令或关闭按钮都无法终止应用程序的运行时，可以通过任务管理器强行终止它。可在"应用程序"选项卡的"任务"列表框中选定相应的任务（此时的任务状态通常是"未响应"），然后单击"结束任务"按钮。

　　"进程"选项卡可以查看各进程的运行情况，包括进程的名称、所属用户名、内存占用情况等，每一个运行的应用程序都有相应的进程在内存中运行，同时 Windows 也有多个进程在内存中运行。如果某个应用程序不能正常关闭，也可以通过结束其对应的进程终止它。

　　另外，对于熟悉计算机系统的用户，可以通过查看进程列表，发现并终止可疑的进程，以保证计算机系统的正常运行。要终止某个正在运行的进程，首先在进程列表中选定相应的进程，然后单击"结束进程"按钮即可。

　　"服务"选项卡显示系统当前各个服务程序的状态。Windows 的服务是一种在系统后台运行的程序，可以通过本地或网络为用户提供某些特定功能。例如，即插即用服务、远程登录服务、自动更新服务等。Windows 服务是系统级的程序，一般来说，除非用户非常了解，不建议随意修改服务的运行状态，因为这可能导致系统的某些功能无法使用。Windows 7 把服务信息在任务管理器中显示出来，让用户可以更方便地查看系统服务的运行状态。任何一个服务都有"已启动""未启动"两种状态。在任务管理器的服务选项卡中，用户可以在服务项上右击，然后在弹出的菜单中选择"启动服务"或"停止服务"命令来启动或关闭服务。

　　在"性能"选项卡中，可以看到以动态图形方式显示的计算机系统运行时 CPU 和内存的使用情况，如图 2-47 所示。

　　在"联网"选项卡中可以看到当前联网情况，如所连接网络的使用率、线性速度、状态和流量等相关信息。"用户"选项卡显示当前登录和连接到本机上的所有用户的信息。

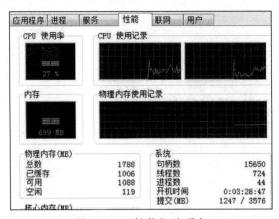

图 2-47　"性能"选项卡

2.6.2　资源监视器

"资源监视器"是 Windows 7 系统提供的一个新的工具。使用"任务管理器"可对计算机系统的运行情况有一个整体的了解，而使用"资源监视器"才能全面地即时监视有关 CPU、内存、磁盘及网络的活动情况。

启动"资源监视器"有多种方法：如在"任务管理器"的"性能"选项卡中单击"资源监视器"按钮；或者在"开始"菜单的"搜索框"中输入"资源监视器"，并单击结果栏里的"资源监视器"。"资源监视器"窗口如图 2-48 所示，可以看到该窗口由左右两部分组成，右半部分有 4 个图表，分别显示 CPU、磁盘、网络和内存的使用情况；左半部分则显示 CPU、磁盘、网络和内存的详细统计信息。

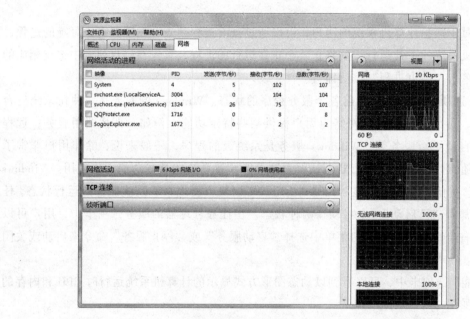

图 2-48　"资源监视器"窗口

第 3 章 | Word 2010 文字处理软件

3.1 Office 2010 简介

3.1.1 Office 2010 的安装

Office 2010 和其他 Office 版本可以同时安装在同一台计算机中，只是在安装时需要选择"自定义"安装，不能选择"升级"安装，否则在安装高版本的 Office 软件程序时，系统会自动将低版本覆盖掉。而如果是第一次安装 Office 软件的话，安装向导则显示的是"立即安装"和"自定义"，如图 3-1 所示。

图 3-1　Office 2010 安装向导

安装 Office 2010 的方法很简单，运行安装程序后，首先进入的是"阅读 Microsoft 软件许可证条款"界面，用户必须勾选"我接受此协议的条款"才可以继续安装。进入下一步后用户根据需要，选择"立即安装"或"升级"则默认安装所有组件，而如果选择"自定义"则可以选择安装部分组件和设置文件安装路径，如图 3-2 所示，然后根据安装向导进行安装即可。

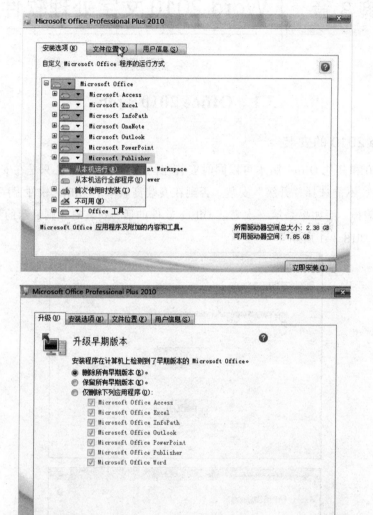

图 3-2　安装选项

3.1.2　Office 2010 的添加与删除

1．添加和删除组件

Office 2010 在安装时，用户可以选择需要安装的组件，安装完成后，仍可添加或删除相关的组件。

（1）打开"控制面板"的"程序和功能"窗口，在程序列表中选择"Microsoft Office Profession

Plus 2010"，单击"更改"按钮，如图 3-3 所示。

（2）在安装向导中选择"添加或删除功能"。

（3）在"安装选项"中，如果要添加某一组件，单击该组件右侧的黑色下三角按钮"▼"，在弹出的下拉列表中选择"从本机运行"；如果是要删除，则选择"不可用"。

图 3-3　卸载或更改程序

（4）根据安装向导进行安装即可。

2．删除软件

当长时间不使用 Office 2010 软件时，就可以将其卸载，以节约软件所占用的存储空间。而卸载的方法很简单，在"控制面板"的"程序和功能"中，选择 Office 2010 程序选项，单击"卸载"即可；也可以在使用"添加和删除"安装向导时，选择"删除"来完成。在进行 Office 2010 卸载时，系统会默认卸载所有组件，为防止误操作，系统一般会在删除前询问是否确认删除，如图 3-4 所示。

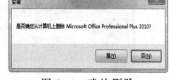

图 3-4　确认删除

3.2　Word 2010 概述

3.2.1　Word 2010 窗口界面

启动计算机后，选择"开始"→"所有程序"→"Microsoft Office"→"Microsoft Word 2010"命令，从而启动 Word 2010。

图 3-5 所示为 Word 2010 的窗口界面，该界面主要由标题栏、快速访问工具栏、功能选项卡、功能区、文本编辑区和状态栏以及视图按钮切换区组成。

1．标题栏

标题栏位于窗口的顶端，用于显示当前正在运行的程序名及文件名等信息，标题栏最右端有 3 个按钮，分别用来控制窗口的最小化、最大化/还原和关闭。

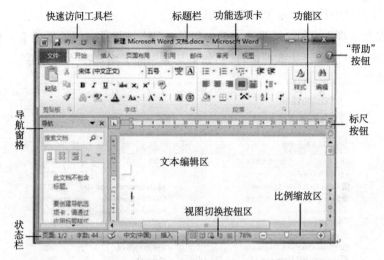

图 3-5　Word 2010 的窗口界面

2．快速访问工具栏

快速访问工具栏中包含最常用操作的快捷按钮，方便用户使用。在默认状态下，快速访问工具栏中仅包含 3 个快捷按钮，他们分别是"保存""撤销"和"恢复"按钮。当然用户可单击右边的下拉按钮，从而添加其他常用命令，如"新建""打开""打印预览和打印"等；如选择"其他命令"选项，则打开"Word 选项"→"快速访问工具栏"对话框，可添加更多的命令，定义完全个性化的快速访问工具栏，使操作更加方便。单击"自定义快速访问工具栏"下拉按钮，添加"新建"和"打印预览和打印"命令，如图 3-6 所示。

图 3-6　在快速工具栏中添加新的工具按钮

3．功能选项卡

常见的功能选项卡有"文件""开始""插入""页面布局""视图"等 8 项，单击某功能选项卡，则打开相应的功能区；对于某些操作则会自动添加与操作相关的功能选项卡，如当插入或选中图片时，自动在常见功能选项卡右侧添加"图片工具→格式"功能选项卡，该选项卡常被称为"加载项"。为叙述问题方便，以下我们简称选项卡。

4．功能区

显示当前功能选项卡下的各个功能组，如图 3-5 中显示的是在"开始"功能选项卡下的"剪贴板""字体""段落""样式"等各功能组，组内列出了相关的按钮或命令。组名称右边有"对话框启动器"按钮，单击此按钮，可打开一个与该组命令相关的对话框。例如单击"字体"组右下端的按钮，可打开"字体"对话框，如图 3-7 所示。功能区是 Word 2003 中的菜单和工具栏在 Word 2010 中的主要替代控件。

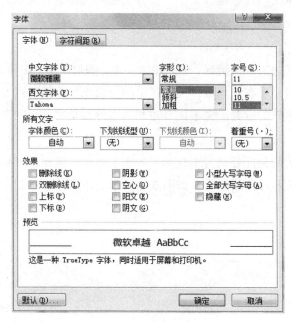

图 3-7　字体对话框

单击"帮助"按钮左侧的"功能区最小化"按钮或按【Ctrl+F1】组合键可以将功能区隐藏或显示。

为便于操作，下面对 Word 2010 提供的默认功能选项卡的功能区做详细说明。

（1）"开始"功能区：包括剪贴板、字体、段落、样式和编辑 5 个组，该功能区主要用于对 Word 2010 文档进行文字编辑和字体、段落的格式设置，是最常用的功能区。

（2）"插入"功能区：包括页、表格、插图（插入各种元素）、链接、页眉和页脚、文本和符号等几个组，主要用于在 Word 2010 文档中插入各种元素。

（3）"页面布局"功能区：包括主题、页面设置、稿纸、页面背景、段落和排列等几个组，主要用于设置 Word 2010 文档页面样式。

（4）"引用"功能区：包括目录、脚注、引文与书目、题注、索引和引文目录等几个组，用于在 Word 2010 文档中插入目录等比较高级的功能。

（5）"邮件"功能区：包括创建、开始邮件合并、编写和插入域、预览结果和完成等几个组，该功能区的作用比较专一，主要用于在 Word 2010 文档中进行邮件合并方面的一些操作。

（6）"审阅"功能区：包括校对、语言、中文简繁转换、批注、修订、更改、比较、保护等几个组，主要用于对 Word 2010 文档进行校对和修订等操作，比较适合多人协作处理 Word 2010 长文档。

（7）"视图"功能区：包括文档视图、显示、显示比例、窗口和宏等几个组，主要用于设置 Word 2010 操作窗口的视图类型。

5. 导航窗格

导航窗格主要显示文档的标题级文字，以方便用户快速查看文档，单击其中的标题，即可快速跳转到相应的位置。

6. 文本编辑区

功能区下的空白区为文本编辑区，他是输入文本，添加图形、图像以及编辑文档的区域，对文本的操作结果都将显示在该区域。文本区中闪烁的光标为插入点，是文字和图片输入的位置，也是各种命令生效的位置。文本区右边和下边分别是垂直滚动条和水平滚动条。

7. 标尺

文本区左边和上边的刻度分别为垂直标尺和水平标尺，拖动水平标尺上的滑块，可以设置页面的宽度、制表位和段落缩进等，如图 3-8 所示。单击垂直滚动条上方的"标尺"按钮可显示或隐藏标尺。

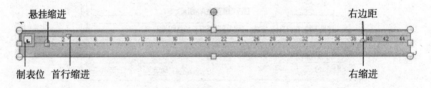

图 3-8　水平标尺

8. 状态栏和视图栏

窗口的左底部显示的是状态栏，它主要提供当前文档的页码、字数、修订、语言、改写或插入等信息。窗口的右底部显示的是视图栏，包括视图切换按钮区和比例缩放区，单击视图切换按钮用于视图的切换，拖动比例缩放区中的"显示比例"滑块，可以改变文档编辑区的大小。

3.2.2　Word 2010 的视图模式

屏幕上显示文档的方式称为视图，Word 2010 中提供了"页面视图""阅读版式视图""Web 版式视图""大纲视图"和"草稿视图"五种视图模式。用户可以在"视图"选项卡的"文档视图"组中选择需要的文档视图模式，如图 3-9 所示，也可以在窗口的右下方单击视图按钮选择视图。

1. 页面视图

页面视图是 Word 2010 默认的视图模式，该视图中显示的效果和打印的效果完全一致。在页面视图中可看到页眉、页脚、水印和图形等各种对象在页面中的实际打印位置，便于用户对页面中的各种对象元素进行编辑，如图 3-10 所示。

图 3-9　"视图"选项卡

图 3-10　页面视图

2．阅读版式视图

为方便阅读文章，Word 2010 添加了"阅读版式"视图模式。该视图模式主要用于阅读比较长的文档，如果文章较长，会自动分成多屏以方便阅读。在该模式中，可对文字进行勾画和批注，如图 3-11 所示。在"阅读版式"视图下，单击右上角的"关闭阅读版式视图"按钮，可关闭"阅读版式"视图。

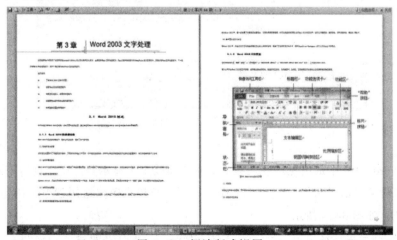

图 3-11　阅读版式视图

3．Web 版式视图

Web 版式视图是唯一按照窗口的大小来显示文本的视图，使用这种视图查看文档时，不需要拖动水平滚动条就可以看整行文字，如图 3-12 所示。

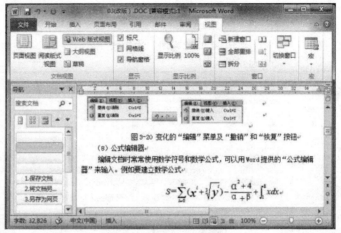

图 3-12 Web 版式视图

4．大纲视图

对于一个具有多重标题的文档，可使用大纲视图查看该文档，显得更为方便直观。这是因为大纲视图是按照文档中标题的层次来显示文档的，可将文档折叠起来只看主标题，也可将文档展开查看整个文档的内容，如图 3-13 所示。

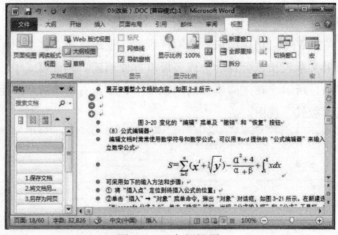

图 3-13 大纲视图

5．草稿

草稿是 Word 2010 中最简化的视图模式，在该模式中不显示页边距、页眉和页脚、背景、图形图像及未设置"嵌入型"环绕方式的图片。因此草稿视图仅适用于编辑内容和格式都比较简单的文档，如图 3-14 所示。

【提示】一般来说，使用 Word 2010 编辑文档时，都默认使用页面视图模式。

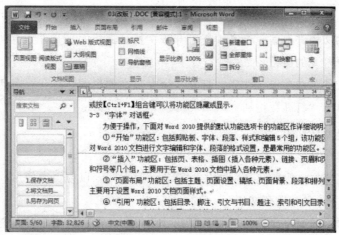

图 3-14 草稿视图

3.3 Word 2010 基本操作

3.3.1 Word 2010 文档的创建与保存

Word 文档的基本操作主要包括文档的创建、保存、打开与关闭，在文档中输入文本以及编辑文档。

1. 新建文档

在默认情况下，Word 2010 启动成功后，系统会自动新建一个空白文档，并暂时命名为"文档 1"。除此之外，用户还可以根据需要新建文档。

（1）通过单击"文件"选项卡，选择"新建"标签，在"可用模板"中选择新建文档的类型，如图 3-15 所示，即可新建文档。

图 3-15 "新建"标签

（2）使用【Ctrl+N】组合键可以新建一个空白文档。

2．打开文档

要对已存在的文档进行编辑，必须先打开该文档。文档的打开方式有如下几种。

（1）双击需要打开的文档。

（2）单击"文件"选项卡，选择"打开"命令，在弹出的"打开"对话框中选择需要打开的文件，最后单击"打开"按钮。

（3）使用【Ctrl+O】组合键。

3．保存文档

当文档编辑完成后，为防止数据丢失，需要及时保存，以便再次使用。

1）通过"保存"命令保存文档

对于新建文档，在第一次执行"文件"选项卡中的"保存"命令时，会打开一个"另存为"对话框，如图 3-16 所示，而对于一个已有文档，"保存"命令则会直接将修改后的文档完全覆盖原有的文档。

图 3-16 "另存为"对话框

（1）"文件"选项卡→"保存"命令。

（2）在"另存为"对话框左侧导航窗格中选择文档保存位置。

（3）"文件名"栏输入要保存的文件名。

（4）"保存类型"栏默认选择"Word 文档"

（5）单击："保存"按钮

【提示】在使用"保存"命令进行文档保存时，也可以使用【Ctrl+S】组合键或直接单击"快速访问工具栏"中的"保存"按钮来实现。

2）通过"另存为"命令保存文档

在保存编辑的文档时，还可以通过"另存为"命令进行保存。对于新建文档而言，"另存为"命令的功能等同于"保存"命令，但对于已有文档来说，"另存为"命令则可以将修改后的文档以其他文件名保存到其他文件夹中作为副本，这样可以防止原址文档被覆盖或文档丢失。

4．关闭文档

Word 2010 允许用户同时打开多个 Word 文档进行编辑，当用户完成某个文档的编辑工作后，可以将该文档关闭而不影响其他文档的编辑。关闭文档有如下几种方式。

（1）单击窗口右上角的"关闭"按钮 。

（2）选择"文件"选项卡的"关闭"命令。

（3）双击"快速访问工具栏"最左端的图标 。

（4）单击"快速访问工具栏"最左端的图标 ，在弹出的系统菜单选择"关闭"命令。

5．打印文档

虽然目前网络的发展大力推进了无纸化办公的发展，但 Word 文档编辑完成后，很多时候还是要打印出来的。文档在打印出来之前，可以使用预览功能进行预览，并按要求修改文档格式。在 Word 2010 中，使用"文件"选项卡的"打印"标签就可以直接预览并打印当前文档，如图 3-17 所示。

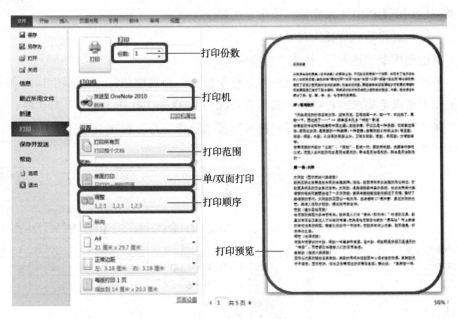

图 3-17　"打印"标签

3.3.2　在文档中输入文本

我们常常建立的文档是一个空白文档，还没有具体的内容，下面介绍向文档中输入文本的一般方法，以及输入不同文本的具体操作。首先介绍定位"插入点"的方法。

1．定位"插入点"

在 Word 文档的输入编辑状态下，光标起着定位的作用，光标的位置即对象的"插入点"

位置。定位"插入点"可简单通过鼠标的操作来完成。将鼠标指针指向文本的某处，直接单击鼠标左键定位"插入点"。

2. 输入文本的一般方法和原则

输入文本是使用 Word 的基本操作。在 Word 文档窗口中有一个闪烁的插入点，表示输入的文本将出现的位置，每输入一个文字，插入点会自动向后移动。在文档中除了可以输入汉字、数字和字母以外，还可以插入一些特殊的符号，也可以在 Word 文档中插入日期和时间。在输入文本过程中，Word 2010 将遵循以下原则：

（1）Word 具有自动换行功能，因此，当输入到每一行的末尾时，不要按【Enter】键，让 Word 自动换行，只有当一个段落结束时，才按【Enter】键。如果按【Enter】键，将在插入点的下一行重新创建一个新的段落，并在上一个段落的结束处显示段落结束标记。

（2）按【Space】键，将在插入点的左侧插入一个空格符号，其宽度将由当前输入法的全/半角状态决定。

（3）按【BackSpace】键，将删除插入点左侧的一个字符。

（4）按【Delete】键，将删除插入点右侧的一个字符。

3. 插入符号

在 Word 2010 文档中插入符号，操作方法如下：

（1）将插入点移动到待插入符号的位置。

（2）单击选项卡"插入"，打开"功能区"。

（3）单击"符号"按钮，在弹出的符号框中选择一种需要的符号，如图 3-18 所示。

（4）如不能满足要求，再选择"其他符号(M)…"命令，打开"符号"对话框。

（5）在"符号"对话框中，选择"符号"或"特殊字符"选项卡可分别插入所需要的符号或特殊字符，如图 3-19 所示。

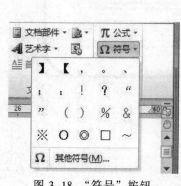

图 3-18 "符号"按钮

图 3-19 "符号"对话框的"符号"选项卡

（6）选择符号或特殊字符后，单击"插入"按钮，再单击"关闭"按钮关闭对话框。

4．插入文件

插入文件是指将另一个 Word 文档的内容插入到当前 Word 文档的插入点，使用这个功能可以将多个文档合并成一个文档，操作步骤如下：

（1）定位插入点。

（2）选择"插入"选项卡，在打开的功能区中，单击"对象"按钮。

（3）在打开的"对象"下拉列表项中，选择"文件中的文字（F）…"选项，打开"插入文件"对话框。

（4）在"插入文件"对话框中，选择所需文件，然后单击"插入"按钮，插入文件内容后系统自动关闭该对话框，如图 3-20 所示。

图 3-20　"插入文件"对话框

5．插入日期和时间

在 Word 2010 文档中，可以直接输入日期和时间，也可插入系统固定格式的日期和时间，操作方法如下：

（1）定位插入点。

（2）选择"插入"选项卡，在打开的功能区中，单击"日期和时间"按钮，打开"日期和时间"对话框，如图 3-21 所示。

（3）该对话框用来设置日期和时间的格式，需先在"语言（国家/地区）"下拉列表框中选择"中文（中国）"或"英语（美国）"，然后在"可用格式"列表框中选择所需的格式，如还选择了"自动更新"复选框，则插入的日期和时间会自动进行更新，不选此复选框时保持输入时的值。

（4）选定日期或时间格式后，单击"确定"按钮，插入日期或时间的同时，系统自动关闭对话框。

6．插入数学公式

编辑文档时常常需要输入数学符号和数学公式，可以使用 Word 提供的"公式编辑器"来输入。例如要建立数学公式：

$$S=\sum_{i=0}^{n}(x^i+\sqrt[3]{y^i})-\frac{\alpha^2+4}{\alpha+\beta}+\int_1^8 xdx \tag{1}$$

可采用如下的输入方法和步骤：

（1）将"插入点"定位到待插入公式的位置。

（2）选择"插入"选项卡，在打开的功能区中，单击"对象"按钮，打开"对象"对话框，如图 3-22 所示。

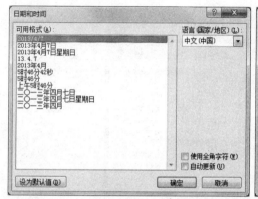

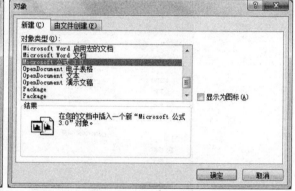

图 3-21　"日期和时间"对话框　　　　图 3-22　"对象"对话框

（3）在"对象"对话框中选择"新建"选项卡。

（4）在"对象类型"下拉列表框中选择"Microsoft 公式 3.0"，单击"确定"按钮，弹出"公式输入框"和"公式"工具栏，如图 3-23 所示。

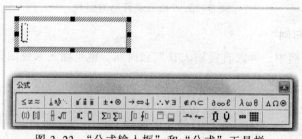

图 3-23　"公式输入框"和"公式"工具栏

（5）输入公式。其中一部分符号，如公式（1）中的"S""=""0"等从键盘输入。"公式"工具栏中的第一行是各类数学符号，第二行是各类数学表达式模版。在输入时可用键盘上的上、下、左、右键或【Tab】键来切换"公式输入框"中的"插入点"位置。

（6）关闭公式编辑器，回到文档的编辑状态。可右击公式对象，选择快捷菜单中的"设置对象格式"命令，修改对象格式，如大小、版式、底色等。如再次编辑公式，可以双击公式，再次出现"公式输入框"和"公式"工具栏。

3.3.3　文本编辑

在文档中输入文本后，就要对文档进行编辑操作。编辑文档主要包括文本的选定、文本的增、删、查、改等。

1．文本的选定

（1）连续文本区的选定：将鼠标指针移动到待选定文本的开始处，按下鼠标左键拖动至待选定文本的结尾处，释放左键；或者单击待选定文本的开始处，同时按下【Shift】键，在结尾处再单击，被选中的文本呈反显状态。

（2）不连续多块文本区的选定：在选择一块文本之后，按下【Ctrl】的同时，选择另外的文本，则多块文本被同时选中。

（3）文档的一行、一段以及全文的选定：移动鼠标至文档左侧的文档选定区，鼠标形状变成空心斜向上的箭头时，单击可选中鼠标箭头所指向的一整行，双击可选中整个段落。

（4）要选定整个文档，还可以采用如下方法之一：

① 按住【Ctrl】键，单击文档选定区的任何位置。

② 按【Ctrl+A】组合键。

③ 选择"编辑"→"全选"命令。

2．文本的插入与改写

插入与改写是输入文本时的两种不同的状态，在"插入"状态下，插入文本时，插入点右侧的文本将随着新输入文本自动向右移动，即新输入的文本插入到原来的插入点之前；而在"改写"状态时，插入点右边的文本被新输入的文本所替代。

按【Insert】键或双击文档窗口底部状态栏的"改写"按钮，都可以在这两种状态之间进行切换。

3．文本的复制

复制文本常使用如下两种方法：

（1）使用鼠标复制文本：选定待复制的文本，按住鼠标左键的同时按下【Ctrl】键进行拖动，至目标位置，释放鼠标左键即可。

（2）使用剪贴板复制文本：选定要复制的文本，在"开始"功能区中，单击"剪贴板"功能组中的"复制"按钮，或选择其快捷菜单中的"复制"命令；将光标移至目标位置，单击"剪贴板"功能组中的"粘贴"按钮，或选择其快捷菜单中的"粘贴"命令。

4．文本的删除

如果要删除一个字符，可以将插入点移动到要删除字符的左边，然后按【Delete】键，也可以将插入点移动到要删除字符的右边，然后按【BackSpace】键。

要删除一个连续的文本区域，首先选定要删除的文本，然后按【BackSpace】键或按【Delete】键均可。

5．文本的移动

移动文本常使用如下两种方法：

（1）使用鼠标移动文本：选定待移动的文本，按住鼠标左键拖动至目标位置，释放鼠标左键即可。

（2）使用剪贴板移动文本：选择要移动的文本，在"开始"功能区中，单击"剪贴板"功能组中的"剪切"按钮，或选择其快捷菜单中的"剪切"命令；将光标移至目标位置，单击"剪贴板"功能组中的"粘贴"按钮，或选择其快捷菜单中的"粘贴"命令。

6．文本的查找与替换

查找与替换是编辑中最常用的操作之一。通过查找功能可以帮助用户快速找到文档中的某些内容，以便进行相关操作。替换是在查找的基础上，将找到的内容替换成用户需要的内容。Word允许文本的内容与格式完全分开，所以用户不但可以在文档中查找文本，也可以查找指定格式的文本或者其他特殊字符，还可以查找和替换单词的不同形式，不但可以进行内容的替换，还可以进行格式的替换。查找与替换的操作步骤如下：

（1）打开需要进行查找或者需要进行替换的文档。

（2）在"开始"功能区中，用下面3种方法之一打开"查找和替换"对话框：

① 选择"查找"→"高级查找"选项。

② 单击"替换"按钮。

③ 单击状态栏中的"页面"按钮。

（3）在"查找和替换"对话框中，选择"查找"选项卡，如图3-24所示，在"查找内容"文本框中输入要查找的文本，单击"查找下一处"按钮。如果需要替换新的内容，选择"替换"选项卡，在"替换为"文本框中输入用于替换的文本，然后单击"替换"或"全部替换"按钮，如图3-25所示。查找和替换中的替换操作，不仅可以替换内容，还可以同时替换内容和格式，还可以只进行格式的替换，如图3-26的"格式"选项。

图3-24 "查找"选项卡

7．撤销、恢复或重复

向文档中输入一串文本，如"科学技术"，然后在"快速工具栏"上有两个命令按钮"撤销键入"和"重复键入"，如果选择"重复键入"命令，则在插入点处重复输入这一串文本，如果选择"撤销键入"命令，刚输入的文本被清除，同时，"重复键入"命令变成了"恢复键入"命令，选择"恢复键入"命令后，刚刚清除的文本重新恢复到文档中。

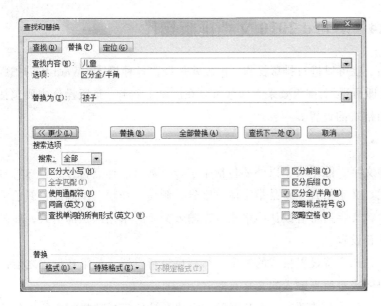

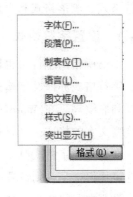

图 3-25　"替换"选项卡　　　　　　　　图 3-26　"格式"选项

命令中的"键入"两个字是随着操作的不同而变化的，例如，如果执行的是删除文本，则命令变成"撤销清除"和"重复清除"。

使用撤销命令按钮可以撤销编辑操作中最近一次的误操作，而恢复命令按钮则可以恢复被撤销的操作。

在"撤销"按钮右侧有下拉箭头，单击该箭头，在弹出的下拉列表项中记录了最近各次的编辑操作，最上面的一次操作是最近的一次操作，如果直接单击"撤销"按钮，则撤销的是最近一次的操作，如果在下拉列表项中选择某次操作进行恢复，则下拉列表项中这次操作之上（即操作之后）的所有操作也被恢复。如图 3-27 和图 3-28 所示。

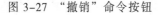

图 3-27　"撤销"命令按钮　　　　　　　图 3-28　"恢复"命令按钮

3.4　Word 2010 文档排版操作

文本输入编辑完成以后，就可以进行排版操作。排版就是设置各种格式，Word 中的排版操作最大的特点就是"所见即所得"，排版效果立即就可以在屏幕上看到。排版操作主要包括字符格式、段落格式和页面格式的设置。

3.4.1　设置字符格式

本书所指的字符，也即文字，除了汉字以外还包括了字母、数字、标点符号、特殊符号等，字符格式亦即文字格式。文字格式主要是指字体、字号、倾斜、加粗、下画线、颜色、边框和底纹等。在 Word 中，文字通常有默认的格式，在输入文字时采用默认的格式，如果要改变文字的格式，可以重新设置。

在设置文字格式时，要先选定待设置格式的文字，然后再进行设置，如果在设置之前没有选定任何文字，则设置的格式对后来输入的文字有效。

设置文字格式可以单击"开始"选项卡，在打开的"字体"功能组中选择相应的工具按钮进行设置，如图 3-29 所示。"字体"功能组功能按钮分两行，第 1 行从左到右分别是字体、字号、增大字体、缩小字体、更改大小写、清除格式、拼音指南和字符边框按钮，第 2 行从左到右分别是加粗、倾斜、下画线、删除线、下标、上标、文本效果、以不同颜色突出显示文本、字体颜色、字符底纹和带圈字符按钮。

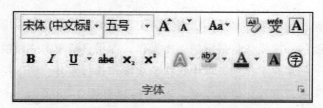

图 3-29　"字体"功能组

1．设置字体和字号

在 Word 2010 中，默认的字体和字号，对于汉字分别是宋体（中文正文）、五号，对于西文字符分别是 calibri（西文正文）、五号。字体和字号的设置，分别用"字体"功能组或者"字体"对话框中的"字体"和"字号"下拉列表框都可以进行，其中在对话框中对字体设置时，中文和西文字体可分别进行设置。在"字体"下拉列表框中列出了可以使用的字体，包括汉字和西文，显示的内容在列出字体名称的同时又显示了该字体的实际外观，如图 3-30和图 3-31 所示。

设置字号时，可以使用中文格式，以"号"作为字号单位，如"初号""五号""小五号"等，也可以使用数字格式，以"磅"作为字号单位，如"5"表示 5 磅、"6.5"表示 6.5磅等。

【提示】设置中文字体类型对中英文均有效，而设置英文字体类型仅对英文有效。

图 3-30 "字体"对话框　　　　　　图 3-31 "字体"下拉列表框

2. 设置字形和颜色

文字的字形包括常规、倾斜、加粗和加粗倾斜 4 种，字形可使用"字体"功能组上的"加粗"按钮和"倾斜"按钮进行设置。字体的颜色可使用"字体"功能组上的"字体颜色"按钮的下拉列表框进行设置。文字的字形和颜色还可使用"字体"对话框进行设置。

3. 设置下画线和着重号

在"字体"对话框的"字体"选项卡中，可以对文本设置不同类型的下画线，也可以设置着重号，如图 3-32 所示。在 Word 2010 中默认的着重号为"."号。设置下画线最直接的方法，还是使用"字体"功能组上的"下画线"按钮。

图 3-32 "字体"对话框的下画线和着重号

4. 设置文字特殊效果

文字特殊效果包括有"删除线""双删除线""上标""下标"等。文字特殊效果的设置方法为：选定文字后，在"字体"对话框中单击"字体"选项卡，然后在"效果"选项组中，选择需要的效果项，单击"确定"按钮，如图 3-33 所示。如果只是对文字加删除线、设置上标或下标，可直接使用"字体"功能组中的删除线、上标或下标按钮即可，如图 3-33 所示。

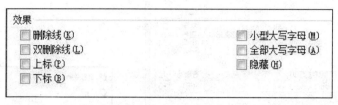

图 3-33 "字体"选项卡中的"效果"选项组

3.4.2 设置段落格式

在 Word 中，每按一次【Enter】键便产生一个段落标记，段落就是指以段落标记作为结束的一段文本或一个对象，它可以是一空行、一个字、一句话、一个表格、一个图形等。段落标记不仅是一个段落结束的标志，同时还包含了该段的格式信息，这一点在后面的格式复制中可以看出。

设置段落格式常使用两种方法：一种方法是单击"开始"选项卡，在打开的"段落"功能组中选择相应的工具按钮进行设置，如图 3-34 所示；另一种方法是单击"段落"功能组右下角的"对话框起动器"按钮，在打开的"段落"对话框中进行设置，如图 3-35 所示。

图 3-34 "段落"功能组

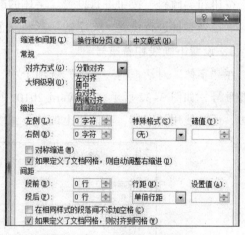

图 3-35 "段落"对话框

1. 设置对齐方式

Word 段落的对齐方式有："两端对齐""左对齐""居中""右对齐"和"分散对齐"五种。

（1）五种对齐方式各自的特点为：

两端对齐：使文本按左、右边距对齐，并自动调整每一行的空格。

左对齐：使文本向左对齐。

居中：段落各行居中，一般用于标题或表格中的内容。

右对齐：使文本向右对齐。

分散对齐：使文本按左、右边距在一行中均匀分布。

（2）设置对齐方式的操作方法：

方法一：选定待设置对齐方式的段落后，单击"段落"功能组上相应的对齐按钮，如图 3-34 所示。

方法二：选定待设置对齐方式的段落后，在打开的"段落"对话框中，选择"缩进和间距"选项卡，在"常规"选项区下的"对齐方式"下拉列表中，选定用户所需的对齐方式后，单击"确定"按钮，如图 3-35 所示。

2. 设置缩进方式

段落缩进方式共有 4 种，分别是首行缩进、悬挂缩进、左缩进和右缩进。其中首行缩进和悬挂缩进控制段落的首行和其他行的相对起始位置，左缩进和右缩进则用于控制段落的左、右边界，所谓段落的左边界是指段落的左端与页面左边距之间的距离，段落的右边界是指段落的右端与页面右边距之间的距离。

前面在输入文本中，当输入到一行的末尾时会自动另起一行，这是因为在 Word 中默认的是以页面的左、右边距作为段落的左、右边界，通过左缩进和右缩进的设置，可以改变选定段落的左右边距。下面就段落的 4 种缩进方式进行说明。

- 左缩进：实施左缩进操作后，被操作段落整体向右侧缩进一定的距离。左缩进的数值可以为正数也可以为负数。
- 右缩进：与左缩进相对应，实施右缩进操作后，被操作段落整体向左侧缩进一定的距离。右缩进的数值可以为正数也可以为负数。
- 首行缩进：实施首行缩进操作后，被操作段落的第一行相对于其他行向右侧缩进一定距离。
- 悬挂缩进：悬挂缩进与首行缩进相对应。实施悬挂缩进操作后，各段落除第一行以外的其余行，向左侧缩进一定距离。悬挂缩进的数值同样必须介于 0 到 55.87 cm 之间。

缩进的操作方法：

（1）通过标尺进行缩进。具体操作步骤：选定段落，拖动水平标尺（横排文本时）或垂直标尺（纵排文本时）上的相应滑块到合适的位置；在拖动滑块过程中，如果按住【Alt】键，可同时看到拖动的数值。在水平标尺上有 3 个缩进标记（其中悬挂缩进和左缩进为一个缩进标记），如图 3-36 所示，但可进行四种缩进，即悬挂缩进、首行缩进、左缩进和右缩进。

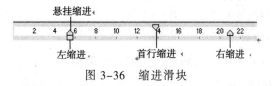

图 3-36　缩进滑块

（2）通过"段落"对话框进行缩进。具体操作步骤：选定待设置缩进方式的段落后，在打开的"段落"对话框中，选择"缩进和间距"选项卡，如图 3-37 所示，在"缩进"选项区中，设置相关的缩进值后，单击"确定"按钮。

（3）通过"段落"功能组按钮进行缩进操作：选定待设置缩进方式的段落后，通过单击"减少缩进量"按钮或"增加缩进量"按钮进行缩进操作。

图 3-37 用对话框进行缩进设置

3．设置段间距和行距

设置段间距和行距是文档排版操作中最重要一步操作，首先要搞清楚段间距和行距两个重要的基本概念。段间距：指段与段之间的距离。段间距包括有：段前间距和段后间距，段前间距是指选定段落与前一段落之间的距离；段后间距是指选定段落与后一段落之间的距离。行距：指各行之间的距离。行距包括有：单倍行距、1.5 倍行距、2 倍行距、多倍行距、最小值和固定值。

段间距和行距的设置方法为：

方法一：选定待设置的段落，单击"段落"功能组的对话框启动器按钮，在打开的"段落"对话框中选择"缩进和间距"选项卡，在"间距"选择区，设置"段前"和"段后"间距，在"行距"选择区设置"行距"，如图 3-38 所示。

方法二：选定待设置段间距和行距的段落后，单击"段落"功能组上的"行和段落间距"按钮设置段间距和行距，如图 3-39 所示。

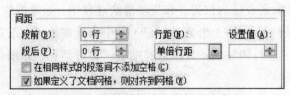

图 3-38   用对话框设置段间距和行距

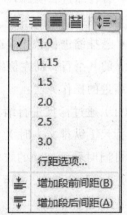

图 3-39   用功能按钮设置

4．设置项目符号和编号

在 Word 中，有时为了让文本内容更具条理性和可读性，往往需要给文本内容添加项目符号和编号。项目符号和编号的区别在于：项目符号是一组相同的特殊符号，而编号是一组连续的数字或字母。很多时候，系统会自动给文本自动添加编号，但更多的时候需要用户手动添加。添加项目符号或编号，可以在"段落"功能组中，单击相应的功能按钮进行添加，还可以使用自动添加的方法。下面分别予以介绍。

方法一：自动建立项目符号和编号。

操作步骤：要自动创建项目符号和编号列表，应在输入文本前先输入一个项目符号或编号，后跟一个空格，再输入相应的文本，待本段落输入完成后按回车键时，项目符号和编号会自动添加到下一并列段的开头。

方法二：用户设置项目符号和编号。

操作步骤：选定待设置项目符号和编号的文本段后，单击 "段落"功能组中的"项目符号"或"编号"右侧下三角按钮，在打开的"项目符号库"或"编号库"页面中添加。

1）设置项目符号

在"项目符号库"页面中，从现有符号中，选择一种需要的项目符号，单击该符号后，符号插入的同时，系统自动关闭该页面，如图 3-40 所示。

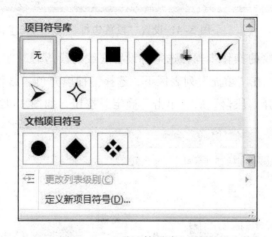

图 3-40　"项目符号库"页面

2）设置编号

设置编号的一般方法：在"段落"功能组中，单击"编号"按钮右侧的下三角按钮，打开"编号库"页面，从现有编号列表中，选定一种需要的编号后，单击"确定"按钮，即可完成编号设置。

5. 设置段落边框和段落底纹

在 Word 中，边框的设置对象可以是文字、段落、页面和表格；底纹的设置对象可以是文字、段落和表格。前面已经介绍了对字符设置边框和底纹的方法，下面将介绍设置段落边框、段落底纹和页面边框的方法。

（1）给段落设置边框的具体操作步骤为：选定待设置边框的段落后，单击"页面布局"选项卡，在打开的"页面背景"功能组单击"页面边框"按钮，打开"边框和底纹"对话框，选择"边框"选项卡，在"设置"选项区下，选择边框类型，然后选择"线型""颜色"和"宽度"；在"应用于"列表中，选择"段落"后，单击"选项"按钮，如图 3-41 所示。

图 3-41　设置"段落边框"

（2）给段落设置底纹的操作步骤：选定待设置底纹的段落后，在"边框和底纹"对话框中选择"底纹"选项卡，在"填充"列表区下，选择一种填充色，然后选择"样式""颜色"；在"应用于"列表中选择"段落"后，单击"确定"按钮，如图 3-42 所示。

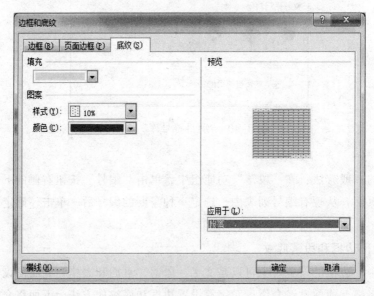

图 3-42　设置"段落底纹"

（3）设置页面边框。将插入点定位在文档中的任意位置。选择"边框和底纹"对话框中的"页面边距"选项卡，可以设置普通页面边框，也可以设置"艺术型"页面边框，如图 3-43所示。取消边框或底纹的操作是：先选择带边框和底纹的对象，将边框设置为"无"，底纹设置为"无填充颜色"即可。

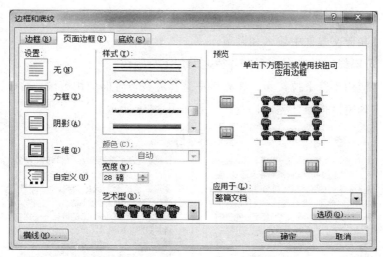

图 3-43　设置艺术型"页面边框"

3.4.3　设置分栏排版

报刊和杂志在排版时，经常需要对文章内容进行分栏排版，使文章易于阅读，页面更加生动美观。设置分栏常使用如下方法：

（1）选定待进行分栏的文本区域（对整篇文档进行分栏不用选定文本区域）。

（2）单击"页面布局"选项卡，在"页面设置"功能组，单击"分栏"按钮，打开"分栏"页面，如图 3-44 所示。

（3）在"分栏"页面中可选择一栏、两栏、三栏或偏左、偏右，也可单击"更多分栏（C）…"选项命令，打开"分栏"对话框，如图 3-45 所示。

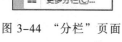

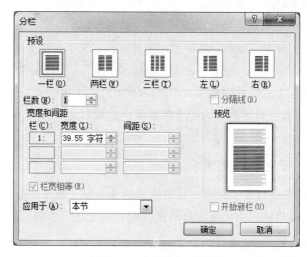

图 3-44　"分栏"页面　　　　　　　　图 3-45　"分栏"对话框

（4）在打开的"分栏"对话框中，进行如下设置：

① 在"预设"栏区选择栏数或在"栏数"文本框输入数字。

② 如果设置各栏宽相等，可选中"栏宽相等"复选框。

③ 如果设置不同的栏宽，则单击"栏宽相等"复选框以取消它的设定，各栏"宽度"和"间隔"可在相应文本框中输入和调节。

④ 选中"分隔线"复选框，可在各栏之间加上分隔线；

（5）单击"应用于"下拉按钮，在列表中选择分栏设置的应用范围；

（6）单击"确定"按钮，完成设置，效果如图3-46所示。

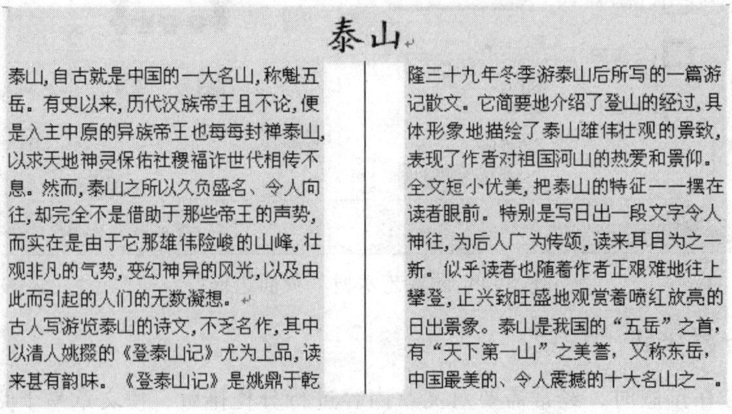

泰山

泰山，自古就是中国的一大名山，称魁五岳。有史以来，历代汉族帝王且不论，便是入主中原的异族帝王也每每封禅泰山，以求天地神灵保佑社稷福祚世代相传不息。然而，泰山之所以久负盛名、令人向往，却完全不是借助于那些帝王的声势，而实在是由于它那雄伟险峻的山峰，壮观非凡的气势，变幻神异的风光，以及由此而引起的人们的无数凝想。

古人写游览泰山的诗文，不乏名作，其中以清人姚鼐的《登泰山记》尤为上品，读来甚有韵味。《登泰山记》是姚鼐于乾隆三十九年冬季游泰山后所写的一篇游记散文。它简要地介绍了登山的经过，具体形象地描绘了泰山雄伟壮观的景致，表现了作者对祖国河山的热爱和景仰。全文短小优美，把泰山的特征一一摆在读者眼前。特别是写日出一段文字令人神往，为后人广为传颂，读来耳目为之一新。似乎读者也随着作者正艰难地往上攀登，正兴致旺盛地观赏着喷红放亮的日出景象。泰山是我国的"五岳"之首，有"天下第一山"之美誉，又称东岳，中国最美的、令人震撼的十大名山之一。

图3-46　设置分栏效果图

【提示】若要删除分栏，则需选中分栏的文本，设置为单栏即可。

3.4.4　设置首字下沉

首字下沉是指一个段落的第一个字采用特殊的格式显示，目的是使段落醒目，引起读者的注意，设置首字下沉的方法如下：

（1）插入点移到待设置首字下沉的段落。

（2）单击"插入"选项卡，在打开的"文本"功能组中，单击"首字下沉"按钮，在打开的"首字下沉"列表中，可选择无、下沉、悬挂或单击"首字下沉选项（D）…"，打开"首字下沉"对话框，选择下沉的模式完成设置，如图3-47所示。

图3-47　"首字下沉"列表

3.4.5　设置页面格式

Word在新建文档时，采用默认的页边距、纸型、版式等页面格式。用户可根据需要重新设置页面格式。用户设置页面格式时，首先必须单击"页面布局"选项卡，打开"页面设置"功能组，如图3-48所示。

1．设置纸型

在"页面设置"对话框中，单击"纸张"选项卡，在"纸张大小"下拉列表框中选择纸张类型；在"宽度"和"高度"文本框中自定义纸张大小；在"应用于"下拉列表框中选择页面设置所适用的文档范围如图3-49所示。

图 3-48 "页面布局" 功能组

图 3-49 "纸张" 选项卡

2．设置页边距

页边距是指文本区和纸张边沿之间的距离，页边距决定了页面四周的空白区域，它包括左、右页边距和上、下页边距。在"页面设置"对话框中，单击"页边距"选项卡，在"页边距"区域里设置上、下、左、右 4 个边距值，在"装订线"位置设置占用的空间和位置；在"方向"区域设置纸张显示方向；在"应用于"下拉列表框中选择适用范围。

3．设置页码

页码是用来表示每页在文档中的顺序编号，在 Word 2010 中添加的页码会随文档内容的增删而自动更新。页码的设置是在"插入"选项卡的"页眉和页脚"功能组中，通过选择"页码"的下拉列表项完成的。

1）插入页码

（1）单击"插入"选项卡的"页眉和页脚"功能组中的"页码"按钮。

（2）在打开的"页码"下拉列表中，设置页码在页面的位置和页边距，如图 3-50 所示

如果要更改页码的格式，则选择"页码"按钮下拉列表中的"设置页码格式"命令，然后在打开的"页码格式"对话框中设置页码的格式，如图 3-51 所示。

图 3-50　"页码"按钮下拉列表　　　　　图 3-51　"页码格式"对话框

除了可以使用"页码"按钮下拉列表插入页码，还可以作为页眉或页脚的一部分，在页眉或页脚设置过程中添加页码，其操作过程如下：

（1）在"插入"选项卡的"页眉和页脚"功能组，选择"页眉"或"页脚"下拉列表项中的"编辑页眉"或"编辑页脚"选项，进入页眉或页脚编辑状态。

（2）在页眉/页脚编辑状态下，将光标定位在页眉或页脚的合适位置。

（3）单击"页眉和页脚工具→设计"选项卡的"页眉和页脚"组中的"页码"按钮，在打开的下拉列表中展开"当前位置"选项，选择一种合适的页码样式即可，如图 3-52 所示。

图 3-52　"页眉和页脚工具→"设计"选项卡

当然，利用该下拉列表相关选项，还可进一步设置页码格式。

2）删除页码

若要删除页码，只要单击"插入"选项卡的"页眉和页脚"组中的"页码"按钮，在打开的下拉列表项中选择"删除页码"选项即可。

如果页码是在页眉或页脚处添加的，若要删除页码，可双击页眉或页脚编辑区进入页眉/页脚编辑状态，选中页码所在的文本框，按【Delete】键即可。

3.4.6　设置页眉和页脚

页眉是指每页文稿顶部的文字或图形，页脚是指每页文稿底部的文字或图形。一个完美的书刊都会有页眉和页脚，特别是页眉上的文字，可以让读者了解当前阅读的内容是哪篇文

章或哪一章节。页眉和页脚通常用来显示文档的附加信息，例如页码、书名、章节名、作者名、公司徽标、日期和时间等文字或图形。

1．插入页眉或页脚

（1）单击"插入"选项卡，在打开的"页眉或页脚"功能组中，再单击"页眉"按钮，在打开的"页眉"下拉列表项中选择"编辑页眉"选项，或者是选择内置的任意一种页码样式，或者是直接在文档的页眉/页脚处双击鼠标，此时会进入页眉/页脚编辑状态。

（2）进入页眉/页脚编辑状态后，在页眉编辑区中输入页眉的内容，同时 Word 2010 也会自动添加"页眉和页脚工具→设计"选项卡。如果想输入页脚的内容，可单击"导航"组中的"转至页脚"按钮，转到页脚编辑区中输入文字或插入图形内容即可。

2．首页不同的页眉页脚

对于书刊，信件、报告或总结等 Word 文档，通常需要去掉首页的页眉。这时，可以按如下步骤操作：

（1）进入页眉/页脚编辑状态，选择"页眉和页脚工具→设计"选项卡。

（2）选中该选项卡"选项"组中的"首页不同"复选框。

（3）按上面"添加页眉或脚"的方法，在页眉或页脚编辑区中输入页眉或页脚。

3．奇偶页不同的页眉或页脚

对于进行双面打印并装订的 Word 文档，有时需要在奇数页上打印书名，在偶数页上打印章节名。这时，可按如下步骤操作：

（1）进入页眉/页脚编辑状态，选择"页眉和页脚工具→设计"选项卡。

（2）选中该选项卡"选项"组中的"奇偶页不同"复选框。

（3）按如上"添加页眉和页脚"的方法，在页眉或页脚编辑区中，分别输入奇数页和偶数页的页眉或页脚内容。

3.4.7　设置分页与分节

在 Word 编辑中，经常要对正在编辑的文稿进行分开隔离处理，如因章节的设立而另起一页，这时需要使用分隔符。经常使用的分隔符有三种：分页符、分节符、分栏符。

1．分页

在 Word 中输入文本，当文档内容到达页面底部时，Word 就会自动分页。但有时在一页未写完时，希望重新开始新的一页，这时就需要手工插入分页符来强制分页。

插入分页符的操作步骤如下：

（1）将插入点定位于文档中待分页的位置。

（2）单击"页面布局"选项卡的"页面设置"组的"分隔符"按钮。

（3）在打开的"分页符"下拉列表项中选择"分页符"组中的"分页符"选项，如果要删除人工分页符或分节符，可在草稿视图下，将插入点移动到标记人工分页符或分节符的水平虚线上，按【Delete】键即可。

2．分节

节是文档的一部分。分节后把不同的节作为一个整体看待，可以独立为其设置页面格式。在一篇中长文档中，有时需要分很多节，各节之间可能有许多不同之处，例如页眉与页脚、页边距、首字下沉、分栏，甚至页面大小都可以不同。要解决这个问题，就要使用插入分节符的方法。

插入分节符的操作步骤如下：

（1）将插入点定位于文档中待插入分节的位置；

（2）单击"页面布局"选项卡"页面设置"组的"分隔符"按钮。

（3）在打开的"分页符"下拉列表项中选择"分节符"组中的选项即可。

- 下一页：分节符后的文档从下一页开始显示，即分节同时分页。
- 连续：分节符后的文档与分节符前的文档在同一页显示，即分节但不分页。
- 偶数页：分节符后的文档从下一个偶数页开始显示。
- 奇数页：分节符后的文档从下一个奇数页开始显示。

3.4.8　预览与打印

完成文档的编辑和排版操作后，首先必须对其进行打印预览，如果不满意还可以进行修改和调整，待预览完全满意后再对打印文档的页面范围、打印份数和纸张大小进行设置，然后将文档打印出来。

1．预览文档

在打印文档之前，要想预览打印效果，可使用打印预览功能查看文档效果。打印预览的效果与实际打印的真实效果极为相近，使用该功能可以避免打印失误或不必要的损失。同时还可以在预览窗格中对文档进行编辑，以得到满意的效果。

在 Word 2010 窗口中，单击"文件"功能按钮，从打开的页面中选择"打印"命令，在打开的新页面中，不难看出包括 3 部分，即左侧的菜单栏，中间的命令选项栏和右侧的预览窗格，在右侧的窗格中可预览打印效果，如图 3-53 所示。

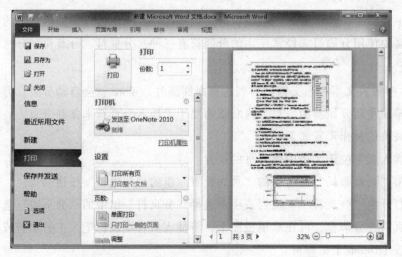

图 3-53　"文件"功能按钮中的"打印"页面

2．打印文档

预览结果满足要求后，可以对文档实施打印了。打印的操作方法如下：单击"文件"功能按钮，在打开的页面中选择"打印"命令，在打开的新页面中设置打印份数、打印机属性、打印页数和双面打印等。设置完成后，直接单击"打印"按钮，即可开始打印文档。

3.5　Word 2010 图文混排

文档的应用中除了文字，还可以使用图片来表示相关内容。Word 2010 具有强大的图文混排功能，它不仅提供了大量图形及多种形式的艺术字，而且支持多种绘图软件创建的图形，从而轻而易举地实现图片和文字的混合编排。

3.5.1　绘制图形

1．用绘图工具手工绘制图形

Word 2010 的图形包含一套手工绘制图形的工具，主要包括直线、箭头、各种形状、流程图、星与旗帜等。这些称为自选图形或形状。

如插入一个"笑脸"形状的图形，在"插入"/"插图"组中，单击"形状"下拉按钮，如图 3-54 所示。在"基本形状"栏中选择"笑脸"图形，然后用鼠标在文档中画出一个图形，如图 3-55 所示。选中图形，右击，在其快捷菜单中选择"添加文字"命令，可在图形中添加文字。

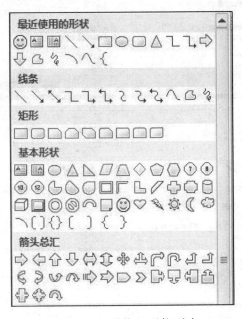

图 3-54　"形状"下拉列表

用鼠标点图形上方的绿色按钮可任意旋转图形，用鼠标拖动"笑脸"图形中的黄色按钮向上移动，可把"笑脸"变为"哭脸"，如图 3-56 所示。

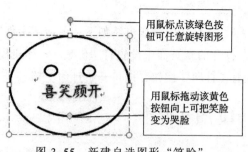

图 3-55　新建自选图形"笑脸"　　　　　　　　图 3-56　"哭脸"图形

2．设置图形布局

选中图形、艺术字或文本框等对象后，会自动弹出"绘图工具→格式"功能选项卡；选中图片或剪贴画后，会弹出"图片工具→格式"功能选项卡。

（1）在"布局"对话框中，选择"文字环绕"选项卡，打开如图 3-57 所示对话框。

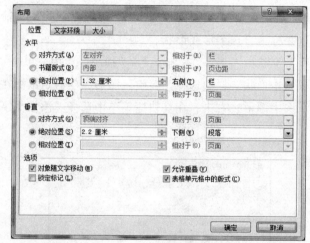

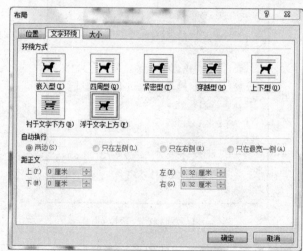

图 3-57　"文字环绕"选项卡

在"文字环绕"选项卡下的"环绕方式"栏，共列出了"嵌入型""四周型""紧密型"

"穿越型""上下型""衬于文字下方"和 "浮于文字上方"共 7 种文字环绕方式。用户根据需要可选择其中某种文字环绕类型，然后单击"确定"按钮，关闭对话框。

（2）在"排列"组中，单击"自动换行"按钮打开其下拉列表，如图 3-58 所示。在该下拉列表中，前 7 个列表项为文字环绕方式的 7 种类型，已如前所述，如果选择任意一种，则设置为相应类型。如果单击"其他布局选项（L）…"命令，则打开"布局"对话框，已如前所述。

图 3-58 "自动换行"
下拉列表

在 Word 2010 中绘制的图形或插入的形状，默认的文字环绕方式为"浮于文字上方"，可随意移动。插入的图片，默认的环绕方式是"嵌入型"，占据了文本的位置，不能随便移动；而其他 6 种环绕方式："四周型""紧密型""穿越型""上下型""衬于文字下方"和"浮于文字上方"均属"浮动型"，可随意移动。通过设置环绕方式，可进行 7 种环绕方式的转换。

3.5.2　插入图片

可以在 Word 中绘制图形，也可以在 Word 中插入图片、编辑图片和对图片进行格式设置。

1．插入图片

向文档中插入的图片可以是 Word 内部的剪贴画，也可以是利用其他的图形处理软件制作的以文件形式保存的图形。

1）插入剪贴画

方法步骤如下：

（1）单击插入点到待插入剪贴画的位置。

（2）单击"插入"功能选项卡，在打开的"插图"功能组中单击"剪贴画"按钮。

（3）在打开的"剪贴画"窗格中，在"搜索文字"文本框输入如"科技"的列项，在下拉列表中选择"所有媒体文件类型"并勾选"包括 Office.com 内容"复选框。

（4）单击"搜索"按钮，任务窗格下方的列表框中显示了"科技"类型的各种剪贴画，如图 3-59 所示。

（5）单击某张剪贴画即可插入到指定位置。

2）插入图形文件中的图形

方法步骤如下：

（1）定位插入点到待插入图片的位置。

（2）在"插入"/"插图"功能组中，单击"图片"按钮，打开"插入图片"对话框，如图 3-60 所示。

（3）在打开的"插入图片"对话框中选择图形文件后，

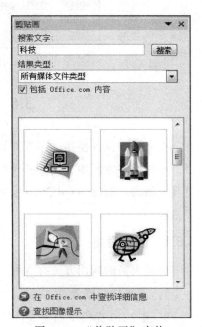

图 3-59 "剪贴画"窗格

单击"插入"按钮，文件中的图形便插入到插入点指定的位置。

图 3-60　"插入图片"对话框

2．设置图片格式

图片有多种格式，在 Word 2010 中，当选中图片后，便立刻弹出"图片工具→格式"选项卡，单击此选项卡，打开包括"调整""图片样式"或"阴影效果"和"边框""排列"和"大小"图片工具功能组，如图 3-61 所示。

图 3-61　"图片样式"功能组

3.6　Word 2010 表格处理

在文档中仅仅使用文字来对数据描述并不直观。这个时候，如果向文档中插入适当的表格，不仅能够方便地处理好各种数据及相关内容间的关系，而且能够使文档变得简洁明了和更具说服力。通过 Word 2010 强大的表格设计功能，用户可以随心所欲地设计出自己需要的表格。

3.6.1　创建表格

创建表格的常用方法有 3 种：工具按钮插入、对话框插入和绘制表格。

1．工具按钮插入

Word 2010 提供了创建表格的快捷工具，在"表格"按钮███下拉菜单中，通过拖动行列数的方式直观地创建出表格，但这种方式最多只能设置插入"10×8"的表格。

（1）将光标定位到文档中需要插入表格的位置。

（2）选择"插入"选项卡→"表格"功能区→"表格"按钮。

（3）在"表格"按钮下拉菜单中预设方格内，用鼠标指针选择所需的行数和列数即可，如图 3-62 所示。

2．"表格"对话框插入

当要插入的表格列数大于 10 或行数大于 8 时，或需要在创建表格时对表格进行更多设置就需要通过　"表格"按钮的下拉菜单中选中"插入表格"命令，然后在"插入表格"对话框中进行设置，如图 3-63 所示。值得注意的是，在插入表格时，无论插入的列数有多少，表格的宽度都默认与页面编辑区的宽度一致。

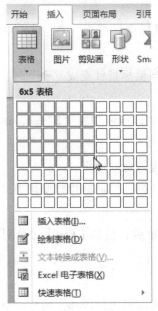

图 3-62　拖动行列数插入表　　　　图 3-63　"插入表格"对话框

固定列宽：输入一个值，使所有的列宽度相等，当选择"自动"选项时，功能等同于"根据窗口调整表格"。

根据内容调整表格：根据表格中各个单元格中数据的长度自动调整行高和列宽。

根据窗口调整表格：在保持所有列宽度相等的前提下，表格宽度根据页面大小的改变而改变。

3．"绘制"表格

在日常应用中，还会遇到一些行列数不规则或行高、列宽不一致的表格。这时，用户就可以通过"表格"按钮下拉菜单中"绘制表格"命令，使用鼠标在文档编辑区进行拖动来手工绘制表格，如图 3-64 所示。

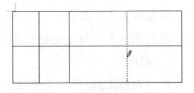

图 3-64　绘制表格

3.6.2　编辑表格

1．编辑文本内容

在表格中输入和编辑文本与在文档中的操作是一样的。输入时，需要先将光标指定到表格中需要输入文本的位置，然后再进行输入。表格中的文本和文档中一样可以进行复制、粘贴、查找、替换以及格式设置等操作，也可以将每一个单元格视为一个独立的小文档而对它单独进行编辑和格式设置。

2．选定表格对象

在对表格进行操作前，需要对其进行选定。在 Word 2010 中，使用鼠标进行选定是非常方便的。

（1）选定表格：将鼠标定位至表格区域，当表格左上角出现"⊞"标志时，单击该标志即可。

（2）选定单元格：将鼠标指向单元格左侧，当鼠标指针变为"➚"时，单击鼠标左键即可。

（3）选定一行：将鼠标指向待选定行的最左端，当鼠标指针变成"➜"时，单击鼠标左键即可。

（4）选定一列：将鼠标指向待选定列的上方，当鼠标指针变为"⬇"时，单击鼠标左键即可。

（5）选定连续的单元格：在表格中按住鼠标左键进行拖动即可。

（6）选定连续的行或列：将鼠标指向待选定的行或列，当鼠标指针变化为"➚"或"⬇"时，按住鼠标左键进行拖动即可。

（7）选定不连续的表格对象：在选定一个表格对象后，按住【Ctrl】键分别选择其余对象即可。

3．插入和删除

在创建好的表格中，如果表格不够用时，可以根据需要进行添加。同样，当不需要表格中的某些行或列时，也可以将其删除。

1）插入

在"表格工具–布局"选项卡的"行和列"功能区中，可以通过相应的插入按钮向表格插入行或列，如图 3-65 所示。

在上方插入：指在光标所处单元格上方插入一行。

在下方插入：指在光标所处单元格下方插入一行。

在左侧插入：指在光标所处单元格左侧插入一列。

在右侧插入：指在光标所处单元格右侧插入一列。

2）删除

在"表格工具–布局"选项卡的"行和列"功能区中，可以通过"删除"下拉列表的命令来删除表格中多余的行或列，如图 3-66 所示。

删除单元格：指删除选定单元格。

删除列：指删除选定列或选定单元格所在列。

删除行：指删除选定行或选定单元格所在行。

删除表格：会将整改表格直接删除。

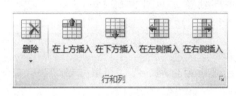

图 3-65 "行和列"功能区　　　　　　　图 3-66 "删除"下拉列表

4．合并与拆分

1）拆分单元格

"拆分单元格"命令，可以将一个单元格拆分成多个单元格，也可以对多个单元格同时进行拆分。

（1）选择需要拆分的单元格。

（2）选择"表格工具–布局"选项卡→"合并"功能区→"拆分单元格"按钮（ ）。

（3）在"拆分单元格"对话框设置单元格拆分后的行列数，如图 3-67 所示。

2）合并单元格

"合并单元格"命令可以将相邻的几个单元格合并为一个单元格，这种操作在编辑不规则表格时经常使用。

（1）选定需要合并的单元格。

（2）"表格工具–布局"选项卡→"合并"功能区→"合并单元格"按钮（ ）。

3）通过"绘制"表格拆分或合并单元格

在已建好的表格中，还可以通过"表格工具–设计"选项卡中"绘图边框"功能区的"绘制表格"（ ）按钮和"擦除"按钮（ ）来实现单元格的拆分与合并。例如，单击"擦除"按钮后，鼠标指针会变为" "，此时单击需要合并单元格的中线即可将其擦除，实现合并单元格的效果，如图 3-68 所示。

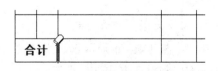

图 3-67 "拆分单元格"　　　　　　　　图 3-68 "擦除按钮"合并单元格

3.6.3 设置表格格式

1. 行高和列宽

当表格的行高和列宽不满足需求时，用户可以随时对其进行调整。

1）使用鼠标调整

在 Word 2010 中，可以通过拖动鼠标来对表格的行高和列宽进行调整。选择要调整的行或列的表格中线，当鼠标指针变为"⥮"时，按住鼠标左键上下拖动可以调整表格的行高，而当指针变为"⬌"时，左右拖动即可调整表格的列宽，如图 3-69 所示。

2）指定数值

除了使用鼠标拖动进行调整外，在"表格工具–布局"选项卡的"单元格大小"功能区中"宽度"和"高度"数值框内输入数值，可以直接指定行高、列宽和单元格大小，如图 3-70 所示。

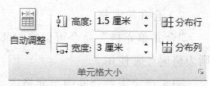

图 3-69　鼠标拖动调整　　　　　　　图 3-70　"单元格大小"功能区

3）平均分布各行各列

在表格编辑中，有时需要将表格中的某些行或列设置为相等的高度或宽度，以达到美观的效果。如果使用鼠标拖动或直接设定数值的方式进行调整，容易破坏表格的原始结构，也不易操作。"平均分布"功能可以在保证表格原始宽度不变的前提下，对整个表格或选中的行或列进行调整。

（1）选中需要调整的行或列。

（2）选择"表格工具–布局"选项卡→"单元格大小"功能区→分布行"或"分布列"列按钮。

2. 文字方向和对齐方式

在"表格工具–布局"选项卡的"对齐方式"功能区中，可以对表格中各个单元内数据的文字方向和对齐方式进行设置。

1）文字方向

单元格内的文字方向有两种，通过单击"文字方向"按钮即可切换不同的文字方向。当按钮显示为方向向右箭头"≝"时，文本为水平方向，当箭头向下"⦀"时为垂直方向。

2）对齐方式

表格中的对齐也分为水平方向和垂直方向。水平对齐方式分为左对齐、居中对齐，右对齐；垂直对齐方式分为上对齐、居中对齐和下对齐。在 Word 2010 中将水平对齐与垂直对齐相结合，提供给了 9 中文本对齐方式，如图 3-71 所示。

图 3-71　"对齐方式"功能区

（1）选中需要设置对齐方式的单元格。

（2）"表格工具-布局"选项卡→"对齐方式"功能区选择所需对齐方式按钮。

3．边框和底纹

表格和文本一样，可以通过添加边框或底纹来美化表格，凸显数据。"边框和底纹"命令既可以对整个表格添加，也可以只针对表格中独立的单元格。

1）边框

表格的边框分为外框和内框，外框指的是所选单元格最外围的边框，如果选中的是整张表格的话，外框指的就是表格的外边框。内框则是指外框范围内的单元格分隔线。简单的边框设置可以直接在"边框"按钮的下拉列表中进行，但要设置边框的线型、颜色、粗细等信息，就使用"边框和底纹"对话框进行设置，如图 3-72 所示。要将表格外边框设置为粗实线，可采用如下方法：

（1）选择整张表。

图 3-72　"边框和底纹"对话框

（2）选择"表格工具-设计"选项卡→"表格样式"功能区→"边框"按钮。

（3）在"边框和底纹"对话框中设置边框样式、颜色、宽度、应用范围等。

2）底纹

默认情况下，Word 文档中的表格是没有底纹的，在"底纹"按钮的下拉列表中，用户可以对选定的单元格添加相应的底纹颜色。设置底纹的方式与给文本设置底纹相同。

4．表格样式

Word 2010 提供给了丰富的表格样式库，其中预设了 90 多种表格样式，设置表格时可以根据需要选择适当的样式来对表格进行快速格式设置。在"表格工具-设计"选项卡的"表格样式"功能区的样式库中，如图 3-73 所示，可以方便地对预设样式进行选择。如果样式库不能满足用户要求，用户还可以单击样式库下方"其他"按钮，在其下拉列表中选择"修改表格样式"或"新建表样式"，来设计属于自己的表格样式。

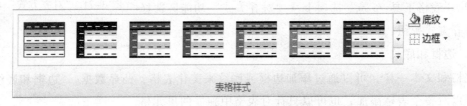

图 3-73　"表格样式"功能区

3.6.4　表格的排序与计算

虽然 Word 软件对表格中数据的处理功能没有 Excel 那么强大，但还是可以进行一些简单的数据排序和计算。

1）排序

有时为了方便数据管理需要对表格中的数据排序，例如，将表格数据按日期排序。

（1）光标移至表格数据区。

（2）选择"表格工具-布局"选项卡→"数据"功能区→"排序"按钮（🔽）。

（3）在"排序"对话框中，选择"主要关键字"为"月"、"次要关键字"为"日"，均设置为升序，如图 3-74 所示。

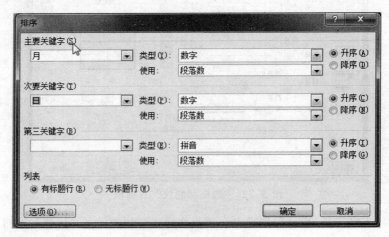

图 3-74　"排序"对话框

2）公式计算

Word 中只有基本的计算数据功能，而且只能进行预设公式的单一计算。以求和为例，单击"公式"按钮后，在弹出的"公式"对话框"粘贴函数"下拉列表选择公式求和函数"SUM"，此时"公式"文本框内显示"=SUM（ABOVE）"，如图 3-75 所示。"ABOVE"表示计算范围是结果单元格上方所有单元格中的数据，相应表示计算范围的还有"LEFT""RIGHT"和"BELOW"，用于计算结果单元格左侧、右侧和下方的单元格的数据。Word 中编辑表格数据远不如 Excel 方便。因此，如果涉及复杂运算的表格，建议在 Excel 中进行设计。

图 3-75　"公式"对话框

3.7　Word 2010 高级应用

3.7.1　邮件合并

在日常工作中，有时可能要将一些内容相同的文档分发给不同的单位或个人，比如邀请函、通知书等。这些文档主体内容相同，只是姓名、称谓、单位等不同，如果使用传统做法，只能每打印一张就修改一张，这样工作烦琐又容易出错，如果使用 Word 中的邮件合并功能，就可以轻松完成。

邮件合并的原理就是将要发送文档中相同的部分制作成一个文档，称为主文档；将不同的部分，如姓名、称谓、地址 W 等以表格的形式制作成另一个文档，称谓数据源；然后将主文档与数据文档合并起来，形成主体内容相同，但关键内容不同的文档。下面，以制作邀请函为例，介绍一下邮件合并的使用步骤。

1. 创建主文档

主文档中包括两个方面的内容，一些是固定不变的文本、图片等内容；另一些是合并域，相当于一个占位符，用于存放数据源文档中的数据。

（1）新建文档，并以"邀请函"为文件名进行保存。

（2）录入文档内容。

（3）对文档内容进行排版和美化，如图 3-76 所示。

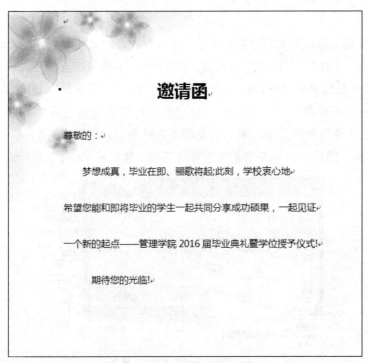

邀请函

尊敬的：

梦想成真，毕业在即、骊歌将起;此刻，学校衷心地

希望您能和即将毕业的学生一起共同分享成功硕果，一起见证

一个新的起点——管理学院 2016 届毕业典礼暨学位授予仪式!

期待您的光临!

图 3-76　主文档

2．创建数据源文档

数据源也称为收件人列表，可以是包含了一个表格的 Word 文档，也可以是 Excel 或 Access 制作的文件。表格由要合并到主文档的信息组成，表格的首行必须为标题行，其他行则放置相应合并信息。

（1）新建文档，并以"数据源"为文件名保存。

（2）插入表格。

（3）输入表格信息，如图 3-77 所示。

3．邮件合并

当主文档和数据源文档编辑完成后，就可以进行邮件合并了。合并过程就是将数据源中的变动数据插入到主文档的指定区域，所有合并操作都是在主文档中进行。

（1）"邮件"选项卡→"开始邮件合并"功能区→"选择收件人"按钮。

（2）"选择数据源"对话框中打开数据源文档。

（3）"邮件"选项卡→"编写和插入域"功能区→"插入合并域"按钮，如图 3-78 所示。

（4）在下拉列表中选择要插入的标签。

（5）"邮件"选项卡→"完成"功能区→"完成并合并"按钮。

（6）在下拉列表中选择"编辑单个文档"命令。

（7）"合并到新文档"对话框中默认选择"全部"。

姓名	称谓
吴征	老师
李灿	老师
黄琪辉	老师
吕艳梅	老师
王以南	老师
张伟	老师

图 3-77　"数据源"表　　　　　图 3-78　"插入合并域"下拉列表

（8）单击"确定"按钮后显示合并文档效果，如图 3-79 所示。

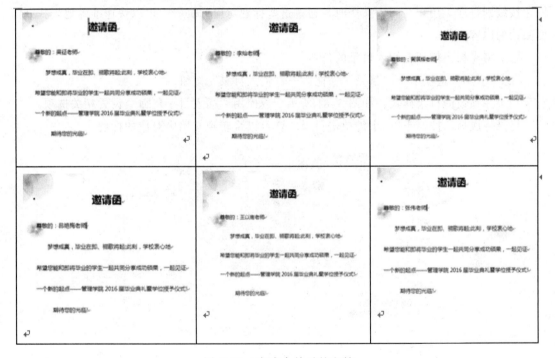

图 3-79　完成合并后的文档

3.7.2　文档目录

对于一些长文档而言，为了方便阅读和查找，目录是不可缺少的内容。在目录中会列出文档中各级标题及每个标题所在的页码。

1. 设置文档级别

文档的大纲级别，指的是某段文本在文档中的层次结构。通常情况下，文档中所有的文本都预设为"正文文本"级别，要使文档更具层次感，一般只需要对标题进行级别设置。在 Word 2010 预设的标题样式中一般已设置了大纲级别，用户也可以直接进行设置。

（1）"视图"选项卡→"大纲视图"按钮。

（2）选择需要设置级别的文本。

（3）"大纲"选项卡→"大纲工具"功能区。

（4）在"大纲级别"下拉列表中选择所需级别，如图3-80所示。

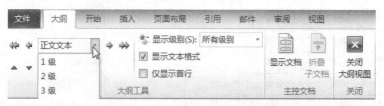

图3-80　"大纲"选项卡

2．建立目录

建立目录时，Word会自动搜索文档中设置有大纲级别的标题，然后按住页码顺序将这些标题按级别排序。用户在阅读文档时，通过这些标题对应的页码，可以快速准确地查找到需要阅读的内容。

（1）将光标定位到要插入目录的位置。

（2）"引用"选项卡→"目录"功能区→"插入目录"按钮。

（3）择预设的目录样式，如图3-81所示，或使用"插入目录"命令设置相关选项。

目录生成后，按住【Ctrl】键单击目录，就可以跳转到文档中对应的标题。

图3-81　"目录"菜单

3．更新目录

目录插入后，不会自动根据文档变化而改变。所以，当文档内容发生改变而使页面发生变化或更改了标题的文字或级别时，用户需要更新整个目录，如果只是页面发生变化，则只需要更新页码。

（1）选择目录区域。

（2）单击目录区左上角的"更新目录"按钮，如图 3-82 所示。

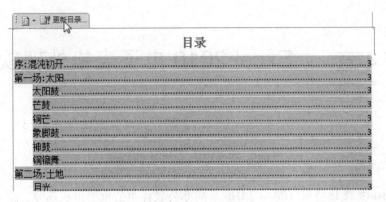

图 3-82　更新目录

（3）"更新目录"对话框中选择更新选项。

【提示】如果用户在插入目录后对目录的字体等进行了格式设置式，在"更新整个目录"后，这些格式会恢复为系统默认格式，需要重新设置；而"只更新页面"则不会改变目录格式。

第 4 章 | Excel 2010 电子表格处理软件

4.1 Excel 2010 概述

Excel 2010 是微软公司 Office 2010 系列办公软件中的重要组成部分，是一款集数据表格、数据库、图表等于一身的优秀电子表格软件。其功能强大，技术先进，使用方便。它不仅具有 Word 表格的数据编排功能，而且提供了丰富的函数和强大的数据分析工具，可以简单快捷地对各种数据进行处理、统计和分析，它具有强大的数据综合管理功能，可以通过各种统计图表的形式把数据形象地表示出来。由于 Excel 2010 可以使用户愉快轻松地组织、计算和分析各种类型的数据，因此它被广泛地应用于财务、行政、金融、统计和审计等众多领域。

4.1.1 Excel 2010 的安装、启动及退出

1．安装

与以往版本相同，在使用 Excel 2010 之前需要进行安装。但是，由于没有单独的 Excel 2010 安装文件，要使用 Excel 2010 就必须先安装 Microsoft Office 2010。

2．启动

启动 Excel 2010 有多种方法：

（1）单击"开始"按钮，指向"所有程序"命令，在程序列表中单击"Microsoft Office"命令，再在下一级菜单列表中单击"Microsoft Office Excel 2010"选项。

（2）双击电脑中任意一个 Excel 2010 文件，或者在该文件上单击鼠标右键，在弹出的快捷菜单中选择"打开"命令，即可启动 Excel 2010 程序并打开该文件。

（3）双击 Windows 桌面上的 Excel 2010 快捷图标。

3．退出

退出 Excel 2010 有多种方法：

（1）在 Excel 2010 文件菜单中，单击"❌ 退出"命令。

（2）双击 Excel 2010 标题栏最左端的 图标，或单击 图标，在弹出的控制菜单中单击"关闭（C）"。

（3）单击 Excel 2010 窗口标题栏最右端的 图标。

（4）按【Alt+F4】组合键。

4.1.2　Excel 2010 的用户界面

Excel 用户界面就是 Excel 在 Windows 桌面上的程序窗口。如图 4-1 所示，该窗口由程序标题栏、快速访问工具栏、"文件"按钮、功能区、工作簿窗口以及编辑栏等部分组成。

图 4-1　Excel 2010 用户界面

1．窗口组成

1）程序标题栏

标题栏位于窗口最上方。它包括快速访问工具栏、程序名、工作簿文件名、最大最小化按钮及关闭按钮等。当工作簿窗口不是最大化时，标题栏就分裂为两部分：整个 Excel 的标题栏和工作簿窗口的标题栏。

快速访问工具栏位于窗口左上方，且位于 Excel 图标 🅇 的右侧，用于放置一些常用工具，默认情况下包括"保存""撤销"和"恢复"3 个按钮。用户可以根据需要添加其他命令按钮到快速访问工具栏中。

2）"文件"按钮

"文件"按钮位于快速访问工具栏下方，单击"文件"按钮，在弹出的菜单中可以看到众多用来对工作簿进行操作的命令，例如保存、另存为、打开、关闭、信息、打印等。默认情况下，在菜单右侧列出了最近使用过的工作簿，单击其中某个文档可以快速打开该文档。

3）功能区

位于标题栏之下，包括"开始""插入""页面布局""公式""数据""审阅"和"视图"和"加载项"8 个选项卡，每个选项卡又包括若干组 Excel 执行的核心任务，每一组任务则是由完成同类工作时可能用到的所有命令按钮组成。常用的命令按钮主要集中在"开始"选项卡中，例如粘贴、剪切和复制等。使用"文件"按钮下的自定义设置可以对功能区进行个性化的设置，如隐藏功能区中的"加载项"选项卡等。

4）工作簿窗口

工作簿窗口是 Excel 的主要工作区，用于数据的记录和各种操作结果的显示。Excel 允许同时打开多个工作簿，每一工作簿占用一个窗口。

工作簿窗口由以下几个部分组成：

（1）工作簿标题栏。位于工作簿窗口顶行，用于显示工作簿名称（本图为"工作簿 1"）。单击标题栏右方的最大化按钮，可使工作簿窗口最大化，此时标题栏并入 Excel 的标题栏，不再单独存在。

（2）工作表标签。位于工作簿底行。单击工作表标签将激活相应工作表。本图显示出 3 张工作表，依次为 Sheet1、Sheet2、Sheet3，其中 Sheet1 为当前工作表。

（3）工作表工作区。指位于工作簿标题栏与标签栏之间的区域，表格的编辑主要在这一区域内完成。

5）编辑栏

编辑栏位于工作簿窗口的上方，用来显示或编辑单元格中的内容。从左至右依次由名称框、工具按钮和编辑框三部分组成，如图 4-2 所示。当某个单元格被激活时，其地址（例如 A1）随即在名称框出现。在输入公式时可从"f_x"插入函数按钮下拉列表中选择常用函数。

图 4-2　编辑栏

编辑栏尤其适合以下情况：

（1）要输入数据的单元格不在屏幕显示的范围内。此时只需在名称框输入单元格地址（例如 A200），即可将该单元格调整至屏幕范围之内。

（2）查看已在单元格中经过变换的数据。例如原输入为 0.234，保留两位小数后变换为 0.23，如果需要可在编辑栏中查看原始数据。

（3）若单元格中的数据是由公式算出的值，可在编辑栏中查看它对应的公式。

编辑栏是否在屏幕上显示可由用户选择。若暂时不使用编辑栏，可执行"视图"选项卡中的"编辑栏"命令将它隐藏起来；再次执行该命令又可使它重新显示。

2．操作方式

1）菜单操作

这是 Excel 的主要操作方式。Excel 的几乎所有命令都在菜单中进行了设置，用户通过移动鼠标或按【Alt】+菜单项右边括号中带下画线的字母(如"文件(F)")来选择所需的菜单项。菜单中还定义了某些命令的键盘快捷操作方式，如打印命令【Ctrl+P】等，使键盘操作更便捷。

2）工具按钮操作

对一些常用命令，Excel 提供了工具按钮操作。用户通过用鼠标单击功能区图标进行所需的操作。工具按钮操作使鼠标操作更便捷。

3）快捷菜单操作

Excel 除常用菜单外，还能提供一种快捷菜单，以方便用户快速选择某些命令。它平时在窗口中看不见，只有当选定相应对象并按下鼠标右键时才显示。

3．Excel 的主要术语

1）工作簿（workbook）

工作簿是 Excel 环境中用来存储并处理数据的文件，也称工作簿文件（其扩展名为.xlsx）。存储在计算机上时，一个工作簿对应一个文件（正如一个 Word 文档对应一个文件）。一个工作簿是由若干工作表构成的（正如一个 Word 文档由若干页面构成）。

2）工作表（worksheet）

工作表，即我们平时说的电子表格。进入 Excel 2010 后，屏幕显示的带网格背景的空白区域就是一张工作表。工作表由若干行和列组成，整个工作表最多可以有 1048576 行、16384 列数据。Excel 2010 中工作簿系统默认 3 张，用户可按需增减。

每个工作表有自己的名称，称为工作表标签。位于工作簿底行。单击工作表标签将激活相应工作表。系统默认的 3 张工作表的标签依次为 Sheet1、Sheet2、Sheet3，用户可根据情况对工作表重命名。

3）单元格（cell）

工作表中任一行和任一列确定了一个可以容纳数据的位置，每个这样的位置称为一个单元格。显然一个单元格对应的行的编号（行号）和列的编号（列标）唯一确定了它的位置，所以我们把一个单元格的行号和列标组成的表示单元格位置的名称称为该单元格的地址。如 A5、B4、C8 等。

工作表由单元格构成，每个单元格可以放多达 32 000 个字符的信息。

4）活动单元格（active cell）

活动单元格是指当前正在使用的单元格，在屏幕上用带黑色粗线的方框指示其位置。一次只能有一个单元格是活动的。在图 4–2 中活动单元格为 A1。

4.2　Excel 2010 的基本操作

工作簿文件的扩展名为 ".xlsx"。对 Excel 文件进行管理，其实就是对工作簿进行管理。例如，打开文件，就是打开该工作簿下所有的工作表。对工作簿的操作与 Word 基本相似，主要有新建、保存、关闭及打开。新建立的工作簿中并没有数据，具体的数据要分别输入到不同的工作表中。因此，建立工作簿后首先要做的就是向工作表中输入数据。

4.2.1　工作簿基本操作

1．新建工作簿

Excel 启动后，系统会自动创建一个名为"新建 Microsoft Excel 工作表.xlsx"的新工作簿。用户可以使用该工作簿中的工作表输入数据并进行保存。如果用户还要创建新工作簿，可采用如下方法：

1）创建空白工作簿

（1）选择"文件"选项卡中的"新建"命令，打开一个页面，如图 4-3 所示。

（2）在图 4-3 中，选择"空白工作簿"。

（3）单击右下角的"创建"按钮，即创建一个名为"工作簿 1"的 Excel 文档文件，如果再次创建空白工作簿，则名为"工作簿 2"等等。

2）创建专业性工作簿

默认情况下建立的工作簿都是空白工作簿，除此之外 Excel 还提供了大量的、固定的、专业性很强的表格模板，如会议议程、预算、日历等。这些模板对数字、字体、对齐方式、边框、底纹和行高与列宽都做了固定格式的编辑和设置。如果用户使用这些模板可以轻松愉快地设计出引人注目的、具有专业功能和外观的表格。创建专业性工作簿的操作如下：

（1）选择"文件"选项卡的"新建"命令，在打开的页面中可以看到"可用模板"和"Office.com 模板"两部分，如图 4-3 和图 4-4 所示。

图 4-3　创建空白工作簿

图 4-4　"Office.com 模板"

（2）双击"可用模板"中的"样本模板"可以看到本机上可用的模板，选择某个模板后，单击"创建"按钮，然后再做适当修改，则可创建出自己需要的具有专业性的表格。

（3）"Office.com 模板"是放在指定服务器上的资源，用户必须联网才能使用这些模板，选择某个模板后，必须通过下载才能使用。

2．保存工作簿

保存工作簿的常用方法：

（1）单击"快速访问工具栏"中的"保存"按钮。

（2）单击"文件"选项卡中的"保存"命令。

（3）单击"文件"选项卡中的"另存为"命令。

说明：如果是第一次保存工作簿或选择"另存为"命令，都会弹出"另存为"对话框，确定"保存位置"和"文件名"，注意保存类型为"Excel 工作簿(*.xlsx)"。

3．打开工作簿

打开已保存的工作簿常用如下方法：

（1）如果在"快速访问工具栏"定义的有"打开"按钮，则单击"打开"按钮。

（2）单击"文件"选项卡中的"打开"命令。

说明：以上两种情况都会弹出"打开"对话框，只要在对话框中选择一个工作簿后再单击"打开"按钮，就可以将该工作簿在 Excel 中打开。

4．关闭工作簿

同时打开的工作簿越多，所占用的内存空间就越大，会直接影响交换机的处理速度。因此，当工作簿操作完成而不再使用时，应及时将其关闭。关闭工作簿常用以下方法：

（1）选择"文件"选项卡中的"关闭"命令。

（2）单击工作簿窗口右上角的"关闭"按钮。

说明：以上两种情况都会弹出是否保存提示对话框，如图 4-5 所示。单击"保存"按钮，则保存文档退出；单击"不保存"按钮，则放弃保存退出；单击"取消"按钮，则放弃本次操作。

图 4-5　保存提示对话框

4.2.2　工作表基本操作

新建立的工作簿中只包含三张工作表，根据需要还可以添加工作表，如前所述，最多可以增加到 255 张。对工作表的操作是指对工作表进行选择、插入、删除、移动、复制和重命名等。所有这些操作都可以在 Excel 窗口的工作表标签上进行。

1．选择工作表

选择工作表可以分为选择单张工作表和选择多张工作表。

1）选择单张工作表

选择单张工作表时，只需单击某个工作表的标签，则该工作表的内容将显示在工作簿窗口中，同时对应的标签变为白色。

2）选择多张工作表

（1）选择连续多张工作表，可先单击第一张工作表的标签，然后按住【Shift】键单击最后一张工作表的标签。

（2）选择不连续多张工作表，可按住【Ctrl】键后分别单击每一张工作表标签。

选择后的工作表可以进行复制、删除、移动和重命名等操作。最快捷的方法是在工作表标签处右击选择的工作表，然后在弹出的快捷菜单中选择相应的操作。快捷菜单如图4-6所示。还可利用快捷菜单选定全部工作表。

图4-6 "工作表标签"的快捷菜单

2．插入工作表

要在某个工作表前面插入一张新工作表，操作步骤如下：

（1）在工作表标签上右击，在弹出的快捷菜单中选择"插入"命令，弹出"插入"对话框，如图4-7所示。

图4-7 "插入"对话框

（2）在"插入"对话框选择"常用"选项中的"工作表"或选择"电子表格方案"选项中的某个固定格式表格，然后单击"确定"按钮。

插入的新工作表成为当前工作表。插入新工作表最快捷的方法还是单击工作表标签右侧的"插入工作表"按钮

3．删除工作表

删除工作表的方法：首先选定要删除的工作表，然后使用工作表标签快捷菜单中的"删

除"命令。

如果工作表中含有数据，则会弹出确认删除对话框，如图 4-8 所示，单击"删除"按钮后，该工作表被删除，工作表名也从标签中消失。同时被删除的工作表也无法用"撤销"命令来恢复。

如果该工作表中没有数据，则不会弹出确认删除对话框，该工作表将被直接删除。

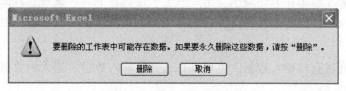

图 4-8　确认删除对话框

4．移动和复制工作表

工作表在工作簿中的顺序并不是固定不变的，可以通过移动来重新安排它们的次序。移动或复制工作表的方法：

（1）直接在要移动的工作表标签上按住鼠标左键拖动，在拖动的同时，可以看到鼠标指针上多了一个文档的标记，同时在工作表标签上有一个黑色箭头指示位置，拖到目标位置处释放左键，即可改变工作表的位置，如图 4-9 所示。按住【Ctrl】键拖动实现的就是复制。

（2）使用工作表标签快捷菜单中的"移动或复制"命令，弹出"移动或复制工作表"对话框，如图 4-10 所示，选择移动的位置。如果选中"建立副本"复选框，则实现的是复制。

图 4-9　拖动工作表标签　　　　图 4-10　"移动或复制工作表"对话框

5．工作表的重命名

Excel 2010 在建立一个新的工作簿时，所有的工作表都是以 Sheet1、Sheet2、Sheet3、…命名。但在实际工作中，这种命名不便于记忆和进行有效管理，用户可以为工作表重新命名。工作表重新命名的方法：

（1）双击工作表标签。

（2）使用工作表标签快捷菜单中的"重命名"命令。

上面两种方法均使工作表标签变成黑底白字，输入新的工作表名字，然后单击工作表中其他任意位置或按【Enter】键结束。

4.2.3　输入数据

1. 输入数据的基本方法

输入数据时的一般操作步骤如下：

（1）在窗口下方的工作表标签中，单击某个工作表标签选择要输入数据的工作表。

（2）单击要输入数据的单元格，使之成为当前单元格，此时，名称框中显示该单元格的名称。

（3）向该单元格直接输入数据，也可以在编辑栏输入数据，输入的数据会同时显示在该单元格和编辑栏。

（4）如果输入的数据有错，可单击编辑栏中的"×"按钮或按【Esc】键将其取消，然后重新输入。如果正确，可单击编辑栏中的"√"按钮或按【Enter】键确认输入的数据并将其存入当前单元格。

（5）继续向其他单元格输入数据。选择其他单元格可用如下方法：

- 按方向键："→""←""↓""↑"。
- 按【Enter】键。
- 直接单击其他单元格。

2. 各种类型数据的输入

由于每个单元格中可以输入不同类型的数据，如数值、文本、日期和时间等。不同类型的数据输入时必须使用不同的格式，只有这样 Excel 才能识别输入数据的类型。

1）文本型数据的输入

文本型数据，即字符型数据，包括英文字母、汉字、数字以及其他字符。显然，文本型数据就是字符串，在单元格中默认的是左对齐。输入文本时，如果输入的是数字字符，则应在数字文本前加上单撇号"'"以示区别；而输入其他文本时，则可直接输入。

数字字符串是指全由数字字符组成的字符串，如学生学号、身份证号和邮政编码等。这种数字字符串是不能参与诸如求和、求平均值等运算的。所以在此特别强调：输入数字字符串时不能省略单撇号"'"，这是因为 Excel 无法判断输入的是数值还是字符串。

2）数值型数据的输入

数值型数据可直接输入，在单元格中默认的是右对齐。在输入数值型数据时，除了 0～9、正负号和小数点外，还可以使用如下符号：

（1）E 和 e 用于指数字符号的输入，例如，5.28E + 3。

（2）以"$"或"￥"开始的数值表示货币格式。

（3）圆括号表示输入的是负数，例如，(735) 表示 –735。

（4）逗号","表示分节符，例如，1,234,567。

（5）符号"%"结尾表示输入的是百分数，例如，50%表示 0.5。

如果输入的数值长度超过单元格的宽度时，将会自动转换成科学计数法，即指数法表示。

例如，如果输入的数据为 123456789，则在单元格中显示 1.234567E + 8。

3）日期型数据的输入

日期的输入格式比较多，例如，要输入日期 2011 年 1 月 25 日。

（1）如果要求按年月日顺序时，常使用如下 3 种格式输入：

● 11/1/25。

● 2011/1/25。

● 2011-1-25.

上面 3 种格式输入确认后，在单元格中均显示相同格式：2011-1-25。在此要说明的是第 1 种输入格式中年份只用了两位，即 09 表示 2009 年。但如果要输入 1909，则年份就必须按 4 位格式输入。

（2）如果要求按日月年顺序时，常使用如下两种格式输入：

● 8-Jan-09。

● 8/Jan/09。

输入结果，均显示为第 1 种格式。

如果只输入两个数字，则系统默认为输入的是月和日。例如，如果在单元格中输入 2/3，则表示输入的是 2 月 3 日，年份默认为系统年份。如果要输入当天的日期，可按【Ctrl + ;】组合键。

输入的日期在单元格中默认的是右对齐。

4）时间型数据的输入

输入时间时和分之间、分和秒之间均用冒号 ":" 隔开，也可以在时间后面加上 A 或 AM、P 或 PM 等分别表示上、下午，也即使用如下格式：

h：min：s[a/am/p/pm]，其中秒 s 和字母之间应该留有空格，例如，7:30 AM。

也可以将日期和时间组合输入，输入时日期和时间之间要留有空格，例如，2009-1-5 10:30。

要输入当前系统时间，可以按【Ctrl + Shift + ;】组合键。

输入的时间和输入的日期一样，在单元格中默认右对齐。

5）分数的输入

由于分数线、除号和日期分隔符均使用同一个符号 "/"，所以为了使系统区分输入的是日期还是分数，规定在输入分数时，要在分数前面加上 0 和空格。例如，输入分数 1/3，则应先在单元格输入 0 和空格，再输入 1/3，即 0 1/3，这时编辑输入区显示的是 0.333333333333333，而单元格仍显示 1/3。如果要输入 5/3，应向单元格输入 0 5/3 或输入 1 2/3。

6）逻辑值的输入

在单元格中对数据进行比较运算时，可得到两种比较结果：True（真）或 False（假），逻辑值在单元格中的对齐方式默认为居中。

3．自动填充有规律性的数据

如果要在连续的单元格中输入相同的数据或具有某种规律性的数据，如数字序列中的等差序列、等比序列和有序文字，即文字序列等，使用 Excel 的自动填充功能可以方便快捷地完成输入操作。

1）自动填充相同的数据

在单元格的右下角有一个黑色的小方块，称为填充柄或复制柄，当鼠标指针移至填充柄时，光标形状变成"+"字。选定一个已输入数据的单元格，拖动填充柄向相邻的单元格移动，可填充相同的数据，如图 4-11 所示。

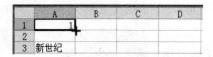

图 4-11　自动填充相同数据

2）自动填充数字序列

如果要输入的数字型数据具有某种特定规律，如等差序列和等比序列，又称为数字序列。

4.2.4　编辑工作表

已经建立好的工作表，可以进行编辑。编辑工作表的操作主要包括修改、复制、移动和删除内容，增删行列以及对表格的格式进行设置等。在进行编辑之前，首先要选择对象。

1．选择操作对象

选择操作对象主要包括单个单元格、连续区域、不连续多个单元格或区域以及特殊区域的选择。

1）单个单元格的选择

选择单个单元格，就是使某个单元格成为"活动单元格"。单击某个单元格，该单元格周围呈黑色方框显示，表示被选中。

2）连续区域的选择

选择连续区域的方法有如下 3 种（以选择 A1:F5 为例）：

（1）单击区域左上角的单元格 A1，然后用鼠标拖动到该区域的右下角单元格 F5。

（2）单击区域左上角的单元格 A1，然后按住【Shift】键后，单击该区域的右下角单元格 F5。

（3）在名称框中输入"A1:F5"，然后按【Enter】键，则选中了 A1:F5 单元格区域。

3）不连续多个单元格或区域的选择

按住【Ctrl】键后分别选择各个单元格或单元格区域。

4）特殊区域的选择

特殊区域的选择主要是指以下不同区域的选择：

（1）选择某个整行：可直接单击该行的行号。

（2）选择连续多行：可以在行标区上从首行拖动到末行。

（3）选择某个整列：可直接单击该列的列号。

（4）选择连续多列：可以在列标区上从首列拖动到末列。

（5）选择整个工作表：单击工作表的左上角即行标与列标相交处的"全选"区，或按【Ctrl+A】组合键。

2．修改单元格的内容

修改单元格内容的方法有以下两种：

（1）双击单元格或选中单元格后按【F2】键，使光标变成闪烁的方式，可直接对单元格的内容进行修改。

（2）在编辑栏中修改：选中单元格后，在编辑栏中单击后进行修改。

3．移动单元格内容

将某个单元格或某个区域的内容移动到其他位置上，可以使用鼠标拖动法或剪贴板法。

1）使用鼠标拖动法

首先将鼠标指针移动到所选区域的边框上，然后拖动到目标位置即可。在拖动过程中，边框显示为虚框。

2）使用剪贴板的方法

操作步骤如下：

（1）选定要移动数据的单元格或单元格区域。

（2）单击"开始"选项卡，在打开的"剪贴板"功能组中，单击"剪切"按钮。

（3）单击目标单元格或目标单元格区域左上角的单元格。

（4）在"剪贴板"功能组中，单击"粘贴"按钮。

4．复制单元格内容

将某个单元格或某个单元格区域的内容复制到其他位置上，同样也可以使用鼠标拖动法或剪贴板的方法。

1）使用鼠标拖动法

首先将鼠标指针移动到所选单元格或单元格区域的边框，然后按住【Ctrl】键后拖动鼠标到目标位置即可，在拖动过程中，边框显示为虚框。同时鼠标指针的右上角有一个小的十字"+"符号。

2）使用剪贴板的方法

使用剪贴板复制的过程与移动的过程是一样的，只是在第（2）步时要选择"剪贴板"功能组中的"复制"命令，其他步骤完全一样。

5．清除单元格

清除单元格或某个单元格区域，不会删除单元格本身，而只是删除单元格或单元格区域中的内容、格式等之一，或是均清除。

操作步骤如下：

（1）选中要清除的单元格或单元格区域。

（2）在"开始"选项卡中的"编辑"功能组，单击"清除"按钮，在其下拉列表中，选择"全部清除""清除格式""清除内容"等选项之一，均可实现相应项的清除。

选中某个单元格或某个单元格区域后，再按【Delete】键，只能清除该单元格或单元格区域的内容。

6．行、列、单元格的插入与删除

1）插入行、列

在"开始"选项卡的"单元格"功能组中，单击"插入"按钮，在打开的下拉列表中选择"插入工作表行"或"插入工作表列"选项，则插入的行或列分别显示在当前行或当前列的上端或左端。

2）删除行、列

选中要删除的行或列或该行或列所在的一个单元格，单击"单元格"功能组中的"删除"按钮，在其下拉列表中选择"删除工作表行"或"删除工作表列"选项，则该行或列被删除。

3）插入或删除单元格

插入单元格：选中要插入单元格的位置，单击"单元格"功能组中的"插入"按钮，在打开的下拉列表中，选择"插入单元格"选项，打开"插入"对话框，如图 4-12 所示。再选中"活动单元格右移"或"活动单元格下移"单选按钮，单击"确定"按钮。新的单元格插入后，原活动单元格会右移或下移。

删除单元格：选中要删除的单元格，单击"单元格"功能组中的"删除"按钮，在打开的下拉列表中，选择"删除单元格"选项，打开"删除"对话框，如图 4-13 所示。再选择"右侧单元格左移"或"下方单元格上移"单选按钮，然后单击"确定"按钮，该单元格被删除。如果选择"整行"或"整列"，则该单元格所在行或列被删除。

图 4-12 　"插入"

图 4-13 　"删除"对话框

4.2.5　格式化工作表

工作表由单元格组成，因此格式化工作表就是对单元格或单元格区域进行格式化。格式化工作表包括调整行高、列宽和设置单元格的格式。

1．调整行高和列宽

工作表中的行高和列宽是 Excel 默认设定的，行高自动以本行中最高的字符为准，列宽默认为 8 个字符宽度。用户可以根据自己的实际需要调整行高和列宽。操作方法有以下几种。

1）使用鼠标拖动法调整行高和列宽

将鼠标指针指向行标或列标的分界线上，鼠标指针变成双向箭头时，按下左键拖动鼠标，即可调整行高或列宽，这时在鼠标上方会自动显示行高或列宽的值，如图 4-14 所示。

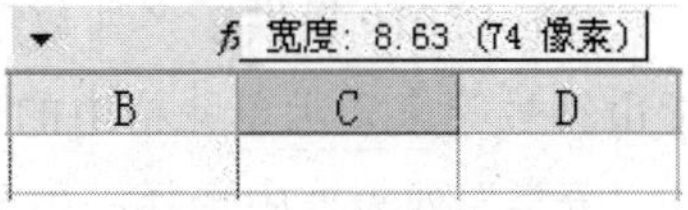

图 4-14　显示列宽图

2）使用功能按钮精确设置行高和列宽

选定需要设置行高或列宽的单元格或单元格区域，然后在"单元格"功能组中，单击"格式"功能按钮，在其下拉列表中，选择"行高"或"列宽"选项，打开"行高"或"列宽"对话框，输入数值后单击"确定"按钮。

如果选择"自动调整行高"或"自动调整列宽"选项，系统将自动调整到最佳行高或列宽。

2．设置单元格格式

一个单元格由数据内容和格式等组成，输入了数据内容后，就可以对单元格中的格式进行设置。设置单元格格式可以使用"开始"选项卡中的功能组按钮，如图 4-15 所示。

图 4-15　"开始"选项卡中的部分功能组

单击"开始"选项卡，在打开的功能区中，包括"字体""对齐方式""数字""样式""单元格"功能组，这 6 个功能组主要用于单元格或单元格区域的格式设置；另外还有"剪贴板"和"编辑"两个功能组，主要用于 Excel 文档的编辑输入，单元格数据的计算等。

也可以单击"单元格"功能组中的"格式"按钮，在其下拉列表中，选择"设置单元格格式"选项，如图 4-16 所示，打开"设置单元格格式"对话框，在对话框中可以设置的格式包括"数字""对齐""字体""边框""填充"和"保护" 6 项。

图 4-16　"数字"选项卡

1）设置数字格式

Excel 2010 提供了多种数字格式。在对数字格式化时，可以通过设置小数位数、百分号、货币符号等来表示单元格中的数据。在"设置单元格格式"对话框中，选择"数字"选项卡，在"分类"列表框中选择一种分类格式，在对话框的右侧进一步设置小数位数、货币符号等，如图 4-16 所示。

2）设置字体格式

在"设置单元格格式"对话框中，选择"字体"选项卡，如图 4-17 所示，可对字体、字形、字号、颜色、下画线、特殊效果等进行设置。

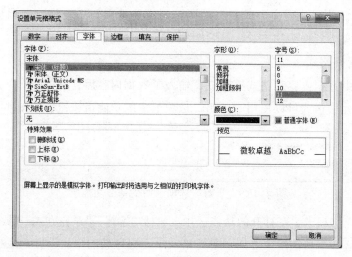

图 4-17 "字体"选项卡

3）设置对齐方式

在"单元格格式"对话框中，选择"对齐"选项卡，如图 4-18 所示，可实现水平对齐、垂直对齐、改变文本方向、自动换行、合并单元格等的设置。

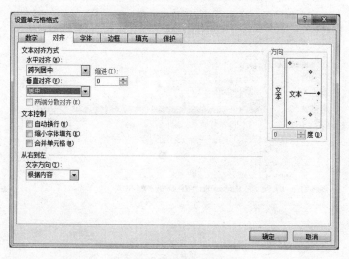

图 4-18 "对齐"选项卡

4）设置边框和底纹

在 Excel 工作表中可以看到灰色的网格线，但如果不进行设置，这些网格线在打印时是打印不出来的，为了突出工作表或某些单元格的内容，可以为其添加边框和底纹。设置边框和底纹的方法：首先选定要设置边框和底纹的单元格区域，然后在"设置单元格格式"对话框中选择"边框"或"填充"选项卡，如图 4-19 和图 4-20 所示。

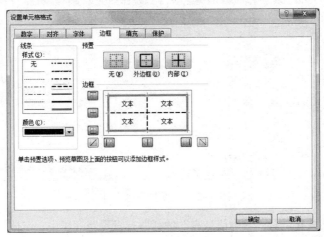

图 4-19　"边框"选项卡

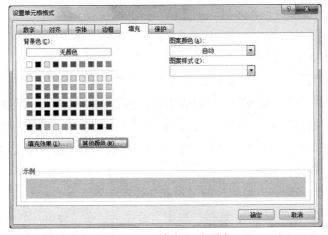

图 4-20　"填充"选项卡

（1）设置"边框"：首先选择"线条"的"样式"和"颜色"，然后在"预置"选项组中选择"内部"或"外边框"选项，分别设置内外线条。

（2）设置"填充"：设置单元格底纹的"颜色"或"图案"，可以设置选定区域的底纹与填充色。

5）设置保护

设置单元格保护，是为了保护单元格中的数据和公式，其中有两个选项：锁定和隐藏。锁定是防止单元格中的数据更改、移动或删除单元格；而隐藏是为了隐藏公式，使得编辑栏中看不到所应用的公式。

设置单元格保护的方法：首先选定要设置保护的单元格区域，然后在"设置单元格格式"

对话框中，选择"保护"选项卡，如图 4-21 所示，设置其锁定和隐藏。但是，只有在工作表被保护后，锁定单元格或隐藏公式才生效。

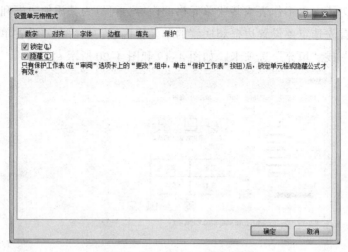

图 4-21   "保护"选项卡

【例】工作表格式化。对"学生信息表"的标题行设置跨列居中、字体设置为楷体、20 磅、加粗、红色，浅绿色底纹；表格中其余数据水平和垂直居中，设置保留 2 位小数；工作表中的 A2:D8 的数据区域添加内框线为虚线，外框线为实线。

操作步骤如下：

① 选中 A1:D1 单元格区域。

② 在"设置单元格格式"对话框的"对齐"选项卡下，在"水平对齐"下拉列表中，选择"跨列居中"，在"垂直对齐"下拉列表中，选择"居中"；选择"字体"选项卡，从"字体"列表框中选择"楷体"、在"字形"列表框中选择"加粗"、在"字号"列表框中选择"20"，设置颜色为"红色"；选择"填充"选项卡，在"背景栏"选项组中设置颜色为"浅绿色"。

③ 选中 A2:D8 单元格区域。

④ 在"设置单元格格式"对话框的"对齐"选项卡下，在"水平对齐"和"垂直对齐"两个下拉列表框中均选择"居中"；选择"数字"选项卡，在"分类"列表框中选择"年龄"选项，在"小数位数"数值框中输入"2"或调整为"2"；格式化后的工作表，如图 4-22 所示。

学生信息表			
姓名	性别	年龄	籍贯
赵一	男	18.00	玉溪
钱迩	女	17.00	大理
孙毯	男	19.00	普洱
李斯	男	17.00	曲靖
周舞	女	18.00	文山
郑旎	女	18.00	临沧

图 4-22   格式化工作表示例

3. 设置条件格式

Excel 2010 提供的"条件格式化"功能，可以根据指定的条件设置单元格的格式，如改变字形、颜色、边框和底纹等。从而可以在大量的数据中快速查阅到所需要的数据。

【例】在 D 班学生成绩表中利用"条件格式化"功能，指定当成绩大于 90 分时，将其字形格式设置为"加粗"、字体颜色设置为"蓝色"，并添加黄色底纹。

操作步骤如下：

① 选定要进行条件格式化的区域。

② 在"开始"选项卡的"样式"组中，单击"条件格式"→"突出显示单元格规则"→"大于"选项命令，打开"大于"对话框，如图 4-23 所示，在"为大于以下值的单元格设置格式"文本框中输入"90"，在其右边的"设置为"下拉列表框中选择"自定义格式"选项，打开"设置单元格格式"对话框，如图 4-24 所示。

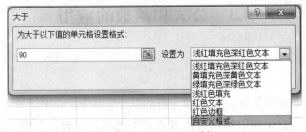

图 4-23　"大于"对话框

图 4-24　"单元格格式"对话框

③ 在"大于"对话框中，单击"字体""选项卡，字形设置为"加粗"，字体颜色设置为"蓝色"，单击"图案"选项卡将底纹颜色设置为"黄色"，设置完格式后，单击"确定"按钮，返回"大于"对话框，再单击"确定"按钮即可。设置效果如图 4-25 所示。

学生成绩表			
姓名	性别	语文	数学
赵一	男	88	74
钱迩	女	92	87
孙稣	男	78	62
李斯	男	60	95
周舞	女	84	79
郑旒	女	93	82

图 4-25　设置效果图

④ 如果还需要设置条件，可按照上面的方法步骤继续操作。

4.3　公式和函数的应用

4.3.1　使用公式

1. 认识公式

公式是在工作表中对数据进行计算和分析的式子。在 Excel 中，一切公式均以"="开头。例如：=5+2*3。公式可以包括下列所有内容或其中之一：函数、引用、运算符和常量。如公式=SUM(B2:B4)/3。

运算符：运算符是 Excel 公式中的基本元素，它用于指定表达式内执行的计算类型，不同的运算符进行不同的运算。

- 常量数值：直接输入公式中的数字或文本等各类数据，如"1.5"和"平均分"等。
- 括号：括号控制着公式中各表达式的计算顺序。
- 单元格引用：指定要进行运算的单元格地址，从而方便引用单元格中的数据。
- 函数：函数是预先编写的公式，可以对一个或多个值进行计算，并返回一个或多个值。

2. 公式中的运算符

1）运算符

运算符用于对公式中的元素进行特定类型的运算，Excel 包含 4 种类型的运算符：算术运算符、比较运算符、文本运算符和引用运算符。下面分别予以介绍。

（1）算术运算符。公式中的算术运算符包括：+（加）、-（减）、*（乘）、/（除）、%（百分数）、^（乘方）。

（2）比较运算符。比较运算符有：=（等于）、<（小于）、>（大于）、<=（小于等于）、>=（大于等于）、<>（不等于）。

在公式中计算一个比较运算符时，其结果为"真"或"假"，它们被称为逻辑值。

【例】在学生成绩表中（参见图 4-26），试计算学生"英语"课程考试成绩是否及格。

操作步骤如下：

① 选中 H3 单元格。

② 输入公式"=E3>=60"，输入过程显示在编辑栏中，在 H3 中显示"TRUE"。

③ 拖动填充柄至 H8，计算出其他学生的情况。

	A	B	C	D	E	F	G	H
	姓名	性别	语文	数学	英语	总分	平均分	英语是否及格
	赵一	男	88	74	78			TRUE
	钱迩	女	22	87	82			TRUE
	孙穆	男	78	62	38			FALSE
	李斯	男	60	78	65			TRUE
	周舞	女	84	79	87			TRUE
	郑旎	女	22	82	54			FALSE

学生成绩表

图 4-26　学生成绩表

（3）文本运算符。文本运算符只有一个，即"&"，它能够连接两个文本串。

（4）引用运算符。在 Excel 中的引用运算符有三个，即"："冒号、","逗号和" "单个空格。

冒号（:）被称为区域运算符。如 B1 表示一个单元格引用，而 B1:D4 就表示从 B1 到 D4 的单元格区域。如果用户在公式中引用工作表中的一行或一列中的所有单元，那么可以用 2:3 表示第二行，第三行的所有单元；用 A:B 表示 A 列 B 列的所有单元。这种区域的表示有助于调用单元格或区域中的数值，并放入公式中。

逗号（,）是一种连接运算符。用于连接两个或更多的单元格或者单元格区域引用。例如："B3,D4"表示 B3 和 D4 单元格；"A2:B4，E6:F8"表示区域 A2:B4 和 E6:F8。

空格（ ）是一种交叉运算符。用于生成对两个引用中共有的单元格的引用。

例如："B3:E4　C1:C5"表示两个单元格区域的交叉单元格，即单元格 C3 和 C4。

2）运算符的优先次序

Excel 公式中运算符的优选次序从高到低为：冒号（:）、单个空格（ ）、逗号（,）、负号（–）、百分号（%）、乘幂（^）、乘和除（*和/）、加和减（+和–）、连接符（&）、比较运算符（=,<,>,<=,>=,<>）。

Excel 遵从"由内到外，由左到右"的运算规则。如果要修改计算的次序，可将公式中某部分用括号括起来。括号在公式中优先级最高。

3．公式的显示与编辑

Excel 不在单元格中实际显示公式，而是显示计算结果。若需查看公式，只需选择该单元格，其公式即显示在编辑栏的编辑框中。使用【Ctrl+】组合键（""键在键盘左上角）可使单元格在显示结果和显示公式间切换。如果要编辑公式，可按【F2】功能键进入编辑模式或直接用鼠标在编辑栏中选择插入点。如果要删除公式，如果不再需要单元格中的所有数据，则选择单元格后直接按【Delete】键删除即可。如果只是删除单元格中的公式而保留公式的计算结果，则有两种方法：一种是双击需删除的公式所在单元格，再按功能键【F9】，此时在单元格和编辑栏中均显示公式的结果。另一种是选中需要删除公式的单元格，右击，在弹出的快捷菜单中选择"复制"命令，再利用"选择性粘贴"功能将公式结果转化为数值。

提示：删去公式后，单元格的值即成固定值，不再受公式的影响。

4．公式的复制

（1）若连续的几个单元格都使用相同的公式，则可先选中要复制公式所在的单元格，然后拖动所选单元格的填充柄到目标单元格。

【例】利用公式复制的方法计算学生成绩表中学生的总分。

公式复制的步骤如下：

① 单击 F3 单元格，将鼠标指针移到填充柄上，使之变成实心的"＋"型光标。

② 点下鼠标左键，将填充柄从 F3 拖动到 F8 松开，其余学生的总分就自动计算出来。如图 4-27 所示。

	A	B	C	D	E	F	G
	姓名	性别	语文	数学	英语	总分	
	赵一	男	88	74	78	240	
	钱迩	女	22	87	82	191	
	孙毵	男	78	62	38	178	
	李斯	男	60	78	65	203	
	周舞	女	84	79	87	250	
	郑旒	女	22	82	54	158	

图 4-27　使用填充柄在连续单元格中复制公式

（2）若使用相同公式的单元格不连续，则可先选中要复制公式所在单元格，然后在"开始"选项卡中单击"剪贴板"工具组中的"复制"按钮，再在需要复制的单元格上进行定位，单击"剪贴板"工具组中的"粘贴"按钮，在下拉列表中单击"公式"选项 *fx* 即可。

5．单元格引用

引用的作用在于标识工作表上的单元格或单元格区域，并指明公式和函数中所使用的数据的位置。引用是借助单元格的地址实现的，一个引用地址代表工作表中的一个或多个单元格以及单元格区域，当单元格中存储公式中可能变化的数据时，使用单元格引用的方法更利于以后的维护。Excel 2010 中，根据处理的需要可以采用相对引用、绝对引用和混合引用 3 种方法。

1）相对引用

相对引用，就是指公式中单元格位置将随着公式所在位置的改变而改变。相对引用直接用行号和列标表示。如 B2，C5。使用单元格相对引用，在公式复制过程中，引用地址与公式之间的相对位置关系保持不变。

如图 4-28 所示，C4 单元格中的公式是"=A1"，此时单元格 A1 与单元格 C4 之间相差 2 列 3 行，若将此公式复制到 D5，此时公式会自动变为"=B2"，其结果是单元格 B2 中的数值为 3，因为 B2 与 D5 之间也相差 2 列 3 行。

图 4-28　公式复制对相对引用的影响

2）绝对引用

绝对引用，就是指公式中单元格地址是固定不变的。绝对引用是在列标和行号前都加美元符号$，如$B$2，$C$5。如果公式中使用绝对引用，那么不管公式复制到哪个单元格中，公式中引用的单元格地址都不会改变。

例如，在 C4 单元格中的公式是"=$A$1"，结果是 A1 单元格的数值为 1，将此公式复制到 D5，D5 中的公式依然为"=$A$1"，结果还是 A1 单元格的数值为 1。

3）混合引用

混合引用指的是在一个单元格引用中，既有绝对引用，也有相对引用。即混合引用绝对列和相对行，或是绝对行和相对列。绝对列引用采用$A1 形式，绝对行引用采用 A$1 形式。如果公式所在单元格的位置改变，则相对引用改变，而绝对引用不变。

例如，在 C4 单元格中的公式是"=$A1"，结果是 A1 单元格的数值为 1，将此公式复制到 D5，D5 中的公式变为"=$A2"，结果是 A2 单元格的数值为 2。若 C4 单元格中的公式是"=A$1"，结果是 A1 单元格的数值为 1，将此公式复制到 D5，D5 中的公式变为"=B$1"，结果是 B1 单元格的数值为 2。

又例如，在 C4 单元格中的公式是"=$A1+$B$2-C$1"，结果是 1，将此公式复制到 D5，D5 中的公式变为"=$A2+$B$2-C$1"，结果是 2。

4）引用其他工作表和工作簿

若引用的单元格在当前工作簿的其他工作表中，则引用方法为：工作表名! 单元格地址。如要引用 Sheet2 工作表中的 A1:A3 区域，其引用为 Sheet2! A1:A3。

若引用的单元格区域在其他工作簿中，则引用方法为'工作簿路径[工作簿名]工作表名'! 单元格地址。例如，'F:\[成绩表.xls]sheet'! A1:A3。

4.3.2　使用函数

1．认识函数

函数可以理解成预先定义好的公式，通过使用一些称为参数的特定数值按特定的顺序或结构执行计算。函数的一般形式为"函数名( )"，括号内是参数。参数可以是数字、文本、逻辑值（例如 TRUE 或 FALSE）、数组、错误值（例如 #N/A）或单元格引用，也可以是公式或其他函数。指定的参数都必须为有效参数值。函数可用于执行简单或复杂的计算。

公式和函数既有联系又有区别。公式是由用户自行设计的对工作表中数据进行计算和分析的一串算式，而函数只是用于公式中帮助公式按照特定算法进行计算的小模块，公式里面可以使用函数，也可以不使用函数。

使用函数可以简化和缩短公式。如求 A1 到 A500 单元格中值的平均值，用公式计算，其算式为 "=(A1+A2+A3+A4+A5+A6+A7+A8+A9+A10+A11+A12…+A500)/500"。若用函数则为 "=AVERAGE(A1:A500)"。使用函数还可完成公式无法完成的计算。如求一组数中的最大值，可用函数 MAX 实现。如 "=MAX（A1:A500）"。

在公式中灵活地使用函数，可以极大地提高公式解决问题的能力，轻松胜任各种复杂的计算任务，从而提升 Excel 对数据的处理和分析能力。

2．函数的输入

在 Excel 中，函数输入的方法有两种：手工输入和利用函数向导输入。手工输入需要记住函数的名称、参数和作用。利用向导输入则不需去记那函数的名称、参数和参数顺序。

下面以求和函数 SUM 的输入为例说明函数的两种输入方法。SUM 函数用于计算单个或多个参数之和。语法为：SUM（X1,X2…），其中 X1，X2……为 1 到 30 个需要求和的参数，可以是数值或单元格名称。

1）手工输入

对于一些简单的函数，可以用手工输入的方法。手工输入的方法同在单元格中输入公式的方法一样，可以先在编辑栏中输入等号 "="，然后输入函数语句。

【例】计算图 4-27 中的学生成绩表中郑旒的总分。

使用 SUM 函数，操作如下：

（1）单击单元格 F8，在编辑栏中输入 "=SUM(C3:E3)"。

（2）按【Enter】键或单击编辑栏中的√按钮，F8 单元格中即出现数值 158。

2）在功能区中选择函数

如果不知道函数名及函数参数时，可以通过功能区选择函数进行操作。

在上例中，在功能区选择函数的操作步骤为：

（1）单击单元格 F8。

（2）在"公式"选项卡的"函数库"组中，单击"自动求和"按钮。

（3）按住左键不放拖动，选择需要计算的单元格区域。

（4）按【Enter】键确认。

3）利用函数向导输入

对于较复杂的函数或参数较多的函数，使用函数向导来输入会更容易。"插入函数"对话框显示函数的名称、各个参数、函数功能和参数说明、函数的当前结果和整个公式的当前结果，有助于理解函数的功能、参数的作用。使用向导可以保证输入的函数拼写正确，同时还可以提供正确次序和个数的参数。

在【例】中，用函数向导操作步骤为：

（1）选择 F8 单元格。

（2）单击编辑栏的"f_x"按钮，也可使用"插入"菜单中的"函数"命令。

（3）在"插入函数"对话框中选择"SUM"，如图 4-29 所示。

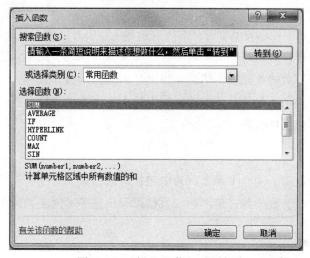

图 4-29　"插入函数"对话框

（4）在 number1 框中输入 C8:E8，如图 4-30 所示。

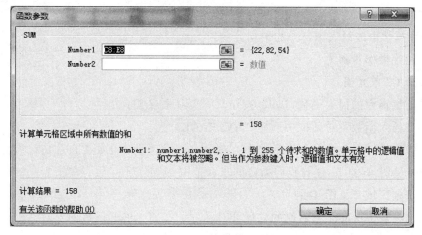

图 4-30　函数参数对话框

（5）单击"确定"按钮。返回工作表窗口，此时在 F8 中将显示郑旒的总分。

需要指出，函数的参数有必选与可选之分。在计算求和的对话框中，number1为必选项，而number2却不是。必选的参数要求用户必须输入数值才能构成这个函数。

注意：在步骤d中，代替在number1中用键盘输入区域范围，也可直接在工作表中用鼠标选定区域范围。操作如下：

（1）单击参数（number1,number2…）框右侧的"折叠对话框"按钮，此时函数向导对话框缩小。

（2）在工作表中选定区域C8:E8。

（3）单击参数（number1,number2…）框右侧的"展开对话框"按钮，展开函数向导对话框，此时求和区域自动填入number框。重复上述操作，可选定多个区域。

3．函数的修改

当函数输入有误时，可以将其删除，然后重新输入。但是如果函数中的参数输入错误时，则可以像修改公式一样修改函数中的常量参数，如果需要修改引用单元格地址参数，还可以先选择包含错误函数参数的单元格，然后在编辑栏中选择函数参数部分，此时作为该函数参数的引用单元格将以彩色边框显示，拖动鼠标光标在工作表中选择需要的函数参数地址即可快速修改函数的引用单元格参数。

4.3.3　常用函数

Excel 2010大约提供了400个函数，其中包括常用函数、财务、统计、文字、逻辑、查找与引用、日期与时间、数学与三角函数、数据库和信息等不同类别的函数。在这里介绍几个比较常用的函数。

1）AVERAGE求平均函数

功能：返回其参数的算术平均值。

语法为：AVERAGE(number1,number2, …)。number1, number2, …为用于计算平均值的1到255个数值参数。

【例】 计算学生成绩表中赵一的平均分。

用函数向导操作步骤为：

（1）选择G3单元格。

（2）单击编辑栏的插入函数"f_x"按钮。

（3）在"插入函数"对话框中选择"AVERAGE"。

（4）在弹出的"函数参数"对话框中，参数number1框中Excel自动估计需要的求和范围是D3:G3（见图4-31），这与我们需要的求和范围D3:E3不一致，单击右侧的"折叠对话框"按钮，选定区域（见图4-32）。

（5）单击参数number1框右侧的"展开对话框"按钮，展开函数向导对话框，此时求平均值区域自动填入number1框。

（6）单击"确定"按钮。返回工作表窗口。此时在G3中将显示赵一的平均分。

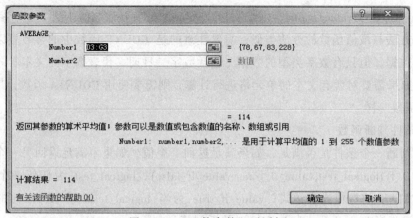

图 4-31　"函数参数"对话框

学生成绩表						
姓名	性别	语文	数学	英语	总分	平均分
赵一	男	88	74	78	240	80
钱迩	女	22	87	82	191	
孙毯	男	78	62	38	178	
李斯	男	60	78	65	203	
周舞	女	84	79	87	250	
郑旒	女	22	82	54	158	

G3　=AVERAGE(C3:E3)

图 4-32　选定函数参数

2）MAX 求最大值函数

功能：求出一组值中的最大值。

语法为：MAX(number1,number2, …)。number1,number2, …为准备从中求取最大值的 1 到 255 个数值、空单元格、逻辑值或文本数值。

【例】计算学生成绩表中数学的最高分。

具体步骤为：

（1）单击单元格 E9。

（2）在"公式"选项卡的"函数库"组中，单击"自动求和"按钮，在下拉菜单中选择"最大值（M）"命令。

（3）按【Enter】键，则 E9 单元格中即出现数值 87。

3）MIN 求最小值函数

功能：求出一组值中的最小值。

语法为：MIN(number1,number2, …)。number1,number2, …为准备从中求取最小值的 1 到 255 个数值、空单元格、逻辑值或文本数值。

使用方法与 MAX 类似。

4）COUNT 计数函数

功能：计算选择的单元格或区域的个数。

语法为：COUNT(value1,value2, ...)。value1,value2, ...为要计数的 1 到 255 个参数。

其使用方法与最值函数的方法类似，需要注意的是 COUNT 函数中的参数可以包含或引用各类型的数据，但只有数字类型的数据（包括数字、日期、代表数字的文本）才会被计算在结果中。如果需要对含有文本的单元格进行计算，则需要使用 COUNTA 函数，其使用方法和 COUNT 函数一样。

5）IF 条件判断函数

功能：判断一个条件是否满足，如果满足返回一个值，如果不满足返回另一个值。

语法为：IF(logical_test,value_if_true, value_if_false)。logical_test 为任何一个可判断为 TRUE 或 FALSE 的数值或表达式；value_if_true 为当 logical_test 为 TRUE 时的返回值；value_if_false 为当 logical_test 为 FALSE 时的返回值。

【例】判断李斯的数学成绩是否及格。

用函数向导操作步骤为：

（1）选择 D6 单元格。

（2）单击编辑栏的插入函数"f_x"按钮。

（3）在"插入函数"对话框中选择"IF"。

（4）在弹出的"函数参数"对话框中，logical_test 框中输入判断李斯的数学成绩是否及格的表格式"E9>=60"。value_if_true 框中输入，如果"E9>=60"成立应返回的值为"及格"，value_if_false 框中输入，如果"E9>=60"不成立应返回的值为"不及格"。如图 4-33 所示。

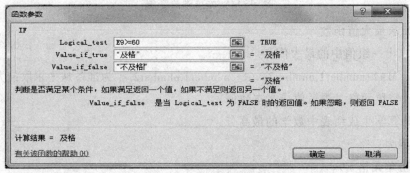

图 4-33　选定函数参数

6）RANK 排位函数

功能：返回某数字在一列数字中相对于其他数值的排位。

语法为：RANK(number,ref,order)。number 为在数据区域中进行比较的指定数据；ref 为一组数或对一个数据列表的引用；order 指定排位的方式，如果为零或忽略，降序；非零值，升序。

7）INT 取整函数

功能：取一个不大于该数本身的最大整数。

语法为：INT(number)。number 为需要进行取整的数。

【例】公式 "=INT(8.9)" 的结果是 8。

公式 "=INT(-8.9)" 的结果是-9。

8）ROUND 四舍五入函数

功能：按指定的位数对数值进行四舍五入。

语法为：ROUND(number,num_digits)。Number 为要四舍五入的数值；num_digits 为执行四舍五入时采用的位数。如果 num_digits 大于 0，则舍入到指定的小数位；如果 num_digits 等于 0，则舍入到最接近的整数；如果 num_digits 小于 0，则在小数点左侧进行四舍五入。

【例】公式 "=ROUND(27.56，1)" 的结果等于 27.6。

公式 "=ROUND(27.56，0)" 的结果等于 28。

公式 "=ROUND(27.56，-1)" 的结果等于 30。

9）LEFT、RIGHT 取子串函数

LEFT 函数

功能：从一个文本字符串的第一个字符开始，截取指定数目的字符。

语法为：LEFT(text,num_chars)。text 代表要截字符的字符串，可以直接输入含有目标文字的单元格名称；num_chars 代表给定的截取数目，必须大于或等于 0，如果忽略，则默认其为 1；如果 num_chars 大于文本长度，则 LEFT 返回所有文本。

【例】假定 A2 单元格中保存了某详细地址的字符串，在 B2 单元格中输入公式：=LEFT(A2,3)，确认后即显示出前三个的字符，如图 4-34 所示。

RIGHT 函数

功能：从一个文本字符串的最后一个字符开始，截取指定数目的字符。

语法为：RIGHT(text,num_chars)。text 代表要截字符的字符串；num_chars 代表给定的截取数目。

【例】如果在上例中，单元格 B2 输入的公式：=RIGHT(A2,3)，那么得到的结果如图 4-35 所示。

图 4-34　LEFT 函数示例

图 4-35　RIGHT 函数示例

10）PRODUCT 乘积函数

功能：求所有参数的乘积。

语法为：PRODUCT(number1,number2, ...)。number1, number2, ...为要计算乘积的 1 到 30 个数值、逻辑值或者代表数值的字符串。

【例】A1=20，B1=3，在 C1 中输入公式 "=Product(A1,B1)"，则 C1 中显示结果为 60。

11）RAND 随机函数

功能：用于返回（0，1）区间均匀分布随机实数。

语法为：RAND()。该函数没有任何参数。每次计算工作表时都将返回一个新的随机实数。

4.4　Excel 2010 的图表

4.4.1　图表概述

要建立 Excel 图表，首先需要对待建立图表的 Excel 工作表进行认真分析，一要考虑选取工作表中的哪些数据，即创建图表的可用数据；二要考虑用什么类型的图表；三要考虑对图表的内部元素，如何进行编辑和格式设置。只有这样，才能使创建的图表形象、直观，具有专业化和可视化效果。

创建一个专业化的 Excel 图表一般采用如下步骤：

（1）选择数据源：从工作表中选择创建图表的可用数据。

（2）选择合适的图表类型及其子类型：单击"插入"选项卡，打开包括"图表"功能组在内的功能区，图 4-36 所示为"图表"功能组。

"图表"功能组主要用于创建各种类型的图表，创建方法分 3 种：

- 如果已经确定需要创建某种类型的"图表"，如"饼图"，则单击"饼图"的下三角按钮，打开其下拉列表，单击某选项选择一个"子类型"，如图 4-37 所示。

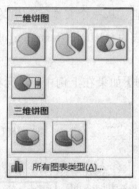

图 4-36　"图表"功能组　　　　　　　　图 4-37　饼图的下拉列表

- 如果创建的图表不在"图表"功能组前 6 种：柱形图、折线图、饼图、条形图、面积图、散点图，则可单击"其他图表"按钮，从其下拉列表中选择某种图表类型及其子类型。

- 单击"图表"功能组右下角的对话框启动器按钮，或通过单击某图表按钮，从其下拉列表中选择"所有图表类型"选项命令，则打开"插入图表"对话框，如图 4-38 所示，然后在对话框中选择某种图表类型及其子类型，最后单击"确定"按钮。

通过如上 3 种方法创建的图表仅为一个没有经过编辑和格式设置的初始化图表。

（3）对如上第 2 步创建的初始化图表进行编辑和格式化设置以满足自己的需要。

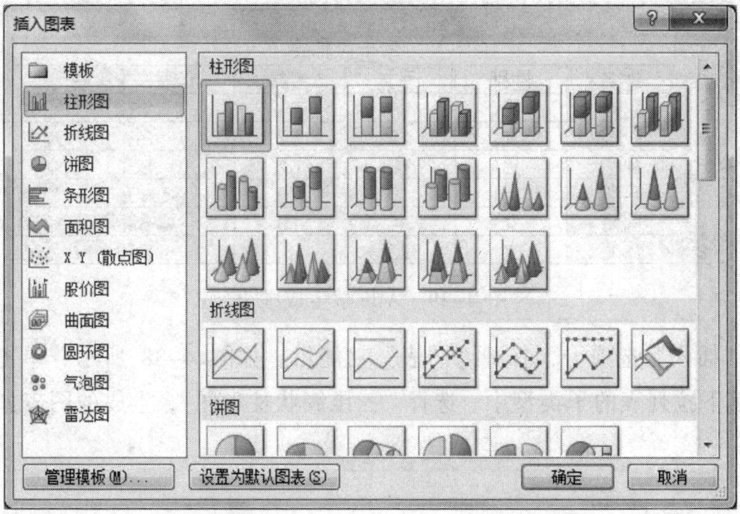

图 4-38　"插入图表"对话框

如图 4-38 所示，Excel 2010 中提供了 11 种图表类型，每一种图表类型中又包含了少到几种多到十几种不等的若干子图表类型，我们在创建图表时需要针对不同的应用场合和不同的使用范围，选择不同的图表类型及其子类型。为了便于大家创建不同类型的图表，以满足不同场合的需要，下面对 11 种图表类型及其用途作简要说明

- 柱形图：用于比较一段时间中两个或多个项目的相对大小。
- 折线图：按类别显示一段时间内数据的变化趋势。
- 饼图：在单组中描述部分与整体的关系。
- 条形图：在水平方向上比较不同类型的数据。
- 面积图：强调一段时间内数值的相对重要性。
- XY（散点图）：描述两种相关数据的关系。
- 股价图：综合了柱形图的折线图，专门设计用来跟踪股票价格。
- 曲面图：当第三个变量变化时，跟踪另外两个变量的变化，是一个三维图。
- 圆环图：以一个或多个数据类别来对比部分与整体的关系，在中间有一个更灵活的饼状图。
- 气泡图：突出显示值的聚合，类似于散点图。
- 雷达图：表明数据或数据频率相对于中心点的变化。

4.4.2　创建初始化图表

下面我们以一个学生成绩表为例说明创建初始化图表的过程。

【例】根据图 4-39 所示的 A 班学生成绩表，创建每位学生三门课成绩的三维簇状柱形图表。

操作步骤如下：

（1）选定要创建图表的数据区域，如图 4-39 所示，所选区域为 A2:A8 和 C2:F8。

	A	B	C	D	E	F
1	学生成绩表					
2	姓名	性别	语文	数学	英语	总分
3	赵一	男	88	74	78	240
4	钱迩	女	22	87	82	191
5	孙毯	男	78	62	38	178
6	李斯	男	60	78	65	203
7	周舞	女	84	79	87	250
8	郑旎	女	22	82	54	158

图 4-39　A 班学生成绩表

（2）单击"插入"选项卡，打开"图表"功能组，如图 4-38 所示，单击"柱形图"下三角按钮，从其下拉列表的子类型中，选择"三维簇状柱形图"，生成的图表如图 4-40 所示。

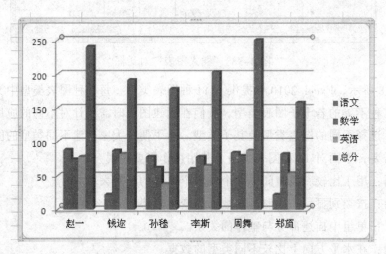

图 4-40　简单三维簇状柱形图

【例】根据图 4-39 所示的 A 班学生成绩表，创建郑旎同学三门课成绩的分离型三维饼图。

操作步骤如下：

（1）选择数据源：按照题目要求只需选择姓名、语文、数学、英语和总分 4 个字段关于郑旎的记录，即选择"A2:A8:C2:F8,"这些不连续的单元格和单元格区域，如图 4-41 所示。

	A	B	C	D	E	F
1	学生成绩表					
2	姓名	性别	语文	数学	英语	总分
3	赵一	男	88	74	78	240
4	钱迩	女	22	87	82	191
5	孙毯	男	78	62	38	178
6	李斯	男	60	78	65	203
7	周舞	女	84	79	87	250
8	郑旎	女	22	82	54	158

图 4-41　选择"数据源"

（2）选择图表类型及其子类型：在"图表"功能组单击"饼图"的下三角按钮打开其下拉列表，如图 4-38 所示，再选择分离型三维饼图，如图 4-42 所示。

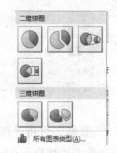

图 4-42　选择"分离型三维饼图"

单击"分离型三维饼图"选项，生成的图表如图 4-43 所示。将鼠标指针定位在图表上，按住鼠标左键拖移，可将图表移动到需要的位置。将鼠标指针定位在图表边框或图表的视窗角上呈双箭头显示时，按住鼠标左键拖移，可以调整图表的大小。

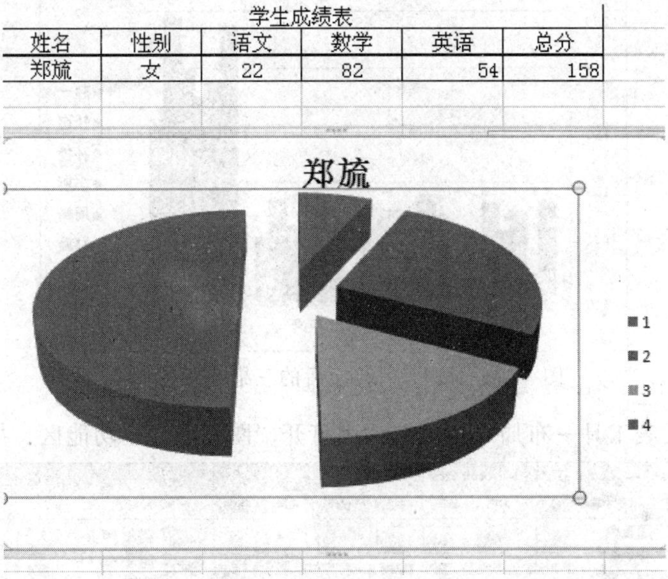

学生成绩表					
姓名	性别	语文	数学	英语	总分
郑旒	女	22	82	54	158

图 4-43 分离型三维饼图

4.4.3　图表的编辑和格式化设置

初始化图表建立以后，往往还不能满足要求，因此常常还需要使用"图表工具"功能区的相应工具按钮，或者在图表区右击的快捷菜单中，选择相应的命令，从而对初始化图表进行编辑和格式化设置。

为了对图表进行编辑和格式化设置，下面我们首先介绍"图表工具"功能区如何打开以及图表功能区的常用工具按钮的作用。

只要单击选中图表或图表区的任何位置，则立即弹出"图表工具"选项卡，如图 4-44 所示。

图 4-44　"图表工具"功能选项卡

（1）单击"图表工具→设计"功能选项卡，则打开"图表设计"功能区，如图 4-45 所示。

"图表设计"功能区包括"类型""数据""图表布局""图表样式"和"位置"，共 5 个功能组。

"类型"组用于重新选择图表类型和另存为模板。

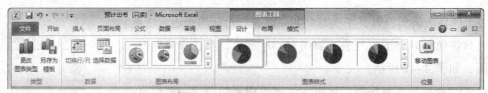

图 4-45 "图表设计"功能区

"数据"组用于按行或者是按列产生图表以及重新选择数据源。

单击"切换行/列"按钮，将图 4-40 中的"图例"即课程转换成了"横坐标"，将原"横坐标"即姓名转换成了"纵坐标"，在此为"图例"。转换后的效果如图 4-46 所示。

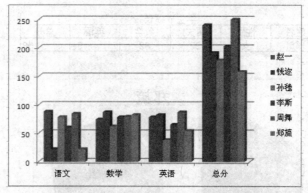

图 4-46 按行/列转换后的三维簇状柱形图

（2）单击"图表工具→布局"选项卡，则打开"图表布局"功能区，如图 4-47 所示。

图 4-47 "图表布局"功能区

"图表布局"功能区包括"当前所选内容""插入""标签""坐标轴""背景""分析"和"属性"，共 7 个功能组。

- "当前所选内容"功能组包括两个选项，"设置所选内容格式"选项用于对选定对象的格式设置；"重设以匹配样式"选项用于清除自定义格式，而恢复原匹配格式。
- "插入"功能组用于插入图片、形状和文本框等对象。
- "标签"功能组用于对图表标题、坐标轴标题、图例和数据标签等的设置。
- "背景"功能组用于"图表背景墙""图表基底"和"三维旋转"的设计。
- "分析"功能组主要用于一些复杂图表，如"折线图""股价图"等的分析，包括"趋势线""折线""涨/跌→柱线"和"误差线"等选项。
- "属性"功能组用于显示当前图表的名称，还可在"图表名称"文本框更改图表名称。

（3）单击"图表工具→格式"选项卡，打开"图表格式"功能区，如图 4-48 所示。

图 4-48 "图表格式" 功能区

"图表格式" 功能区包括 "形状样式" "艺术字样式" "排列" 和 "大小"，共 4 个功能组。

【例】对图 4-46 按如下格式进行设置：

- 选择 "图表区" 任意位置，在 "形状样式" 组中，选择 "细微效果·橙色，强调颜色 6"。
- 选中 "图例" -学生姓名文本框，在 "形状样式" 组中选择 "彩色填充·红色，强调颜色 2"。
- 选中 "横坐标" -课程名称文本框，在 "艺术字样式" 组，选择 "渐变填充·紫色，强调文字颜色 4，映像"
- 选中 "纵坐标轴" 文本框，在 "艺术字样式" 组中，选择与 "横坐标" 艺术字样式相同的艺术字。
- 单击 "图表工具→布局" 选项卡，在 "标签" 组单击 "图表标题"，在其下拉列表中选择 "图表上方" 选项，在添加的 "图表标题" 文本框中输入 "A 班学生成绩图表 "文字。并在" 艺术字样式 "组中，将其设置为 "渐变填充·灰色，轮廓·灰色"；在 "形状样式" 组中选择 "形状填充" 为 "文理" → "再生纸"。

4.5　Excel 2010 的数据处理

Excel 数据处理内容包括数据查询、排序、筛选、分类汇总等。另外，还有专门用于数据库计算的函数。

Excel 数据处理采用数据库表的方式，所谓数据库表方式，是指工作表中数据的组织方式与二维表相似，如图 4-49 所示，一个工作表由若干行和若干列构成，表中的第一行是每一列的标题，如 "学号" "姓名" 等，从第二行开始是具体的数据，表中的列相当于数据库中的字段，如 "学号" 字段，"姓名" 字段等，列标题相当于字段名称，如 "学号" 为 "学号字段 "的名称，每一行数据称为一条记录。所以一个工作表，可以看作一个数据库表。Excel 中的数据库表也称为数据清单或数据列表。工作表作为数据库表，在输入信息时必须遵守以下规定：

- 字段名称：必须在数据库的第一行输入字段名称（即列标题），例如，"学号" "姓名" 等。字段名称一般用大写字母或汉字。
- 记录：每一个记录必须占据一行。同一列数据必须包含同一类型的信息。图 4-49 所示工作表共包含 7 个记录。

	A	B	C	D	E	F	G
1	学号	姓名	语 文	数 学	英 语	化 学	物 理
2	201011	王兰兰	87	89	85	76	80
3	201012	张 雨	57	78	79	46	85
4	201013	夏林虎	92	68	98	70	76
5	201014	韩 青	80	98	78	67	87
6	201015	郑 爽	74	78	83	92	92
7	201016	程雪兰	85	68	95	55	83
8	201017	王 瑞	95	52	87	87	68

图 4-49　Excel 工作表及表中数据

4.5.1　数据清单

数据清单是包含相关数据的一系列工作表数据行，数据清单可以像数据库表一样使用，单独的一行称为一条记录，单独的一列称为一个字段。

为了利于 Excel 检测数据清单，不影响排序与搜索，创建数据清单时要注意以下规则：

- 每张工作表仅使用一个数据清单。
- 不要在数据清单中放置空行和空列。
- 单元格开头和末尾不要插入多余的空格。

数据清单是指工作表中包含相关数据的一系列数据行，可以理解成工作表中的一张二维表格。

在执行数据库操作，如排序、筛选或分类汇总等时，Excel 会自动将数据清单视为数据库表，并使用下列数据清单元素来组织数据：

- 数据清单中的列是数据库表中的字段。
- 数据清单中的列标题是数据库表中的字段名称。
- 数据清单中的每一行对应数据库表中的一条记录。

数据清单应该尽量满足下列条件：

- 每一列必须要有列名，而且每一列中的数据必须是相同类型的。
- 避免在一个工作表中有多个数据清单。
- 数据清单与其他数据之间至少留出一个空白列和一个空白行。

4.5.2　数据排序

数据排序是指按一定规则对数据进行整理、排列。数据表中的记录按用户输入的先后顺序排列以后，在阅读数据时，往往需要按照某一属性（列）顺序显示。例如，在学生成绩表中，统计成绩时，常常需要按成绩从高到低或从低到高显示，这就需要对成绩进行排序。用户可对数据清单中一列或多列数据按升序（数字 1→9，字母 A→Z）或降序（数字 9→1，字母 Z→A）排序。数据排序分为简单排序和多重排序。

1. 简单排序

简单排序是使用"数据"选项卡中的"排序和筛选"功能组的相应功能按钮来实现的，如图 4-50 所示。

【例】在 B 班学生成绩表中要求按英语成绩由高分到低分进行降序排序。

操作方法如下：

（1）首先单击 B 班学生成绩表中"英语"所在列的任意一个单元格。

图 4-50　"排序和筛选"组

（2）然后单击"数据"选项卡，打开"排序和筛选"功能组，如图 4-50 所示。。

（3）在"排序和筛选"功能组，单击"Z→A"按钮即为降序。排序前如图 4-51 所示，排序后如图 4-52 所示。

学号	姓名	语文	数学	英语	化学	物理
201011	王兰兰	87	89	85	76	80
201012	张　雨	57	78	79	46	85
201013	夏林虎	92	68	98	70	76
201014	韩　青	80	98	78	67	87
201015	郑　爽	74	78	83	92	92
201016	程雪兰	85	68	95	55	83
201017	王　瑞	95	52	87	87	68

图 4-51　排序前的工作表

学号	姓名	语文	数学	英语	化学	物理
201013	夏林虎	92	68	98	70	76
201016	程雪兰	85	68	95	55	83
201017	王　瑞	95	52	87	87	68
201011	王兰兰	87	89	85	76	80
201015	郑　爽	74	78	83	92	92
201012	张　雨	57	78	79	46	85
201014	韩　青	80	98	78	67	87

图 4-52　排序后的工作表

2．多重排序

使用"排序和筛选"功能组的"A→Z"按钮或"Z→A"按钮只能按一个字段进行简单排序。有时候排序的字段会出现相同数据项，这个时候就必须要按多个字段进行排序，即多重排序。多重排序就一定要使用对话框来完成。在 Excel2010 中，为用户提供了多级排序：主要关键字、次要关键字、次要键字、…等，每个关键字就是一个字段，每一个字段均可按"升序"即递增方式，或"降序"即递减方式进行排序。

【例】在 B 班学生成绩表中，要求先按数学成绩由低分到高分进行排序，若数学成绩相同时再按学号由小到大进行排序。

操作步骤如下：

选定 B 班学生成绩表中的任一单元格。

（1）单击"数据"选项卡，打开"排序和筛选"功能组。

（2）单击"排序"按钮，打开"排序"对话框，如图 4-53 所示。

图 4-53 "排序"对话框

（3）在"主要关键字"下拉列表框中，选择排序的主关键字，如"数学"，再在右边选中"升序"或"降序"单选按钮，本例选中"升序"单选按钮。

（4）在"次要关键字"下拉列表框中，选择排序的次要关键字，如"学号"，并指定排序方式，本例选中"升序"单选按钮。

（5）用户还可以根据自己的需要再指定"次要关键字"，本例无须再选择次要关键字。设置完成后，单击"确定"按钮。排序结果如图 4-54 所示。

学号	姓名	语文	数学	英语	化学	物理
		B班学生成绩表				
201017	王 瑞	95	52	87	87	68
201013	夏林虎	92	68	98	70	76
201016	程雪兰	85	68	95	55	83
201012	张 雨	57	78	79	46	85
201015	郑 爽	74	78	83	92	92
201011	王兰兰	87	89	85	76	80
201014	韩 青	80	98	78	67	87

图 4-54 多重排序结果

4.5.3 数据的分类汇总

数据的分类汇总是指对数据清单中的某个字段中的数据进行分类，并对各类数据快速进行统计计算。Excel 提供了 11 种汇总类型，包括求和、计数、统计、最大、最小、平均值等，默认的汇总方式为求和。在实际工作中，常常需要对一系列数据进行小计和合计，这时可以使用 Excel 提供的分类汇总功能。

需要特别指出的是，在分类汇总之前，必须先对需要分类的数据项进行排序，然后再按该字段进行分类，并分别为各类数据的数据项进行统计汇总。

【例】对图 4-55 所示的 C 班学生成绩表分别计算男生、女生的语文、数学的平均值。

操作步骤如下：

（1）首先对需要分类汇总的字段进行排序。在本例中需要对"性别"字段进行排序。即选择性别字段任意一个单元格，然后在"排序和筛选"功能组中单击"A→Z"或"Z→A"按钮即可。排序结果如图 4-55 所示。

	A	B	C	D	E	F
1		C班学生成绩表				
2	学号	姓名	性别	语文	数学	总分
3	2010001	张　山	男	68	84	152
4	2010003	罗　勇	男	72	69	141
5	2010005	王克明	男	63	56	119
6	2010006	李　军	男	75	74	149
7	2010009	张朝江	男	92	95	187
8	2010002	李茂丽	女	95	72	167
9	2010004	岳　华	女	89	94	183
10	2010007	苏　玥	女	89	88	177
11	2010008	罗美丽	女	78	86	164
12	2010010	黄蔓丽	女	95	85	180

图 4-55　C班学生成绩表

（2）单击"分级显示"功能组的"分类汇总"按钮，打开"分类汇总"对话框，如图 4-56 所示。

（3）在"分类字段"下拉列表框中选择"性别"选项。

（4）在"汇总方式"下拉列表框中有求和、计数、平均值、最大、最小等，这里选择"平均值"选项。

（5）在"选定汇总项"列表框中选中"语文""数学"复选框，并同时取消其余默认的汇总项，如"总分"。

（6）单击"确定"按钮，完成分类汇总。结果显示如图 4-57 所示。

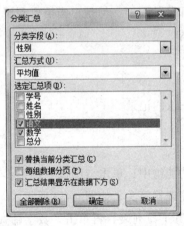

图 4-56　"分类汇总"对话框

	A	B	C	D	E	F
1		C班学生成绩表				
2	学号	姓名	性别	语文	数学	总分
3	2010001	张　山	男	68	84	152
4	2010003	罗　勇	男	72	69	141
5	2010005	王克明	男	63	56	119
6	2010006	李　军	男	75	74	149
7	2010009	张朝江	男	92	95	187
8			男 平均	74	75.6	
9	2010002	李茂丽	女	95	72	167
10	2010004	岳　华	女	89	94	183
11	2010007	苏　玥	女	89	88	177
12	2010008	罗美丽	女	78	86	164
13	2010010	黄蔓丽	女	95	85	180
14			女 平均	89.2	85	
15			总计平均	81.6	80.3	

图 4-57　按"性别"字段分类汇总的结果

分类汇总的结果通常按三级显示，可以通过单击分级显示区上方的三个按钮进行控制，单击"1"按钮只显示列表中的列标题和总的汇总结果，如图 4-58 所示；单击"2"按钮显示各个分类汇总的结果和总的汇总结果如图 4-59 所示。

1 2 3		A	B	C	D	E	F
1				C班学生成绩表			
2		学号	姓名	性别	语文	数学	总分
15					总计平均	81.6	80.3

图 4-58 单击"1"按钮的显示结果

1 2 3		A	B	C	D	E	F
1				C班学生成绩表			
2		学号	姓名	性别	语文	数学	总分
8				男 平均		74	75.6
14				女 平均	89.2	85	
15				总计平均	81.6	80.3	

图 4-59 单击"2"按钮的显示结果

在分级显示区中还有"+""−"等分级显示符号，其中"+"号按钮表示将高一级展开为低一级数据，"−"号按钮表示将低一级折叠为高一级的数据。单击上面的"+"号按钮，其显示结果如图 4-60 所示；单击下面的"+"号按钮，其显示结果如图 4-61 所示。

如果要取消分类汇总，可以在"分级显示"功能组中再次单击"分类汇总"按钮，在打开的"分类汇总"对话框中单击"全部删除"按钮即可。

1 2 3		A	B	C	D	E	F
1				C班学生成绩表			
2		学号	姓名	性别	语文	数学	总分
3		2010001	张 山	男	68	84	152
4		2010003	罗 勇	男	72	69	141
5		2010005	王克明	男	63	56	119
6		2010006	李 军	男	75	74	149
7		2010009	张朝江	男	92	95	187
8				男 平均		74	75.6
14				女 平均	89.2	85	
15				总计平均	81.6	80.3	

图 4-60 单击上面的"+"按钮的显示结果

1 2 3		A	B	C	D	E	F
1				C班学生成绩表			
2		学号	姓名	性别	语文	数学	总分
8				男 平均		74	75.6
9		2010002	李茂丽	女	95	72	167
10		2010004	岳 华	女	89	94	183
11		2010007	苏 玥	女	89	88	177
12		2010008	罗美丽	女	78	86	164
13		2010010	黄慧丽	女	95	85	180
14				女 平均	89.2	85	
15				总计平均	81.6	80.3	

图 4-61 单击下面的"+"按钮的显示结果

4.5.4 数据的筛选

筛选是指从数据清单中找出符合特定条件的数据记录。也就是把符合条件的记录显示出来，而把其他不符合条件的记录暂时隐藏起来。在 Excel 2010 中，提供了两种筛选方法：自动筛选和高级筛选。一般情况下，自动筛选就能够满足大部分的需要。但是，当需要利用复杂的条件来筛选数据时，就必须使用高级筛选才能达到目的。

1．自动筛选

自动筛选给用户提供了快速访问大数据清单的方法。

【例】在 D 班学生成绩表中显示"数学"成绩排在前三位的记录。

操作步骤如下：

（1）选定数据清单中的任意一个单元格，如图 4-62 所示。

（2）单击"数据"选项卡，在打开的"排序和筛选"功能组中，单击"筛选"按钮，这时在数据清单的每个字段名旁边显示出下三角箭头，此为筛选器箭头，如图 4-63 所示。

（3）单击"数学"字段名旁边的"筛选器箭头"，弹出其下拉列表，再单击"数字筛选"→"10 个最大的值"选项，打开"自动筛选前 10 个"对话框，如图 4-64 所示。

（4）在"自动筛选前 10 个"对话框中，指定"显示"的条件为"最大""3""项"。

（5）最后单击"确定"按钮，在数据清单中显示出数学成绩最高的三条记录，其他记录被暂时隐藏起来。被筛选出来的记录行号显示为蓝色，该列的列号右边的筛选器箭头也变成蓝色，筛选结果如图 4-65 所示。

图 4-62　D 班学生成绩表（数据清单）

图 4-63　含有"筛选器箭头"的数据清单

图 4-64　"自动筛选前 10 个"对话框

图 4-65　经过筛选以后的数据清单

【例】在 D 班学生成绩表中筛选出"英语"成绩大于 80 分并且小于 90 分的记录。

操作步骤如下：

（1）选定数据清单中的任一单元格，如图 4-62 所示

（2）按上例第 2 步操作，将数据清单置于筛选界面。

（3）单击"英语"字段名旁边的"筛选器箭头"，从打开的下拉列表中单击"数字筛选""→"自定义筛选"选项，打开"自定义自动筛选方式"对话框，在其中的一个输入条件中选择"大于"，在右边的文本框中输入"80"；另一个条件中选择"小于"，在右边的文本框中输入"90"，两个条件之间的关系选项中，选择"与"单选按钮，如图 4-66 所示。

（4）单击"确定"按钮，筛选出英语成绩满足条件，如图 4-67 所示。

图 4-66　"自定义自动筛选方式"对话框

图 4-67　筛选出英语成绩满足条件的记录

【例】在 D 班学生成绩表中，筛选出女生中"英语"成绩大于 80 分且小于 90 分的记录。

【分析】通过分析不难看出这是一个双重筛选的问题，上例已经通过"英语"字段，从 D 班学生成绩表中筛选出"英语"成绩大于 80 分且小于 90 分的记录，所以本例只需在上一例的基础上再进行"性别"字段的筛选。其方法步骤如下：

（1）单击"性别"字段名旁边的"筛选器箭头"，从其下拉列表中单击"文本筛选"→"等于"选项，打开"自定义自动筛选方式"对话框，如图 4-68 所示。

（2）在"等于"框右边的文本框中输入文字"女"。

（3）最后单击"确定"按钮，经双重筛选后的结果如图 4-69 所示

图 4-68 "自定义自动筛选方式"对话框

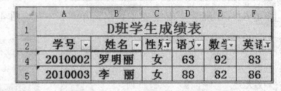

图 4-69 经双重筛选后的数据

说明：如果要取消自动筛选功能，只需再次单击"数据"选项卡，在打开的"排序和筛选"功能组中再次单击"筛选"按钮，则数据表中字段名右边的箭头就会消失，数据表被还原，从而取消自动筛选功能。

2．高级筛选

下面我们通过实例来说明。

【例】在 D 班学生成绩表中筛选出语文成绩大于 80 分的男生的记录。

【分析】要将符合两个及两个以上不同字段的条件的数据筛选出来，倘若使用自动筛选来完成，需要对"语文"和"性别"两个字段分别进行筛选，即双重筛选来完成。双重筛选的方法与上两例相似，在此不再阐述。

如果使用"高级筛选"的方法来完成，则必须在工作表的一个区域设置"条件"，即"条件区域"。两个条件的逻辑关系有"与"和"或"的关系，在条件区域"与"和"或"的关系表达式是不同的，其表达方式如下：

"与"条件：将两个条件放在同一行，表示的是语文成绩大于 80 分的男生。如图 4-70 所示。

"或"条件：将两个条件放在不同行，表示的是语文成绩大于 80 分或者是男生。如图 4-71 所示。

操作步骤如下：

（1）输入条件区域：打开 D 班学生成绩表，在 B12 单元格输入"语文"，在 C12 单元格输入"性别"，在下一行的 B13 单元格输入">80"，在 C13 单元格输入"男"，如图 4-72 所示。

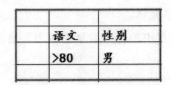

图 4-70　"与"条件排列图

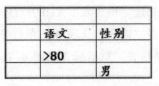

图 4-71　"或"条件排列图

（2）在如图 4-72 所示，工作表中选中 A2:F10 单元格区域或其中的任意一个单元格。

（3）单击"数据"选项卡，在打开的"排序与筛选"功能组中单击"高级"按钮，打开"高级筛选"对话框，如图 4-73 所示。

（4）在对话框中选中"将筛选结果复制到其他位置"单选按钮。

（5）如果列表区为空白，可单击"列表区域"右边的"拾取按钮"，用鼠标从列表区域的 A2 单元格拖动到 F10 单元格，输入框中出现"$A$2:$F$10"。

（6）再单击"条件区域"右边的"拾取按钮"，用鼠标从条件区域的 B12 拖动到 C13，输入框中出现"$B$12:$C$13"。

（7）再单击"复制到"右边的"拾取"按钮，选择筛选结果显示区域的第一个单元格 A14.

（8）单击"确定"按钮，筛选结果如图 4-72 所示。

图 4-72　"高级筛选"3 个单元格区域

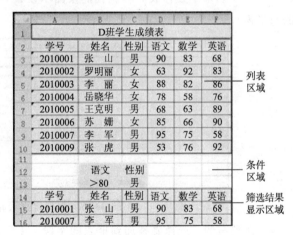

图 4-73　"高级筛选"对话框

4.5.5　数据透视表

数据透视表是比"分类汇总"更为灵活的一种数据统计和分析方法。它可以同时灵活变换多个需要统计的字段，这样来对一组数值进行统计分析，统计可以是求和、计数、最大值、最小值、平均值、数值计数、标准偏差、方差等。利用数据透视表可以从不同方面对数据进行分类汇总。

1. 创建数据透视表

下面通过实例来说明如何创建数据透视表。

【例】在图 4-74 所示的商品销售表中，对商品数量按照商品名和产地进行分类汇总。

操作步骤如下：

（1）首先选定销售表"A1:F9"区域中的任意一个单元格。

（2）单击"插入"选项卡，在打开的"表格"功能组中单击"数据透视表"按钮，打开"创建数据透视表"对话框，如图 4-75 所示。

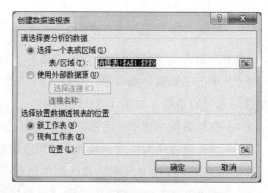

	A	B	C	D	E	F
1	产地	商品名	型号	单价	数量	金额
2	重庆	微波炉	WD800B	2900	400	1160000
3	天津	洗衣机	XQB30-3	4500	250	1125000
4	南京	空调机	KF-50LW	5600	200	1120000
5	杭州	微波炉	WD900B	2400	700	1680000
6	重庆	洗衣机	XQB80-9	3200	350	1120000
7	重庆	空调机	KFR-62LW	6000	400	2400000
8	南京	空调机	KF-50LE	4500	500	2250000
9	天津	微波炉	WD800B	2800	600	1680000

图 4-74　商品销售表　　　　　　　　图 4-75　"创建数据透视表"对话框

（3）对要分析的数据，可以是当前工作簿中的一个数据表，或者是一个数据表中的部分数据区域；甚至还可以是外部数据源。数据透视表的存放位置可以是现有工作表，也可以用新建一个工作表来单独存放。本例我们按图示设置后，单击"确定"按钮，打开图 4-76 所示的布局窗口。

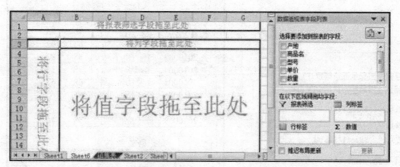

图 4-76　数据透视表布局窗口

（4）拖动右侧"选择要添加到报表的字段"栏中的按钮到"行"字段区上侧、"列"字段区上侧以及"数值区"上侧。本例将"商品名"拖动到"行"字段区，"产地"拖动到"列"字段区，"数量"拖动到"数值区"，结果示例如图 4-77 所示。

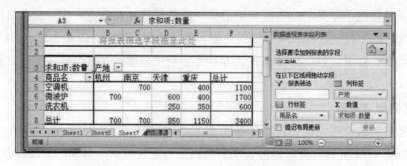

图 4-77　数据透视表操作结果

2. 数据透视表的编辑和格式化

只要单击选中数据透视表，则随即弹出"数据透视表工具"选项卡，它包含"选项"和"设计"两个选项。

单击"数据透视表工具→选项"选项卡，则打开如图 4-78 所示的"选项"功能区。

图 4-78　"数据透视表工具→选项"功能区

单击"数据透视表工具→设计"选项卡，则打开如图 4-79 所示的"设计"功能区。

图 4-79　"数据透视表工具→设计"功能区

数据透视表的编辑和格式设置，主要是通过这两个功能区的相应功能按钮进行设置，当然通过快捷菜单也可以完成相应的一些操作。

对如图 4-74 所示的数据透视表进行如下编辑和格式设置操作：

- 单击选中图 4-74 的数据透视表，在"设计"功能区的"数据透视表样式"组中，选择"数据透视表样式中等深浅 10"选项。
- 单击选中图 4-74 的数据透视表，在"选项"功能区的"工具"中，单击"数据透视图"按钮，打开"插入图表"对话框，选择"柱形图"→"三维簇状柱形图"，单击"确定"按钮。
- 单击选中数据透视图，弹出"数据透视图工具"选项卡，其下包括"设计""布局""格式"和"分析"四个选项。在"设计"功能区的"图表样式"组中选择"样式 2"选项。
- 在"布局"功能区的"背景"组中，单击"图表背景墙"按钮，在其下拉列表中，单击"其他背景墙选项"命令，打开"设置背景墙格式"对话框，然后选择"纹理填充"→"鱼类化石"；单击"图表基底"按钮，在其下拉列表中，单击"其他基底选项"命令，打开"设置基底格式"对话框，然后选择"纹理填充"→"绿色大理石"。
- 在"布局"功能区中，单击"标签"组的"图表标题"按钮，在其下拉列表中，单击"居中覆盖标题"选项命令，在弹出的文本框中输入文字"商品销售数量统计图"，文字设置适当大小；转入"格式"功能区的"艺术字样式"组中，选择"渐变填充-紫色，强调文字颜色 4，映像"选项。

- 分别选中"横坐标轴标题"文本框和"纵坐标轴刻度标识"文本框，文字设置适当大小；转入"格式"功能区的"艺术字样式"组中，选择和"图表标题"相同的艺术字样式。
- 选中"图例"，文字设置适当大小，在"格式"选项的"艺术字样式"组中，选择"填充–无，轮廓–强调文本颜色 2"选项。
- 选中图表区，单击"当前所选内容"组中的"设置所选内容格式"按钮，弹出"设置图表区格式"对话框，然后选择"纹理填充"→"花束"。
- 在"开始"功能区的"单元格"功能组，对单元格的"字体""对齐方式"和"填充"等格式进行设置。
- 调整数据透视表和数据透视图的相对位置和大小。

最后生成的数据透视表和数据透视图如图 4-80 所示。

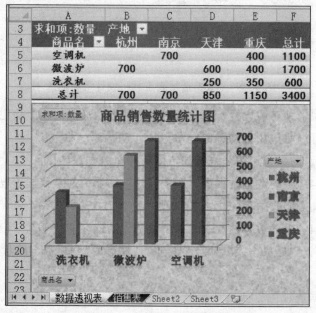

图 4-80　经过编辑和格式设置后的数据透视表和数据透视图

第 5 章 | PowerPoint 2010 演示文稿制作软件

5.1 PowerPoint 2010 概述

采用 PowerPoint 制作的文档称为演示文稿，扩展名为".pptx"。一个演示文稿由若干张幻灯片组成，因此演示文稿俗称"幻灯片"。幻灯片里可以插入文字、表格、图形、影片、声音等多媒体信息。演示文稿制成后将幻灯片以事先安排好的顺序播放，放映时可以配上旁白、辅以动画效果。

5.1.1 PowerPoint 2010 的基本功能和特点

1．方便快捷的文本编辑功能

在幻灯片的占位符中输入的文本，PowerPoint 会自动添加各级项目符号，层次关系分明，逻辑性强。

2．多媒体信息集成

PowerPoint 2010 支持文本、图形、艺术字、表格、影片、声音等多种媒体信息，而且排版灵活。

3．强大的模板、母版功能

使用模板和母版能快速生成风格统一，独具特色的演示文稿。模板提供了样式文稿的格式、配色方案、母版样式及产生特效的字体样式等，PowerPoint 2010 提供了多种美观大方的模板，也允许用户创建和使用自己的模板。使用母版可以设置演示文稿中各张幻灯片的共有信息，如日期、文本格式等。

4．灵活的放映形式

制作演示文稿的目标是展示放映，PowerPoint 提供了多样的放映形式。既可以由演说者一边演说一边操控放映，又可以应用于自动服务终端由观众操控放映流程，也可以按事先"排练"的模式在无人看守的展台放映。PowerPoint 2010 还可以录制旁白，在放映幻灯片时播放。

5．动态演绎信息

动画是 PowerPoint 演示文稿的一大亮点，PowerPoint 2010 可以设置幻灯片的切换动画、幻灯片内各对象的动画，还可以为动画编排顺序设置动画路径等。生动形象的动画可以起到强调、吸引观众注意力的效果。

6．多种形式的共享方式

PowerPoint 2010 提供多种演示文稿共享方式，如"使用电子邮件发送""以 PDF/XPS 形式发送""创建为讲义""广播幻灯片""打包到 CD"等功能

7．良好的兼容性

PowerPoint 2010 向下兼容 PowerPoint 97–2003 版本的 ppt、pps、pot 文件，可以打开多种格式的 Office 文档、网页文件等，保存的格式也更加丰富。

5.1.2　PowerPoint 2010 的工作界面

1．PowerPoint 2010 的启动与退出

1）启动 PowerPoint 2010

启动 PowerPoint 2010 常用以下几种方法：

（1）单击任务栏的"开始"菜单按钮，选择"所有程序"→"Microsoft Office"→"Microsoft Office PowerPoint 2010"。

（2）桌面上有 PowerPoint 2010 的快捷方式，则双击该快捷图标可以启动 PowerPoint 2010。

（3）双击一个 PowerPoint 文件，则启动 PowerPoint 2010 之后打开该文件。

2）PowerPoint 2010 的退出

退出 PowerPoint 2010 有以下几种方法：

（1）单击 PowerPoint 2010 窗口右上角的"关闭"按钮。

（2）选择功能区左上角的"文件"→"退出"命令。

（3）单击 PowerPoint 2010 窗口左上角的"控制"图标，在弹出的控制菜单中选择"关闭"命令，或者直接双击该控制图标。

（4）按【Alt+F4】组合键。

2．PowerPoint 2010 的窗口组成

PowerPoint 2010 的窗口如图 5–1 所示，它与 Word 有一些相似之处。

1）标题栏

标题栏位于窗口上方正中间，用于显示正在编辑的文档的名字和软件名，如果打开了一个已有的文件，该文件的名字就会出现在标题栏上。

2）窗口控制按钮

与普通文件窗口类似，最右端有"最小化""最大化/还原"和"关闭"三个按钮。

3）快速访问工具栏

与 Word 类似，快速访问工具栏一般位于窗口的左上角，通常放一些常用的命令按钮如"保存""撤销"，单击右边的下三角按钮，打开下拉菜单，可以根据需要添加或者删除常用命令按钮。最左边红色图标为窗口控制按钮。

4）功能区与选项卡

与 Word 类似，功能区上方是"文件""开始""插入"等选项卡，单击不同选项卡功能区将展示不同命令。有时为了扩大幻灯片的编辑区域，可使用功能区右上方的上/下箭头标志

的按钮（帮助按钮左侧），展开或关闭功能区。

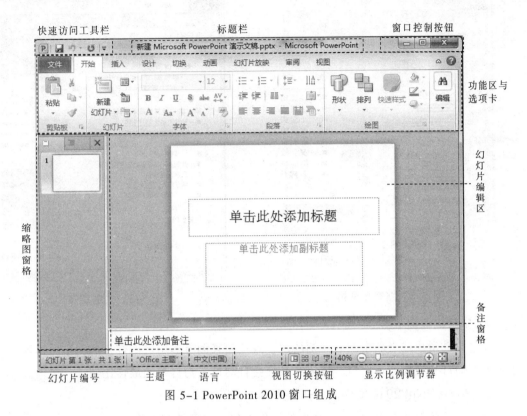

图 5-1 PowerPoint 2010 窗口组成

5）幻灯片编辑区

幻灯片编辑区又名"工作区"，是 PowerPoint 的主要工作区域，在此区域可以对幻灯片进行各种操作，如添加文字、图形、影片、声音，创建超链接、设置动画效果等。工作区只能同时显示一张幻灯片的内容。

6）缩略图窗格

缩略图窗格显示了幻灯片的排列结构，每张幻灯片前会显示对应编号，常在此区域编排幻灯片顺序。单击此区域中不同幻灯片，可以实现工作区内幻灯片的切换。

该窗格有"大纲"选项卡和"幻灯片"选项卡。单击"幻灯片"选项卡，各幻灯片以缩略图的形式呈现，如图 5-2 所示；单击"大纲"选项卡，大纲窗格仅显示各张幻灯片的文本内容，如图 5-3 所示，可以在此区域对文本进行编辑。

7）备注窗格

备注窗格也称为备注区，可以添加演说者与观众共享的信息或者供以后查询的其他信息。若需要向备注中加入图形，必须切换到备注页视图下操作。

8）视图切换按钮

通过单击视图切换按钮能方便快捷地实现不同视图方式的切换，从左至右依次是"普通视图""幻灯片浏览视图""阅读视图""幻灯片放映"按钮。

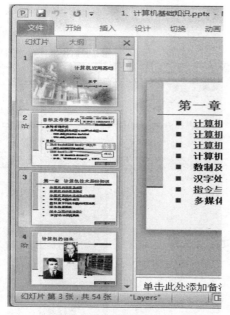

图 5-2　缩略图窗格

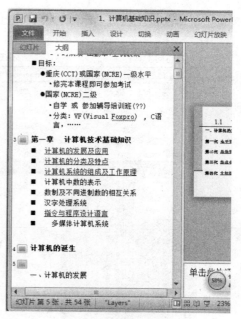

图 5-3　大纲窗格

9）显示比例调节器

通过拉动滑块或者单击左右两侧的加、减按钮来调节编辑区幻灯片的大小。建议单击右边的"使幻灯片适应当前窗口"按钮，系统会自动设置幻灯片的最佳比例。

3．PowerPoint 2010 文件的打开与关闭

演示文稿的打开与关闭与 Word 中的操作类似，这里就不再赘述。

5.1.3　PowerPoint 2010 的视图方式

所谓视图，即幻灯片呈现在用户面前的方式。PowerPoint 2010 提供了五种视图方式，其中常用的"普通视图""幻灯片浏览视图""阅读视图""幻灯片放映视图"可以通过单击 PowerPoint 程序窗口右下方的视图切换按钮进行切换（见图 5-1），而切换到"备注页视图"需要单击"视图"选项卡，在功能区选择"备注视图"来打开。

1．普通视图

普通视图是制作演示文稿的默认视图，也是最常用的视图方式，如图 5-1 所示，几乎所有的编辑操作都可以在普通视图下进行。它包括"幻灯片编辑区""大纲窗格"和"备注窗格"，拖动各窗格间的分隔边框可以调节各窗格的大小。

2．幻灯片浏览视图

幻灯片浏览视图占据整个 PowerPoint 文档窗口，如图 5-4 所示，演示文稿的所有幻灯片以缩略图方式显示。可以方便地完成以整张幻灯片为单位的操作，如复制、删除、移动、隐藏幻灯片、设置幻灯片切换效果等，这些操作只需要选中要编辑的幻灯片后右击，在弹出的快捷菜单中选择相应命令即可。幻灯片浏览视图不能针对幻灯片内部的具体对象进行操作，例如不能插入或编辑文字、图形，自定义动画。

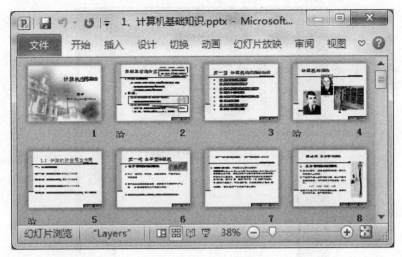

图 5-4 幻灯片浏览视图

3. 幻灯片放映视图

幻灯片放映视图向观众展示演示文稿的各张幻灯片，放映时幻灯片布满整个计算机屏幕，幻灯片的内容、动画效果等都将体现出来，但是不能修改幻灯片的内容。放映过程中按【Esc】键可立刻退出放映视图。在放映视图下右击鼠标，如图 5-5 所示，在快捷菜单中选择"指针选项"→"笔"命令，指针形状改变，切换成"绘画笔"形式，这时按住鼠标左键可以在屏幕上写字、做标记（此项功能对演说者非常有用）。在快捷菜单中还可以设置墨迹颜色、也可以用"橡皮擦"命令擦除标记。退出放映视图时，系统会弹出对话框，询问"是否保留墨迹注释"。

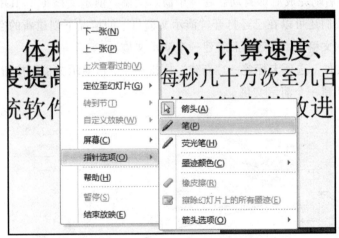

图 5-5 幻灯片放映视图下使用"绘画笔"

4. 备注页视图

备注页视图用于显示和编辑备注页内容，程序窗口没有对应的视图切换按钮，需要通过单击"视图"→"备注页"命令实现。备注页视图如图 5-6 所示，上方显示幻灯片，下方显示该幻灯片的备注信息。

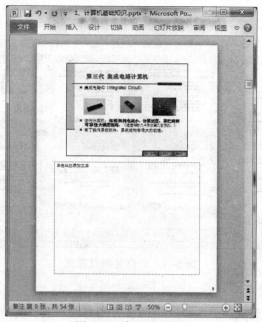

图 5-6　备注页视图

5.2　幻灯片基础操作

5.2.1　新建演示文稿

1. 创建空白演示文稿

PowerPoint 在启动完成后即自动新建一个演示文稿"演示文稿 1"，其中只包含 张标题幻灯片。此外，我们还可以在已经打开"演示文稿 1"的情况下创建新的空白演示文稿，下面我们将在"演示文稿 1"的基础上新建一个演示文稿。

依次单击"文件"选项卡标签→"新建"按钮→"空白演示文稿"按钮→"创建"按钮，如图 5-7 所示，新建一个演示文稿。

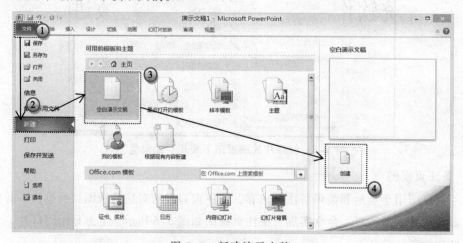

图 5-7　新建演示文稿

2．利用模板或主题创建演示文稿

利用模板和主题都可以创建具有漂亮格式的演示文稿。二者不同之处在于，利用模板创建的演示文稿通常带有相应内容，用户只需对这些内容加以修改便可快速设计出专业的演示文稿；而主题则是幻灯片背景、版式和字体等格式的集合。

要利用系统内置的模板或主题创建演示文稿，只需在新建界面中单击"样本模板"或"主题"按钮，然后在打开列表中选择需要的模板或主题，单击"创建"按钮即可。例如，单击"主题"按钮，在打开的列表中选择"奥斯汀"主题，再单击"创建"按钮，使用该主题创建演示文稿，如图 5-8 所示。

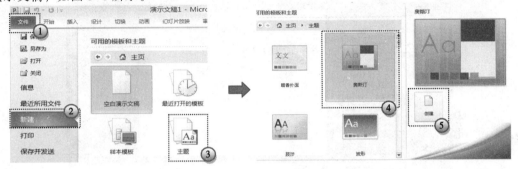

图 5-8　利用主题创建演示文稿

5.2.2　幻灯片的基本使用

1．使用占位符输入文本

在占位符中输入文本，只需先单击占位符再输入所需文本即可。先单击占位符再将鼠标指针移到边框线上，出现十字箭头形状时按下鼠标左键可将其选中，此时，边框线由虚线变成实线，然后按下鼠标左键的同时拖动占位符，可移动其位置。移动鼠标指针到其四周控制点上，鼠标指针变成双向箭头形状时按下鼠标左键并拖动，可更改其大小。图 5-9 所示为使用占位符输入幻灯片标题等文图的效果。

图 5-9　使用占位符输入幻灯片标题等文图

2.增加新幻灯片

当需要在演示文稿的某张幻灯片后面添加一张新幻灯片时，可以先在"导航窗格"的"幻灯片选项卡"下单击该幻灯片将其选中，然后单击功能区中"开始"选项卡上的"新建幻灯片"图标按钮 ，如图 5-10 所示。当然，也可以在选中该幻灯片后按【Enter】键或【Ctrl+M】组合键。

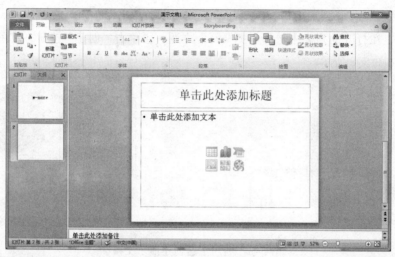

图 5-10　增加新幻灯片

3. 更改幻灯片版式

幻灯片版式主要用来设置幻灯片中各元素的布局（如占位符的类型、位置和大小）。默认情况下新建的幻灯片与第 1 张的版面不一样，其"占位符"的位置和大小不同。一般情况下新建幻灯片的版式为"标题和内容"，用户可在新建幻灯片时选择其他幻灯片版式（如图 5-11 所示，选择"节标题"版式），也可在创建好幻灯片后，选中该幻灯片，单击"开始"选项卡上"幻灯片"组中的"版式"命令项，在展开的列表中更改当前幻灯片版式，如图 5-12 所示。

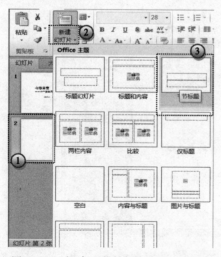

图 5-11　新建"节标题"版式幻灯片

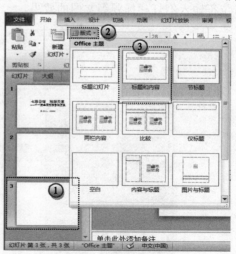

图 5-12　更改幻灯片版式

4．选择、复制和删除幻灯片

1）选择幻灯片

要选择单张幻灯片，只需在"导航窗格"的"幻灯片选项卡"下单击该幻灯片即可；要选择连续的多张幻灯片，可按住【Shift】键单击首尾两张幻灯片；要选择不连续的多张幻灯片，可按住【Ctrl】键依次单击要选择的幻灯片。其操作方法与选择其他 windows 文件的方法相似。

2）复制幻灯片

（1）右击第 1 张标题幻灯片的缩略图，在弹出的右键菜单中选择"复制"项。

需要注意的是，若在右键菜单中选择"复制幻灯片"项，则立即在当前幻灯片后粘贴一张与当前幻灯片相同的幻灯片。在这里我们的目的是把第一张幻灯片复制到指定位置，如使其成为第 3 张幻灯片，故应选择"复制"项，如图 5-13 所示。

（2）右击第 2 张幻灯片的缩略图或者将鼠标定位在第 2 张幻灯片与第 3 张幻灯片之间，右击，在弹出的快捷菜单中找到"粘贴选项"下的"使用目标主题"项并单击，则把第一张幻灯片按目标主题粘贴在第 2 张幻灯片之后，成为第 3 张幻灯片，如图 5-14 所示。

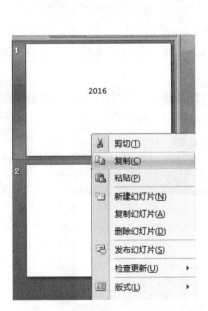

图 5-13　复制当前幻灯片到剪切板　　　　图 5-14　粘贴幻灯片到指定位置

需要注意"粘贴选项"下有不同的命令项代表按不同的方式粘贴。"使用目标主题"表示复制过来的幻灯片格式与目标位置格式一致；"保留原格式"表示复制过来的幻灯片保留原来的格式不变；"图片"表示复制过来的幻灯片以图片的形式粘贴在指定的幻灯片上。

3）删除幻灯片

右击第 3 张标题幻灯片的缩略图，在弹出的快捷菜单中选择"删除幻灯片"项即可。另外，也可先选中要删除的幻灯片缩略图，然后按【Delete】键。删除幻灯片后，系统自动调整幻灯片的编号，如图 5-15 所示。

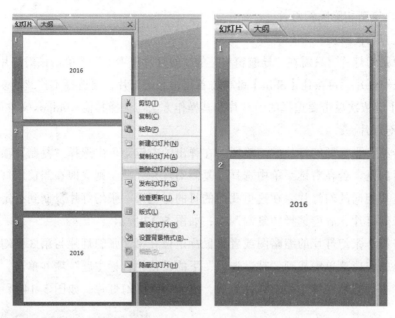

图 5-15　删除幻灯片

5．调整幻灯片顺序

制作好的演示文稿一般按照幻灯片在"导航窗格"中 "幻灯片选项卡"里的排列顺序进行播放。

如需调整幻灯片的排列顺序，可在导航窗格"幻灯片选项卡"中单击选中要调整顺序的幻灯片，然后按住鼠标左键将其拖到需要的位置即可。

拖动幻灯片调整顺序后，系统自动调整幻灯片的编号，如图 5-16 所示。

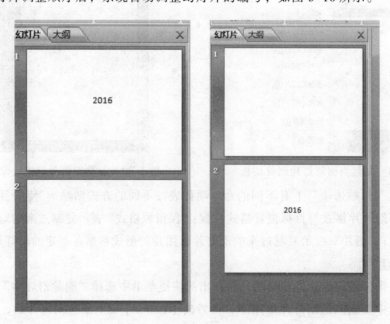

图 5-16　调整幻灯片顺序

5.2.3　保存演示文稿

　　演示文稿制作完成后需要进行保存，在快捷访问工具栏中单击　"保存"按钮 或者在功能区"文件"选项卡上单击"保存"项 保存，则弹出"另存为"窗口。可以在"另存为"窗口"文件名"栏中为当前演示文稿命名，若当前演示文稿首页为标题幻灯片版式且输入了标题文字，则该演示文稿文件名默认为标题文字。此外还可以改变保存位置、作者名称、保存位置等，如图 5-17 所示。

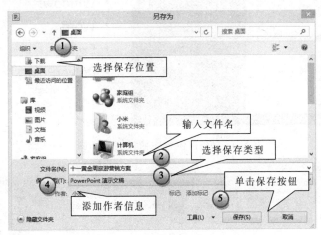

图 5-17　保存幻灯片

　　PowerPoint 2010 的默认文档格式为（*.pptx），这种格式在需要时可重新打开继续进行修改和处理，其他保存格式将在后续篇章中讲解。已经保存过的演示文稿经过修改需要更改文件名和存储路径的可以在功能区"文件"选项卡上单击"另存为"项 另存为，在弹出的窗口中进行相应更改。

5.3　文本的编辑与设置

5.3.1　添加文本

　　一般可以使用文本框和占位符来添加文本，还可以为幻灯片添加特殊符号，其中利用占位符添加文本在第 2 节中已经讲过，这里不再赘述。

　　可以在第 2 张幻灯片中的占位符中输入标题和内容作为复习，在第 3 张幻灯片中的占位符中输入过渡页标题"计算机基础知识"，如图 5-18 所示。

1．使用文本框添加文本

　　利用功能区"插入"选项卡上"文本"组中的"文本框"命令项可以灵活地在幻灯片的任何位置输入文本。文本框主要有两种：横排文本框和垂直文本框。横排文本框中的文字为横向排列，垂直文本框中的文字为竖排放置。插入横排文本框并在文本框中输入文本，如图 5-19 和图 5-20 所示。

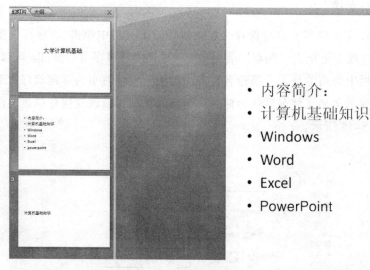

图 5-18　在占位符中输入标题和内容

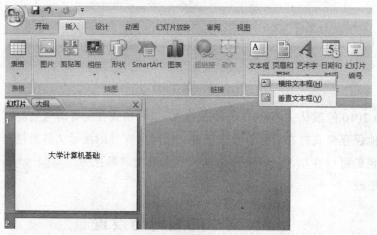

图 5-19　选中"横排文本框"命令项

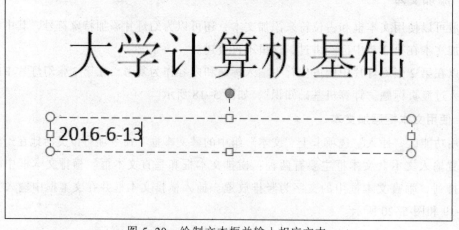

图 5-20　绘制文本框并输入相应文本

（1）在"幻灯片"选项卡中选中要添加文本框的幻灯片，如选中第一张标题幻灯片。然后单击"插入"选项卡→"文本"组中的"文本框"下拉小箭头→"横排文本框"命令项。

（2）在要插入文本框的位置按住鼠标左键不放并拖动，即可绘制一个文本框。

（3）在文本框中输入文字即可，例如：输入"2016-6-13"，如图 5-21 所示。

利用拖动方式绘制的是换行文本框。在换行文本框中输入文本时，当文本到达文本框的右边缘时将自动换行，此时若要开始新的段落，可按【Enter】键。此外，选择文本框命令项后，还可以在需要插入文本框的位置单击，则插入的是一个单行文本框。在单行文本框中输入文本时，文本框随输入文本自动向右扩展。若要换行，可按【Shift+Enter】组合键，或按【Enter】键开始一个新的段落。

默认情况下文本框没有边框，要设置边框，可先单击文本框边缘将其选中，然后单击"开始"选项卡上"绘图"组中的"形状轮廓"命令项右侧的三角按钮，在展开的列表中选择边框颜色和粗细等。同样，可以利用"绘图"组中的"形状填充"命令项来设置文本框的填充颜色和纹理等，如图 5-21 所示。此外，还可以利用右键菜单中的"设置形状格式"命令项来修改文本框格式。

图 5-21　设置文本框的边框为绿色

2．添加特殊符号

利用"符号"对话框可以输入键盘上没有的符号，如版权符号、商标符号、段落标记和 Unicode 字符等，如图 5-22 和图 5-23 所示。

（1）将插入符定位在要插入特殊符号的位置，例如第 3 张"节标题幻灯片"的节标题之后。

（2）在"插入"选项卡上单击"符号"组中的"符号"命令项，打开"符号"对话框。

（3）在"字体"下拉列表中选择字体。

（4）在下方的符号列表中选择要插入的符号。

（5）单击"插入"按钮，即可将其插入指定位置，单击"关闭"按钮关闭"符号"对话框即可。

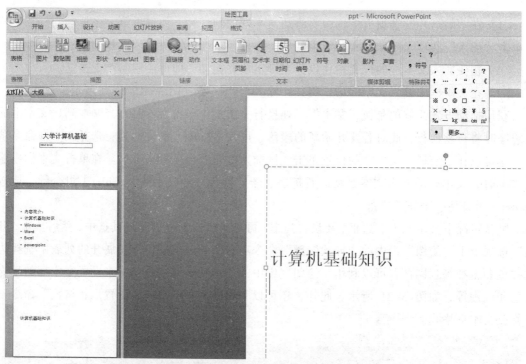

图 5-22 定位插入符并选择"符号"命令项

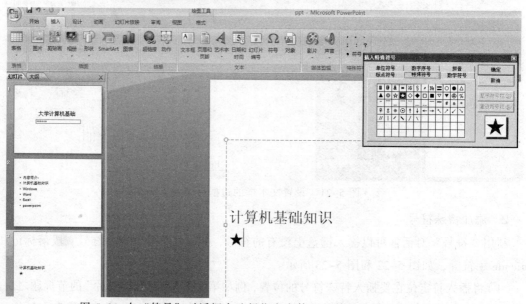

图 5-23 在"符号"对话框中选择指定字体下的符号并插入幻灯片中

5.3.2 编辑文本

1. 选择文本

（1）选择任意少量文本：将鼠标指针置于要选择文本的开始处，按住鼠标左键不放并拖动至要选择文本的末端时释放鼠标左键。

（2）选择任意大量文本：将鼠标指针置于要选择文本的开始处，按【Shift】键的同时单击要选择文本的末端。

（3）选中一个段落：在该段内的任意位置连续三次单击鼠标左键。

（4）选中所有文本：将鼠标置于文本框或者占位符中，按【Ctrl+A】组合键。

要设置文本框或占位符中所有文本的格式，还可单击文本框或占位符边缘将其选中。

2．移动与复制文本

在 PowerPoint 2010 中，我们可以利用拖动方式或"剪切""复制""粘贴"命令来移动或复制文本。其方法与 word2010 中对文本的移动与复制相类似，这里不再赘述。

3．查找与替换文本

（1）查找文本：要从某张幻灯片开始查找演示文稿的特定内容，需切换到该幻灯片，先在起始位置单击定位插入符，然后单击"开始"选项卡上"编辑"组中的"查找"命令项，打开"查找"对话框，在"查找内容"编辑框中输入要查找的内容，单击"查找下一个"按钮，系统将从插入符所在位置开始查找，然后停在第一次出现查找内容的位置，查找到的内容呈蓝色底纹显示。继续单击"查找下一个"按钮，系统将继续查找，并停在下一个出现查找内容的位置，如图 5-24 所示。

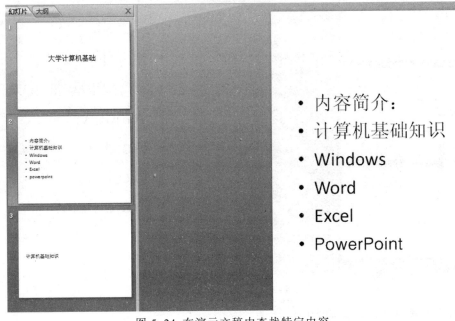

图 5-24　在演示文稿中查找特定内容

（2）替换文本：在"开始"选项卡上单击"替换"命令项，打开"替换"对话框，在"查找内容"编辑框中输入要查找的内容，如"内容简介"，在"替换为"编辑框中输入要替换为的内容，如"简介"，单击"查找下一个"按钮，系统将从插入符所在位置开始查找，停在第一次出现"内容简介"的位置，单击"替换"按钮，该处的"内容简介"被替换为"简介"，如图 5-25 所示。

图 5-25　在演示文稿中替换特定文本

5.3.3　设置文本格式

使用"开始"选项卡上"字体"组中的命令项，可快速设置文本的字符格式。使用"开始"选项卡上"段落"组中的命令项，可快速设置文本的段落格式。两者方法相似。下面以文本的字符格式设置为例，如图 5-26 所示。

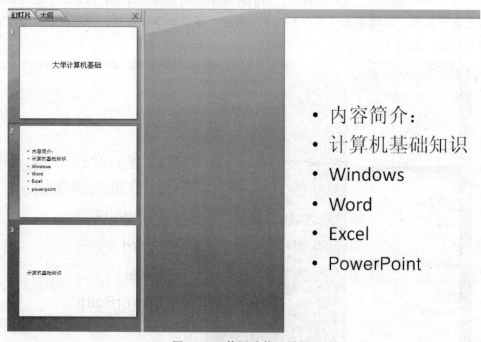

图 5-26　使用功能区设置

1．使用功能区中的相关命令项设置

（1）选中要设置字符格式的文本或文本所在文本框（占位符）；

（2）单击"开始"选项卡的"字体"组中的相关命令项，如设置字体为"微软雅黑"，加粗，颜色为绿色。

2．使用对话框设置

利用"字体"对话框不仅可以完成"字体"组中的所有字符设置功能，还可以分别设置中文和西文字符的格式，如图 5-27 所示。

图 5-27　在演示文稿中替换特定文本

（1）选中要设置字符格式的文本或文本所在文本框（占位符）；

（2）单击"开始"选项卡上的"字体"组右下角的对话框启动器按钮；

（3）在弹出的"字体"对话框中进行相应设置即可。

5.3.4　添加项目符号与编号

为了使描述的内容更加清楚、有条理，通常要使用项目符号与编号。项目符号与编号一般应用于文本框或占位符中的段落文本。

1．添加项目符号

（1）将插入符定位在要添加项目符号的段落中（一般定位在段首，如本例），或选择要添加项目符号的多个段落。

（2）单击"开始"选项卡上"段落"组中的"项目符号"命令项右侧的三角按钮。

（3）在展开的列表中选择一种项目符号，如图 5-28 所示。

图 5-28　为某段文本添加项目符号

2．添加编号

（1）将插入符定位在要添加项目符号的段落中（一般定位在段首），或选择要添加项目符号的多个段落，本例为选择多个段落。

（2）单击"开始"选项卡上"段落"组中的"编号"命令项右侧的三角按钮。

（3）在展开的列表中选择一种编号，如图 5-29 所示。

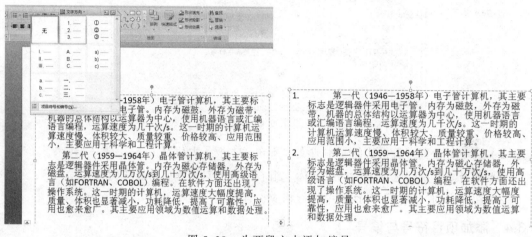

图 5-29　为两段文本添加编号

需要注意的是，若列表中没有所需项目符号或编号，或需要设置符号的大小和颜色时，可单击列表底部的"项目符号和编号"项，打开"项目符号和编号"对话框。若希望为段落添加图片项目符号，可单击对话框中"图片"按钮，打开"图片项目符号"对话框，在该对话框中可选择所需图片作为项目符号。若希望添加自定义项目符号，可在该对话框中单击"自定义"按钮，打开"符号"对话框，然后进行设置并确定，如图 5-30 所示。

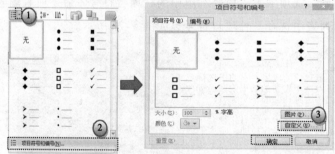

图 5-30　自定义项目符号和编号

5.3.5　使用大纲选项卡

大纲反映了演示文稿的整体结构及其主题内容，如图 5-31 所示。大纲包括标题和正文，每个主标题对应一张幻灯片，在大纲选项卡内编辑处理文本，可以更为方便地组织演示文稿。

需要注意的是，不同缩进级别的文字，属于大纲中不同级别的内容，且拥有预设的标题符号。只有占位符中的文本内容才能显示在大纲选项卡中，同样在大纲选项卡中输入的文本内容也会自动在幻灯片中生成占位符。在文本框中输入的文本无法显示在大纲选项卡中，我们也无法利用大纲选项卡对此类文本进行文本层次和级别的管理。

在"大纲选项卡"中使用【Enter】键、【Tab】键、【Shift + Tab】组合键和【Delete】键可以方便地组织演示文稿的主题结构和文字内容。

1．使用【Enter】键新建大纲文本

将插入符定位在某级别的文本之后按【Enter】键可以插入同级别的文本内容。

图 5-31　大纲视图

（1）将插入符定位在占位符中的一级大纲文本"PowerPoint"之后。

（2）按【Enter】键插入符自动另起一行准备插入新的同级别的文本内容。

（3）在插入符之后输入与"计算机基础知识"级别相同的一级大纲文本"计算机网络"，如图 5-32 所示。

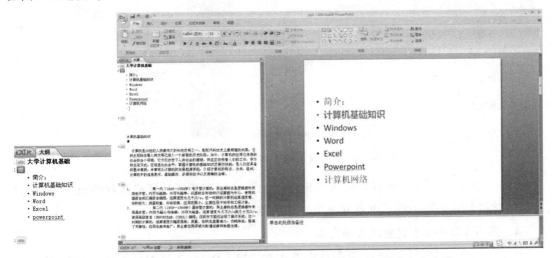

图 5-32　在大纲选项卡中使用【Enter】键插入同级别的文本内容

若插入符定位在主标题之后按【Enter】键则插入一张新幻灯片。

2．使用【Tab】键降级大纲文本

按下【Tab】键，可缩进当前文本为下一级别大纲文本。若文本为幻灯片主标题，将删除该幻灯片，把标题文字缩进为上一张幻灯片的一级大纲，如图 5-33 所示。

图 5-33　把一级大纲文本降为二级大纲文本

（1）将插入符定位在一级大纲文本"计算机基础知识"。

（2）按【Tab】键，"计算机基础知识"自动缩进一格，降为二级大纲文本，成为一级大纲文本"简介"的子内容。

3. 使用【Shift + Tab】组合键升级大纲文本

按下【Shift+Tab】组合键，可升级文本为上一级别的大纲内容。当文本为"文本占位符"中的最高级别即一级大纲文本时，将在当前幻灯片后插入一张以该文本为主标题的新幻灯片。把一级大纲文本升级为主标题，即新建一张幻灯片。

（1）将插入符定位在一级大纲文本"word"中。

（2）按【Shift + Tab】组合键，该文本被升级为主标题，并在当前幻灯片后插入一张以"word"为主标题的新幻灯片，如图5-34所示。

图 5-34　把一级大纲文本升级为主标题文本

用同样的方法，我们可以把插入符定位在二级大纲文本"计算机基础知识"中，按下【Shift + Tab】组合键，将其重新升级为一级大纲文本。

4. 使用【Delete】键删除大纲文本

如果需要删除某大纲文本，只需选中该文本，按【Delete】键即可删除，若选中的是主标题文本，则删除的是整张幻灯片及其内容，如图5-35所示。

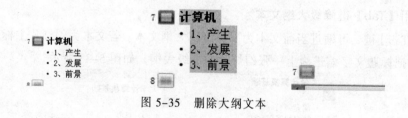

图 5-35　删除大纲文本

5.4　添加常用对象

为了使幻灯片更加丰富多彩、图文并茂，通常需要添加一些常用的对象，比如：形状、图片、艺术字、SmartArt图形、电子相册、表格、图表等，有时还需添加声音和影片。

5.4.1　使用形状

1．绘制形状

在 PowerPoint 中，利用"开始"选项卡"绘图"组中的形状列表，或者利用"插入"选项卡"插图"组中的"形状"命令项列表中的相应选项，可以轻松绘制各种形状，如图 5-36 所示。

图 5-36　形状列表和"形状"命令项

下面我们将在主标题下输入圆角矩形，如图 5-37 所示。

（1）选中第五张幻灯片为当前幻灯片。

（2）选择"插入"选项卡"插图"组中的"形状"命令项，展开形状列表，在形状列表中单击选择"圆角矩形"形状工具。

（3）在幻灯片中的空白区域按下鼠标左键并拖动进行绘制。

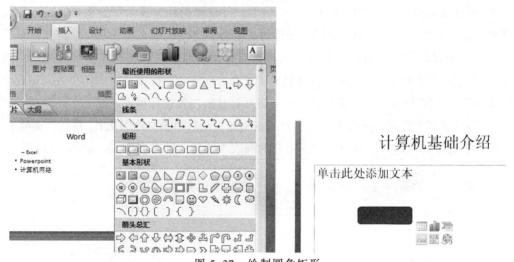

图 5-37　绘制圆角矩形

在拖动鼠标绘制图形的同时按住【Shift】键，可绘制比较规则的图形，如正圆、正方形、正多边形、正星形以及水平或垂直直线等。

2．编辑形状

绘制好形状后，我们可以对其进行各种编辑，如选择形状，调整形状、大小、旋转角度，复制、移动、对齐形状，设置形状的叠放次序以及组合形状等。

（1）选择形状：选择单个形状对象，只需单击该形状即可；同时选中多个形状对象，则要按住【Shift】键或【Ctrl】键依次单击要选择的对象，或在要选择的对象周围按住鼠标左键并拖动，绘制一个虚线方框将要选择的对象包围，释放鼠标后虚线方框内的对象都被选中。

（2）调整形状大小、旋转角度：选中形状后，其周围将出现用来调整其形状、大小和角度的控制点，如图 5-38 所示。要调整形状大小，可将鼠标指针移至白色控制点上，指针呈双向箭头时按住鼠标左键并拖动，至合适大小后释放鼠标。

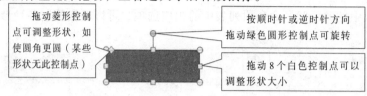

图 5-38 调整形状、大小、旋转角度

（3）复制、移动、对齐形状。

① 要复制形状，可利用鼠标拖动方式或利用相关命令。将鼠标指针移至矩形形状上方，当鼠标指针呈 形状时同时按住【Ctrl】键和鼠标左键并拖动，至合适位置后释放鼠标即可复制该形状。若同时按住【Shift】键和【Ctrl】键并按下鼠标左键拖动，则形状将在水平或垂直方向复制。

② 要移动形状，可将鼠标指针移到形状上，待鼠标指针变成十字箭头形状时按住鼠标左键并拖动，至合适位置后释放鼠标左键即可。要移动文本框或文本占位符，需要将鼠标指针移至对象的边缘没有控制点的位置，当鼠标指针呈 形状时按住鼠标左键并拖动。按住【Shift】键的同时拖动对象，可使对象沿水平或垂直方向移动；按键盘上的四个方向键也可移动所选对象，若按【Ctrl+方向键】组合键，则可对对象位置进行微调。

③ 要对齐多个形状，可选中要设置对齐的对象，然后单击"绘图工具 格式"选项卡上"排列"组中的"对齐"命令项，在展开的列表中选择一种对齐方式，如图 5-39 所示。

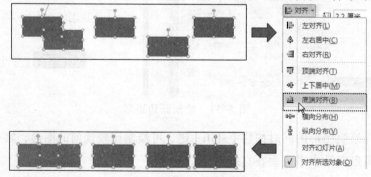

图 5-39 对齐多个形状

（4）设置形状的叠放次序：多个形状叠放在一起，一般是位于顶层的形状显示在前面，下一层被上一层遮盖，位于底层的形状被其上面所有的形状遮盖。

① 在第二个圆角矩形上插入一个基本形状"笑脸"。

② 选中笑脸，右击，在弹出的快捷菜单中选择置于底层→下移一层，于是笑脸被置于圆

角矩形的下一层，眼睛被遮盖，未与圆角矩形重叠的嘴巴依旧可以看见，如图 5-40 所示。

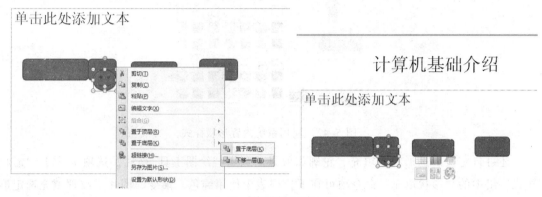

图 5-40　将形状下移一层

（5）组合形状：当多个对象需要统一调整，或者需要成为一个整体时，通常需要组合形状，在 PowerPoint 中，可以将多个形状、文本框、图片和艺术字等对象组合在一起。如图 5-41。

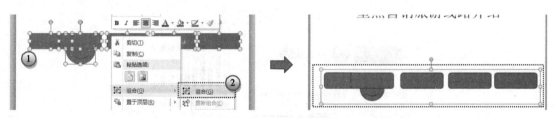

图 5-41　组合图形

① 选中要进行组合的多个对象。

② 右击，在弹出的快捷菜单中选择"组合"→组合，选中的对象则被组合为一个整体。

此外，还可以在"绘图工具 格式"选项卡 上"排列"组中的"组合"命令项的列表中选择"组合"项来实现多个对象的组合。

若需要取消组合，则在右键菜单中选择"组合"→取消组合。

需要注意的是，选择、旋转、复制、移动、对齐形状以及设置形状的叠放次序、组合等方法同样适用于文本框、占位符，也适用于后面将要学习的图片和艺术字等对象。

3．美化形状

在 PowerPoint 中美化形状主要通过"绘图工具 格式"选项卡 进行。可以应用系统内置的样式来美化形状，如图 5-42 所示：

① 选中形状。

② 单击"绘图工具 格式"选项卡 上"形状样式"组中的"其他"按钮。

③ 在展开的"形状样式"列表中选择所需的系统内置样式即可。

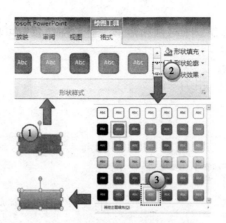

图 5-42　应用系统内置形状样式

还可自定义所选形状的填充、轮廓和效果。利用"绘图工具 格式"选项卡█上"形状样式"组中的"形状填充"命令项可在下拉列表中使用纯色、渐变、图片或纹理填充选定形状；利用"形状样式"组中的"形状轮廓"命令项可在下拉列表中指定选定形状轮廓的颜色、宽度和线型；利用"形状样式"组中的"形状效果"命令项可在下拉列表中对选定形状应用外观效果（如阴影、发光、映像）。例如：为圆角矩形设置形状轮廓为：黄色、3 磅，如图 5-43 所示。

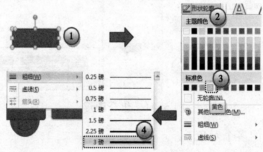

图 5-43　自定义形状轮廓

① 选中形状。

② 单击"绘图工具 格式"选项卡█上"形状样式"组中的"形状轮廓"命令项。

③ 在展开的下拉列表中选择黄色。

④重复步骤①和步骤②，在展开的下拉列表中选择粗细→3 磅。

4．在形状中添加和美化文字

绘制好形状后还可在其中添加文字，如图 5-44 所示：

① 选中形状。

② 右右，从弹出的快捷菜单中选择"编辑文字"项，此时形状中间将出现插入符号，在形状中输入文本即可。

如果绘制的是"标注"或"文本框"类的形状，则无须进行"编辑文字"的操作，可以直接在其中输入文本，如图 5-45 所示。

添加好文字后可以利用"开始"选项卡上"字体"组中的按钮设置文本的字符格式，这一点在第 3 节中已经讲过。还可以利用"绘图工具 格式"选项卡 ▣ "艺术字样式"组中的选项来设置形状中文本的艺术效果。

图 5-44 编辑文字

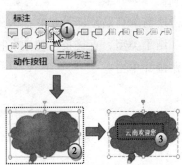

图 5-45 直接在标注中输入文字

5.4.2 添加图片

在 PowerPoint 中插入图片的方式有两种：插入外部图片和插入剪贴画。可以利用"插入"选项卡上"图像"组中的相关命令项来完成，也可以利用内容占位符来完成。

1．插入图片

1）插入外部图片

（1）切换到要插入图片的幻灯片，选择"插入"选项卡上"图像"组中的"图片"命令项。

（2）在弹出的"插入图片"对话框中选择要插入的图片，可以选择一张或多张。

（3）单击"插入"按钮，即可将所选图片插入到当前幻灯片的中心位置，如图 5-46 所示。

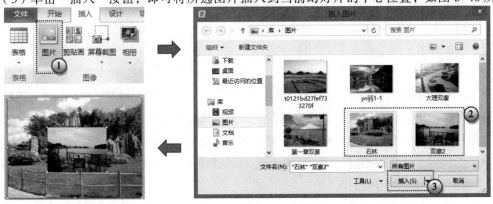

图 5-46 插入外部图片

2）插入剪贴画

剪贴画提供了一些常用的装饰性图画，甚至还有项目符号、线条等。下面以插入人物剪贴画为例。

（1）选择要插入剪贴画的幻灯片，选择"插入"选项卡上"图像"组中的"剪贴画"命令项。

（2）打开"剪贴画"任务窗格，在"搜索文字"编辑框中输入剪贴画的相关主题或关键字（例如：关键字"人物"），在"结果类型"下拉列表中选择文件类型。

（3）设置完毕后单击"搜索"按钮，搜索完成后，在搜索结果预览框中将显示所有符合条件的剪贴画。

（4）单击所需的剪贴画即可将它插入幻灯片的中心位置，如图 5-47 所示。也可以不输入搜索文字和结果类型，直接按"搜索"按钮，再拉动搜索结果预览框右侧的垂直浏览条寻找所需的剪贴画并单击。

图 5-47　插入剪贴画

2．编辑图片

在幻灯片中插入图片后，我们可利用与编辑形状相同的方法对图片进行各种编辑操作，如选择、移动、缩放、复制、旋转、组合、对齐等，这些操作一般利用"图片工具 格式"选项卡 来进行的，利用该选项卡还可以裁剪图片。

1）裁剪图片

（1）选中图片；

（2）单击"图片工具 格式"选项卡 上"大小"组中的"裁剪"命令项，或单击"裁剪"命令项下方的三角按钮，在展开的列表中选择"裁剪"项，此时图片四周出现 8 个裁剪控制点；

（3）将鼠标指针移至图片底部的控制点上，按住鼠标左键向上拖动，至 logo 文字部分全部被裁掉后释放鼠标左键，用同样的方法把该图四周裁掉相应部分；

（4）按【Esc】键或再次选择"裁剪"命令项，确认裁剪操作并取消裁剪状态。如图 5-48 所示。

2）缩放、移动和旋转图片

缩放、移动和旋转图片的方式与调整形状大小、旋转角度的方法类似。需要注意的是，拖动图片四个角上的控制点之一，图片将等比例缩放。若要将形状等比例缩放，需按住【Shift】键的同时拖动四个角上的控制点之一。

3）设置图片叠放次序和组合图片

设置图片的叠放次序和组合图片的方法与对形状的相关操作方法一致，既可通过右键菜单来完成也可通过"格式"选项卡上相关命令项来完成。

图 5-48　裁剪图片

5.4.3　添加艺术字

1．插入艺术字

新建第 8 张"空白"版式幻灯片，接下来将在此幻灯片中插入艺术字。

（1）单击"插入"选项卡上"文本"组中的"艺术字"命令项；

（2）在打开的列表中选择一种艺术字样式，如"渐变填充 – 橙色，强调文字颜色 6"，此时在幻灯片的中心位置自动插入一个文本框；

（3）在文本框中输入相应文本即可，例如：输入"大学计算机基础"，如图 5-49 所示。

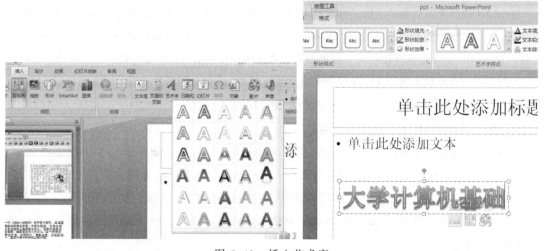

图 5-49　插入艺术字

2．美化与编辑艺术字

利用"绘图工具 格式"选项卡上的"艺术字样式"组可以设置艺术字文本的样式、填充、轮廓和效果；如果需要设置艺术字文本框的样式、填充、轮廓和效果，可以利用该选项卡上的"形状样式"组进行。

下面，我们将艺术字"大学计算机基础"的形状转换为"正 V 形"，如图 5-50 所示。

（1）将光标定位在艺术字占位符中或选中所有艺术字；

（2）选择"绘图工具 格式"选项卡上的"艺术字样式"组中的"文本效果"命令项，在打开的列表中选择"转换"→"弯曲"→"正 V 形"；

（3）调节文本框上新出现的粉紫色菱形控制点可以改变该形状的转换幅度。

利用"绘图工具 格式"选项卡上的"艺术字样式"组中的相关命令项同样可以对普通文本进行编辑和美化，使得普通文本具有艺术效果。

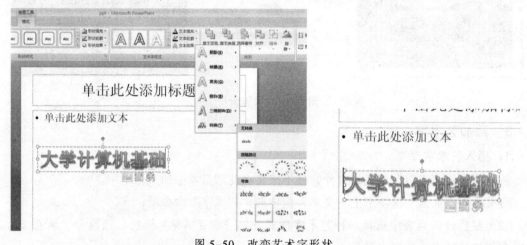

图 5-50　改变艺术字形状

5.4.4　插入 SmartArt 图形

SmartArt 图形是以视觉表示形式直观地表达信息和观点，主要包括图形列表、流程图以及更为复杂的图形，例如维恩图和组织结构图。PowerPoint 中可以从多种不同布局中进行选择来创建 SmartArt 图形，为 SmartArt 图形选择布局时，需要首先思考要传达什么信息以及希望信息以哪种特定方式显示。一般来讲，在形状个数和文字量仅用于表达要点时，SmartArt 图形最有效。但个别布局（如"列表"类型中的"梯形列表"）也适用于文字量较大的情况。

1．插入 SmartArt 图形并输入内容

将第 5 张幻灯片中的所有形状删除，只保留主标题"计算机基础介绍"，为了使要点突出、形象生动、图文并茂，我们在主标题下插入一个 SmartArt 图形"蛇形图片题注"。

（1）单击"插入"选项卡上"插图"组中的"SmartArt"命令项；

（2）在弹出的"选择 SmartArt 图形"对话框中选择"图片"→"蛇形图片题注"，并单击"确定"按钮；

（3）弹出的"蛇形图片题注"布局中包含了文本占位符和图片占位符，单击图片占位符，

如图 5-51 所示。

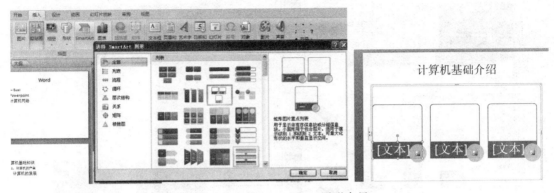

图 5-51　插入 SmartArt 图形布局

（4）在弹出的"插入图片"对话框中单击选中所要插入的图片；

（5）单击"插入图片"对话框中的"插入"按钮；

（6）在文本占位符中单击，出现插入符，输入文字"大理 – 丽江"，如图 5-52 所示。

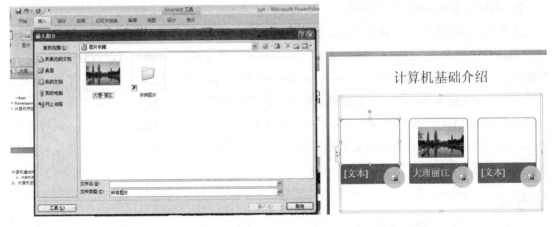

图 5-52　在 SmartArt 图形占位符中插入图片

除了直接单击占位符（形状），然后在其中输入文本或者按照提示插入图片外，我们还可以单击整个图形左侧的三角按钮，展开"在此处键入文字"窗格，在这里输入文本和插入图片等。如图 5-53 所示。

（1）单击整个图形左侧的三角按钮展开"在此处键入文字"窗格；

（2）在"在此处键入文字"窗格中需要插入图片的图片占位符上单击；

（3）在弹出的"插入图片"对话框中单击选中所要插入的图片；

（4）单击"插入图片"对话框中的"插入"按钮；

（5）单击要输入文本的编辑框，然后输入文本"石林—九乡"。

在 SmartArt 图形占位符中成功插入图片和文本后，只需单击幻灯片空白处，即可隐藏 SmartArt 图形编辑窗格，显示已经插入的内容。

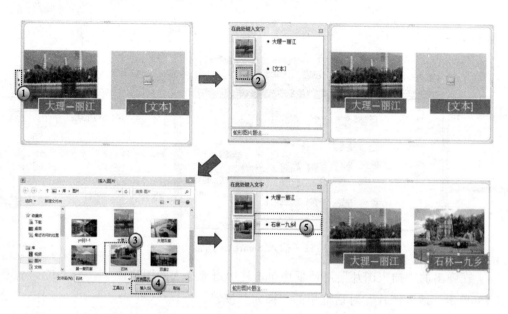

图 5-53　利用"在此处键入文字"窗格插入图片和文本

2. 编辑和美化 SmartArt 图形

选中 SmartArt 图形后，利用"SmartArt 工具"选项卡上的"设计"和"格式"子选项卡可以对 SmartArt 图形进行编辑和美化。利用"SmartArt 工具 设计"选项卡可以添加形状、更改形状级别、更改布局以及设置整个 SmartArt 图形的颜色和样式等。利用"SmartArt 工具 格式"选项卡可以设置整个 SmartArt 图形的形状样式、艺术字样式、排列和大小等，如图 5-54 所示。

选中 SmartArt 图形中的一个或多个形状后（选择方法与选择普通形状相同），则可利用"SmartArt 工具 格式"选项卡设置所选形状或形状内文本的样式，更改形状，以及排列、组合、增大和减小形状等。

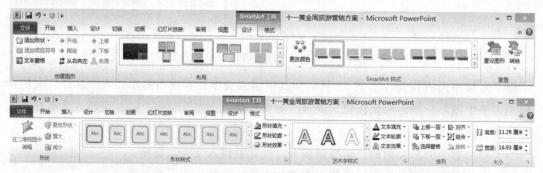

图 5-54　"SmartArt 工具"选项卡上的"设计"和"格式"子选项卡

1）添加形状

（1）单击某个形状将其选中，例如选中第一个形状"大理—丽江"；

（2）在"SmartArt 工具 设计"选项卡"创建图形"组中单击"添加形状"命令项，在展开的列表中选择要添加的位置，例如选择"在后面添加形状"；

（3）所选形状的后面自动添加了一个同一级别的形状。如图 5-55 所示，对于某些 SmartArt 图形，"添加形状"列表中部分选项为不可用。

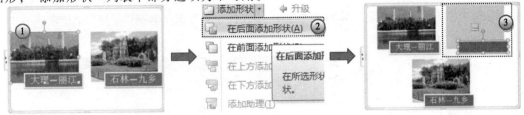

图 5-55　为 SmartArt 图形添加形状

2）更改形状

如果对 SmartArt 图形布局中的某些形状不满意，希望更改为更为合适的形状，则可以按如下方法进行：

（1）单击某个形状将其选中，例如新建好的文本框；

（2）在"SmartArt 工具 格式"选项卡"形状"组中单击"更改形状"命令项，在展出开的列表中选择要添加的形状，例如选择"心形"；

（3）最初所选的矩形文本框自动更正为心形文本框，如图 5-56 所示。

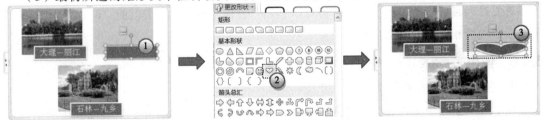

图 5-56　为 SmartArt 图形更改形状

选中某个形状后也可以通过右键菜单的方式添加形状和更改形状，添加或更改形状后同样可以输入内容。要恢复最初的形状，可以单击"SmartArt 工具 设计"选项卡中的"重设图形"；要删除形状，可在选中形状后按【Delete】键。

3）美化 SmartArt 图形

利用"SmartArt 工具 设计"选项卡中的"更改颜色"命令项可以为 SmartArt 图形中的所有形状设置系统预置的颜色，利用"SmartArt 工具 格式"选项卡上的"形状样式"组和"艺术字样式"组中的相关命令也可以美化 SmartArt 图形，方法与美化形状和文字类似。

5.4.5　插入表格

打开演示文稿，切换至第 5 张幻灯片，下面将插入表格作为该张幻灯片的内容，如图 5-57 所示。

（1）单击"插入"选项卡上"表格"命令项，在下拉列表中按下鼠标左键并拖动覆盖想要的表格区域，如 2×2 表格；

（2）松开鼠标左键，所选区域的表格即自动插入到幻灯片中，同时插入符自动定位在第一个单元格中；

（3）在第一格中输入文本"线路"，将插入符定位在其他单元格中并输入相关内容；

（4）选中所有文本，设置文本为水平居中："表格工具"选项卡→"布局"子选项卡→"对齐方式"组→"居中"命令项。

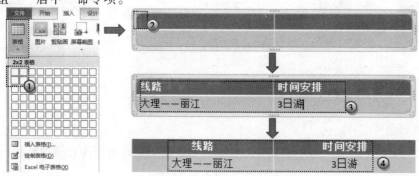

图 5-57　插入表格

此外，还可以利用"表格"命令项下拉列表中的"插入表格"项来设置所插入表格的列数和行数，如图 5-58 所示。如果希望手动绘制表格（如绘制表头斜线等），可以选中"插入"选项卡上"表格"命令项下拉菜单下的"绘制表格"项。

若要对表格进行编辑与美化，一般可以利用"表格工具"选项卡上的"设计"和"布局"子选项卡内的相关命令项来完成。

5.4.6　使用多媒体

1. 在幻灯片中插入音频

在 PowerPoint 中主要有 3 种插入声音的方法，分别是插入文件中的音频、插入剪贴画中的音频和录制的音频。下面我在第一张幻灯片中插入文件中的音频，如图 5-58 所示。

（1）单击"插入"选项卡上"媒体"组中的"音频"命令项，在下拉列表中选择"文件中的音频"项；

（2）在弹出的对话框中选择要插入的音频"Price Tag"，并单击"插入"按钮；

（3）系统在幻灯片中心位置添加一个声音图标，并在声音图标下方显示音频播放控件。

图 5-58　在幻灯片中插入文件中的音频

选择声音图标，将显示"音频工具"选项卡，利用该选项卡的"格式"子选项卡可以对音频图标进行格式设置，方法与设置普通图像对象相同；利用该选项卡的"播放"子选项卡可以对音频进行编辑与播放控制。

2．在幻灯片中插入视频

在 PowerPoint 中主要有 3 种插入视频的方法，分别是插入文件中的视频、来自网站的视频和剪贴画视频。操作方法与插入音频的方法类似，不再赘述。

需要注意的是，在 PowerPoint 中插入的视频或音频文件一般是以链接方式插入，即在演示文稿中保存的仅仅是该文件的一个路径，因此在放映演示文稿时要想正常播放插入的外部影片或音频，最好将视音频文件与演示文稿文件保存在同一文件夹中，移动演示文稿时要将视音频文件也一起移动。

5.5　放映幻灯片

放映幻灯片是制作幻灯片的最终目标，在"幻灯片放映"视图下才会真正起作用。

5.5.1　放映幻灯片

1．启动放映与结束放映

放映幻灯片有以下几种方法：

（1）单击"幻灯片放映"，单击"开始放映幻灯片"组中的"从头开始"命令，从第一张幻灯片开始放映；或者单击"从当前幻灯片开始"命令，从当前幻灯片开始放映。

（2）单击窗口右下方的"幻灯片放映"按钮，从当前幻灯片开始放映。

（3）按【F5】键，从第一张幻灯片开始放映。

（4）按【Shift+F5】组合键，从当前幻灯片开始放映。

放映时幻灯片占满整个计算机屏幕，在屏幕上右击，弹出的快捷菜单上有一系列命令实现幻灯片翻页、定位、结束放映等功能，单击屏幕左下方的四个透明按钮也能实现对应功能。为了不影响放映效果，建议演说者使用以下常用功能的快捷键：

切换到下一张（触发下一对象）：单击鼠标左键，或者使用【↓】键、【→】键、【PageDown】键、【Enter】键、【Space】键之一，或者鼠标滚轮向后拨。

切换到上一张（回到上一步）：【↑】键、【←】键、【PageUp】键、【Backspace】键皆可，或者鼠标滚轮向前拨。

鼠标功能转换：【Ctrl+P】组合键转换成"绘画笔"，此时可按住鼠标左键在屏幕上勾画做标记；【Ctrl+A】组合键还原成普通指针状态。

结束放映：【Esc】键。

在默认状态放映演示文稿时，幻灯片将按序号顺序播放直到最后一张，然后电脑黑屏，退出放映状态。

2．设置放映方式

用户可以根据不同需要设置演示文稿的放映方式，单击"幻灯片放映"选项卡中的"设置放映方式"命令，弹出对话框，如图 5-59 所示。在该对话框内可以设置放映类型、需要放映的幻灯片的范围等。其中"放映选项"组中的"循环放映"适合于无人控制的展台、广告等，能实现演示文稿反复循环播放，直到按【Esc】键终止。

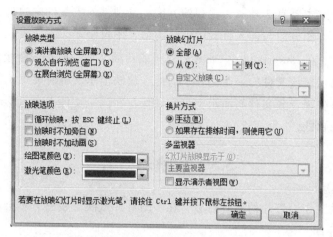

图 5-59   设置放映方式

PowerPoint 2010 有三种放映类型可供选择。

（1）演讲者放映。"演讲者放映"是默认的放映类型，是一种灵活的放映方式，以全屏幕的形式显示。演说者可以控制整个放映过程，也可用"绘画笔"勾画，适用于演说者一边讲解一边放映，如会议、课堂等场合。

（2）观众自行浏览。以窗口的形式显示，观众可以利用菜单自行浏览、打印。适用于终端服务设备且同时被少数人使用的场合。

（3）在展台浏览。以全屏幕的形式显示。放映时键盘和鼠标的功能失效，只保留了鼠标指针最基本的指示功能，因而不能现场控制放映过程，需要预先将换片方式设为自动方式或者通过"幻灯片放映"→"排练计时"命令设置时间和次序。该方式适用于无人看守的展台。

3．隐藏幻灯片

如果希望某些幻灯片在放映时不显示出来却又不想删除它，可以将它们"隐藏"起来。

隐藏幻灯片的方法是：选中需要隐藏的幻灯片缩略图，右击鼠标，在快捷菜单中选择"隐藏幻灯片"命令；或者选择"幻灯片放映"选项卡中的"隐藏幻灯片"命令。

若要取消幻灯片的隐藏属性，按照上述操作步骤再做一次即可。

5.5.2   幻灯片的切换效果

幻灯片的切换效果是指放映演示文稿时从上一张幻灯片切换到下一张幻灯片的过渡效果。为幻灯片间的切换加上动画效果会使放映更加生动自然。

下面以实例说明设置幻灯片切换效果的步骤。

打开制作好的演示文稿，为各幻灯片添加切换效果，各幻灯片每隔 5 s 自动切换。

在添加幻灯片切换效果之前，建议先将演示文稿以默认的"演讲者放映"方式放映一次，以便体会添加了切换效果之后的不同之处。

（1）选中要设置切换效果的幻灯片。

（2）单击"切换"选项卡，功能区出现设置幻灯片切换效果的各项命令，如图 5-60 所示。

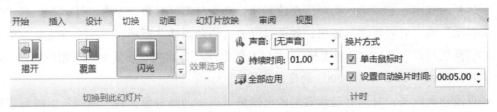

图 5-60　设置幻灯片切换效果

（3）选择切换动画：例如需要"覆盖"效果，则在"切换到此幻灯片"组的列表内选择"覆盖"命令，列表框右侧有向上、向下的三角按钮，单击它们可以看见更多的效果选项。这里设置的切换效果只针对当前幻灯片。

（4）在"计时"组设置切换"持续时间""声音"等效果：持续时间影响动画播放的速度，单击"声音"下拉列表框可以选择幻灯片切换时出现的声音。

（5）在"计时"组设置"换片方式"：默认为"单击鼠标时"，即单击鼠标时才会切换到下一张幻灯片，这里按题目要求，选中"设置自动换片时间"前面的复选框，单击数字框的向上按钮，调整时间为 5 s。

（6）选择应用范围：本例需要单击"全部应用"按钮，使自动换片方式应用于演示文稿中的所有幻灯片；若不单击该按钮则仅应用于当前幻灯片。

设置完毕建议读者将演示文稿再放映一次，体会幻灯片的切换效果，然后保存文件。若要取消幻灯片的切换效果，则选中该幻灯片，在"幻灯片切换方案"列表框中单击"无"选项。

5.5.3　幻灯片中各对象的动画效果

一张幻灯片上可以包含文本、图片等多个对象，可以为它们添加动画效果，包括进入动画、退出动画、强调动画，还可以设置动画的动作路径，编排各对象动画的顺序。

设置动画效果一般在"普通视图"下进行，动画效果只有在幻灯片放映视图或阅览视图下有效。

1．添加动画效果

为对象设置动画效果应先选择对象，然后单击"动画"选项卡，在功能区进行各种设置。可以设置的动画效果有如下几类：

- "进入"效果：设置对象以怎样的动画效果出现在屏幕上。
- "强调"效果：对象将在屏幕上展示一次设置的动画效果
- "退出"效果：对象将以设置的动画效果退出屏幕。
- "动作路径"：放映时对象将按设置好的路径运动，路径可以采用系统提供的，也可以自己绘制。

2. 编辑动画

对动画效果不满意，还可以重新编辑。

- 调整动画的播放顺序：设有动画效果的对象前面具有动画顺序标志，如"0、1、2、3"这样的数字，它表示该动画出现的顺序，选中某动画对象，单击"计时"组的"向前移动"或"向后移动"按钮，就可以改变它的动画播放顺序。另一个方法是，单击在"高级动画"组的"动画窗格"，窗口右侧出现任务窗格，在其中进行相应设置，这种界面类似于 PowerPoint 2003 的设置方法。
- 更改动画效果：对已有动画效果做出变更，选中动画对象，在"动画"组的列表框中另选一种动画效果即可。（注意，不要选成了"高级动画"组的"添加动画"）
- 删除动画效果：选中对象的动画顺序标志，在动画列表框选择"无"，或者按【Delete】键。

第 6 章 | 计算机网络与 Internet 应用

计算机网络是计算机技术和通信技术相结合的产物。

计算机网络是 20 世纪最伟大的科技成就之一。它的出现给整个世界的各行各业，特别是通信事业带来了崭新的面貌，促进了经济腾飞和社会发展，从根本上改变了人们的工作与生活方式，改变了人们的思想意识和思维方式。通过计算机网络，人们可以在任何时间、任何地点、以任何方式进行自己的工作、科学研究、学习、娱乐和相互交流。现在计算机网络与 Internet 已成为信息革命、信息技术的代名词。

半个世纪以来，人们已清楚地看到，信息作为客观世界三大基本要素之一，显得越来越重要。在信息社会里，信息甚至比物质和能源更重要。而信息的收集、整理、存储、检索、传递和使用都离不开计算机网络。网络是一个国家综合实力的重要标志之一。为此，许多国家都提出了建立"信息高速公路"的计划，并把它作为基本国策。计算机网络将无处不在，它正在成为信息化社会的基础。没有计算机网络就不会有信息社会，21 世纪是网络世纪。

本章主要介绍计算机网络的基本概念以及网络的使用，主要内容包括：什么是计算机网络、计算机网络的产生与发展、计算机网络的基本组成、计算机网络的分类以及网络的功能、局域网、Internet 及其应用、浏览器操作和学会使用 Internet 提供的常规服务。

6.1 计算机网络基础

6.1.1 计算机网络的定义

计算机网络自从产生以来，有不同的定义方法，本书中采用一种相对大众的定义：计算机网络是把地理上分散的，具有独立功能的多个计算机系统通过通信设备和通信线路连接起来，且以功能完善的网络软件（网络协议、信息交换方式及网络操作系统等）实现网络资源共享的系统。

我们可以从以下几个方面更好地理解计算机网络：

（1）网络中的计算机具有独立的功能，它们在断开网络连接时，仍可单机使用。

（2）网络的目的是实现计算机硬件资源、软件资源及数据资源的共享，以克服单机的局限性。

（3）计算机网络靠通信设备和线路，把处于不同地理位置的计算机连接起来，以实现网络用户间的数据传输。

（4）在计算机网络中，网络软件和网络协议是必不可少的。

在计算机网络中，提供信息和服务能力的计算机是网络的资源，索取信息和请求服务的计算机是网络的用户。由于网络资源与网络用户之间的连接方式、服务方式及连接范围的不同，而形成了不同的网络结构及网络系统。

6.1.2 计算机网络的主要功能

计算机网络是计算机技术和通信技术紧密结合的产物，它不仅使计算机的作用范围超越了地理位置的限制，而且大大加强了计算机本身的信息处理能力。它的功能如下：

1. 信息交换和通信

这是计算机网络最基本的功能，计算机网络中的计算机之间或计算机与终端之间，可以快速可靠地相互传递数据、程序或文件。例如，用户可以在网上传送电子邮件、数据交换可以实现在商业部门或公司之间进行订单、发标等商业文件安全准确地交换。

2. 资源共享

资源共享包括计算机硬件资源、软件资源和数据资源的共享，硬件资源的共享提高了计算机硬件资源的利用率，由于受经济和其他因素的制约，这些硬件资源不可能所有用户都有，所以使用计算机网络不仅可以使用自身的硬件资源，也可共享网络上的资源，软件资源和数据资源的共享可以充分利用已有的信息资源，减少软件开发过程中的劳动，避免大型数据库的重复建设。

3. 提高系统的可靠性

在单机使用情况下，任何一个系统都可能发生故障，这样就会为用户带来不便，那么当计算机联网后，各计算机可以通过网络互为后备，一旦某台计算机发生故障时，则可由另外的计算机代为处理，还可以在网络的一些结点上设置一定的备用设备。这样计算机网络就能起到提高系统可靠性的作用。更重要的是，由于数据和信息资源存放于不同的地点，因此可防止由于故障而无法访问或由于灾害造成数据破坏。

4. 均衡负荷、分布处理

对于大型的任务或课题，如果都集中在一台计算机上，负荷太重，这时可以将任务分散给不同的计算机分别完成，或由网络中比较空闲的计算机分担负荷，各个计算机连成网络有利于共同协作进行重大科研课题的开发和研究，利用网络技术还可以将许多小型机或微型机连成具有高性能的分布式计算机系统，使它具有解决复杂问题的能力，从而费用大为降低。

5. 综合信息服务

计算机网络可以向全社会提供各种经济信息、科研情报、商业信息和咨询服务。如 Internet 中的 WWW 就是如此。

6.1.3 计算机网络的发展

计算机网络的发展历史不长，但发展速度很快，其演变过程大致可概括为以下 4 个阶段：

1．具有通信功能的单机系统阶段

该系统又称终端——计算机网络，是早期计算机网络的主要形式。它是将一台主计算机（host）经通信线路与若干个地理上分散的终端（terminal）相连，这种连接不受地理位置的限制，系统可以在千里之外连接远程终端。主计算机一般称为主机，它具有独立处理数据的能力，而所有的终端设备均无独立处理数据的能力。在通信软件的控制下，每个用户在自己的终端上分时轮流地使用主机系统的资源。20 世纪 50 年代初，美国建立的半自动地面防空系统 SAGE 就是将远距离的雷达和其他测量控制设备的信息，通过通信线路汇集到一台中心计算机进行集中处理，从而首次实现了计算机技术与通信技术的结合。

2．具有通信功能的多机系统阶段

上述简单的"终端–通信线路–计算机"系统存在两个问题：

（1）因为主机既要进行数据的处理工作，又要承担多终端系统的通信控制，随着所连接远程终端数目的增加，主机的负荷加重，系统效率下降。

（2）由于终端设备的速率低，操作时间长，尤其在远距离时，每个终端独占一条通信线路，线路利用率低，费用也较高。为了解决这个问题，20 世纪 60 年代出现了把数据处理和数据通信分开的工作方式，主机专门进行数据处理，而通信线路之间设置一台功能简单的计算机，专门负责处理网络中的数据通信、传输和控制。这种负责通信的计算机称为通信控制处理机（communication control processor，CCP）或称为前端处理机（front end processor，FEP）。此外，在终端聚集处设置多路器或集中器。集中器与前端处理机功能类似，它的一端通过多条低速线路与各个终端相连，另一端通过高速线路与主机相连，这样也降低了通信线路的费用。由于前端机和集中器在当时一般选用小型机担任，因此这种结构称为具有通信功能的多计算机系统。20 世纪 60 年代初，此网络在军事、银行、铁路、民航和教育等部门都有应用。

不论是单机系统还是多机系统，它们都是以单个计算机（主机）为中心的联机终端网络，它们都属于第一代计算机网络。

3．以共享资源为主的计算机——计算机网络阶段

20 世纪 60 年代中期，随着计算机技术和通信技术的进步，人们开始将若干个联机系统中的主机互连，以达到资源共享的目的，或者联合起来完成某项任务。此时的计算机网络呈现出多处理中心的特点，即利用通信线路将多台计算机（主机）连接起来，实现了计算机之间的通信，由此也开创了"计算机—计算机"通信的时代，计算机网络的发展进入到第二个时代。

第二代计算机网络与第一代网络的区别在于多个主机都具有自主处理能力，它们之间不存在主从关系。第二代计算机网络的典型代表是 Internet 的前身 ARPA 网。

ARPA 网（ARPAnet）是美国国防部高级研究计划署 ARPA，现在称为 DARPA（Defense Advanced Research Project Agency）提出设想，并与许多大学和公司共同研究发展起来的，它的主要目标是借助于通信系统，使网内各计算机系统间能够共享资源。ARPA 网是一个成功的系统，它是第一个完善地实现分布式资源共享的网络，它在概念、结构和网络设计方面都

为今后计算机网络的发展奠定了基础，ARPA 网也是最早将计算机网络分为资源子网和通信子网两部分的网络。

4. 以局域网络及其互连为主要支撑环境的分布式计算机阶段

进入 20 世纪 70 年代，局域网技术得到了迅速发展。特别是到了 20 世纪 80 年代，随着硬件价格的下降和微型计算机的广泛应用，一个单位或部门拥有微型计算机的数量越来越多，各机关、企业迫切要求将自己拥有的为数众多的微型计算机、工作站、小型机等连接起来，从而达到资源共享和互相传递信息的目的。局域网组网花费低、传输速度快，因此局域网的发展对网络的普及起到了重要的作用。

6.1.4　计算机网络的组成与分类

1. 计算机网络的组成

计算机网络是一个十分复杂的系统，从逻辑上可以分为进行数据处理的资源子网和完成数据通信的通信子网两部分。

1）通信子网

通信子网提供网络通信功能，能完成网络主机之间的数据传输、交换、通信控制和信号变换等通信处理工作，由通信控制处理机 CCP、通信线路和其他通信设备组成数据通信系统。广域网的通信子网通常租用电话线或铺设专线。为了避免不同部门对通信子网重复投资，一般都租用邮电部门的公用数字通信网作为各种网络的公用通信子网。

2）资源子网

资源子网为用户提供了访问网络的能力，它由主机系统、终端控制器、请求服务的用户终端、通信了网的接口设备、提供共享的软件资源和数据资源（如数据库和应用程序）构成。它负责网络的数据处理业务，向网络用户提供各种网络资源和网络服务。

2. 计算机网络的分类

计算机网络的分类方法很多，从不同的角度对计算机网络的分类也不同，通常的分类方法有：按网络覆盖的地理范围分类、按网络的拓扑结构分类、按网络的应用领域分类等。

1）按网络覆盖的地理范围划分

按网络覆盖的地理范围分类，可将网络分为局域网（LAN）、城域网（MAN）和广域网（WAN），Internet 可以看作世界范围内的最大的广域网。

（1）局域网（LAN）。局域网是指其规模相对小一些、通信距离在几十千米以内，将计算机、外围设备和网络互连设备连接在一起的网络系统。通常装在一个建筑物内或一群建筑物内（如一个工厂、一个企业内）。例如，在一个办公楼内，将分布在不同教室或办公室里的计算机连接在一起组成局域网。

（2）城域网（MAN）。城域网与局域网相比要大一些，可以说是一种大型的局域网，技术与 LAN 相似，它覆盖的范围介于局域网和广域网之间，通常覆盖一个地区或城市，范围可从几十千米到上百千米，它借助一些专用网络互连设备连接到一起，即使没有连入某局域网的计算机也可以直接接入城域网，从而访问网络中的资源。

（3）广域网（WAN）。广域网又称为远程网，是非常大的一个网络，能跨越大陆海洋，甚至形成全球性的网络。国际互联网（因特网）就是广域网中的一种，它利用行政辖区的专用通信线路将多个城域网互连在一起构成。广域的组成已非个人或团体的行为而是一种跨地区、跨部门、跨行业、跨国或地区的社会行为。

2）按网络的拓扑结构划分

网络中的每一台计算机都可以看作一个结点，通信线路可以看作一根连线，网络的拓扑结构就是网络中各个结点相互连接的形式。常见的网络拓扑结构有星状结构、总线状结构、环状结构和树状结构。

3）按网络的应用领域分类

按网络应用领域的不同可将网络分为公用网和专用网。

（1）公用网。公用网一般由国家机关或行政部门组建，它的应用领域是对全社会公众开放。如邮电部门的 163 网、商业广告、列车时刻表查询等各处公开信息都是通过这类网络发布的。

（2）专用网。专用网一般由某个单位或公司组建，专门为自己服务的网络，这类网络可以只是一个局域网的规模，也可以是一个城域网乃至广域网的规模。它通常不对社会公众开放，即使开放也有很大的限度。如校园网、银行网等。

6.2　局域网（LAN）

局域网（local area network，LAN）是一种在较小的地理范围内将大量计算机及各种设备互连在一起，实现高速数据传输和资源共享的计算机网络。社会对信息资源的广泛需求及计算机技术的广泛普及，促进了局域网技术的迅猛发展。在当今的计算机网络技术中，局域网是目前应用最广泛的一类网络。它常被用于同一办公室、同一建筑物、同一公司和同一学校等，一般是方圆几千米以内。以便共享资源和交换信息，局域网可以实现文件管理、应用软件共享、打印机共享、扫描仪共享、工作组内的日程安排、电子邮件和传真通信服务等功能。

6.2.1　局域网的特点

区别于一般的广域网（WAN），局域网（LAN）具有以下特点：

（1）地理分布范围较小，一般不超过 10 km，可覆盖一幢大楼、一所校园或一个企业。

（2）数据传输速率高，一般为 10～100 Mbit/s，但目前已出现速率高达 1 000 Mbit/s 的局域网。可交换各类数字和非数字（如语音、图像、视频等）信息。

（3）误码率低，一般在 10^{-11}～10^{-8} 以下。这是因为局域网通常采用有线介质传输，两个站点之间具有专用的通信线路使数据传输有专一的通道，可以使用高质量的传输媒体，从而提高了数据传输质量。

（4）以工作站和计算机为主体，包括终端及各种外围设备，网络中一般不设中央主机系统。

（5）一般包含 OSI 参考模型中的低三层功能，即涉及通信子网的内容。

（6）协议简单、结构灵活、建网成本低、周期短、便于管理和扩充。

6.2.2 局域网的分类

局域网的分类要看从哪个角度来分。由于存在着多种分类方法，因此一个局域网可能属于多种类型。对局域网进行分类经常采用以下方法：按拓扑结构分类、按传输介质分类、按访问介质分类和按网络操作系统分类。

1．按拓扑结构分类

局域网经常采用总线、环状、星状和树状拓扑结构，因此可以把局域网分为总线局域网、环状局域网、星状局域网和树状局域网等类型。这种分类方法是最常用的分类方法。

1）总线拓扑结构

总线拓扑结构是采用一根传输总线作为传输介质，各个结点都通过网络连接器连接在总线上。总线的长度可使用中继器来延长。这种结构的优点是，工作站连入网络十分方便；两工作站之间的通信通过总线进行，与其他工作站无关；系统中某工作站一旦出现故障，不会影响其他工作站之间的通信。因此，这种结构的系统可靠性高。总线拓扑结构如图 6-1 所示。

2）星状拓扑结构

星状结构是最早的通用网络拓扑结构形式，如图 6-2 所示。它由一个中心结点和分别与它单独连接的其他结点组成，各个结点之间的通信必须通过中央结点来完成，它是一种集中控制方式，这种结构通常使用 HUB 作为中心设备。这种结构的优点是：采用集中式控制，容易重组网络，每个结点与中心结点都有单独的连线，因此某一结点出现故障，不影响其他结点的工作，缺点是：对中心结点的要求较高，因为一旦中心结点出现故障，系统将全部瘫痪。

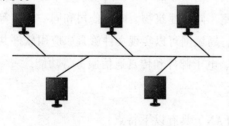

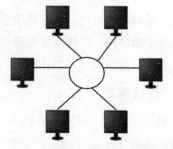

图 6-1　总线拓扑结构图　　　　　图 6-2　星状拓扑结构图

3）环状拓扑结构

环状拓扑结构是将所有的工作站串联在一个封闭的环路中，在这种拓扑结构中，数据总是按一个方向逐结点地沿环传递，信号依次通过所有的工作站，最后回到发送信号的主机，在环状拓扑结构中，每一台主机都具有类似中继器的作用，如图 6-3 所示。这种结构的优点是网络管理简单，通信设备和线路较为节省，而且还可以把多个环经过若干个接点互连，扩大连接范围。

缺点是由于本身结构的特点，当一个结点发出故障时，整个网络就不能工作。对故障的诊断困难，网络重新配置也比较困难。

4）树状拓扑结构

树状拓扑结构中的任何两个用户都不能形成回路，每条通信线路必须支持双向传输。这种网络结构中只有一个根结点，对根结点的计算机功能要求高，可以是中型机或大型机，如图 6-4 所示。这种结构的优点是控制线路简单，管理也易于实现，它是一种集中分层的管理形式。缺点是数据要经过多级传输，系统的响应时间较长，各工作站之间很少有信息流通，共享资源的能力较差。

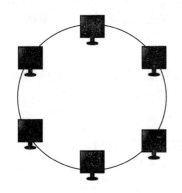
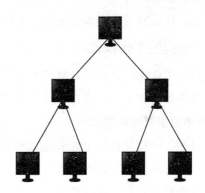

图 6-3　环状拓扑结构图　　　　　　图 6-4　树状拓扑结构

2. 按传输介质分类

局域网上常用的传输介质有同轴电缆、双绞线、光缆等，因此可以把局域网分为同轴电缆局域网、双绞线局域和光纤局域网。各种传输介质如图 6-5～图 6-7 所示。

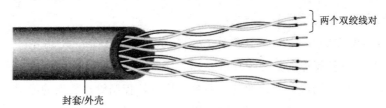

图 6-5　常见非屏蔽双绞线结构

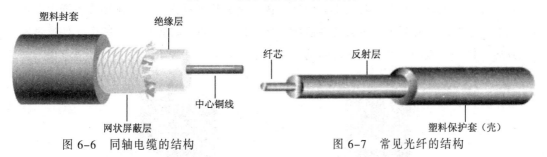

图 6-6　同轴电缆的结构　　　　　　图 6-7　常见光纤的结构

3. 按介质访问控制的方法分类

根据介质访问控制可分为：以太网（ethernet）、光纤分布式数据接口（FDDI）、异步传输模式（ATM）、令牌环网（token ring）、交换网 switching 等。其中应用最广泛的当属以太网——一种总线状结构的 LAN，是目前发展最迅速、也最经济的局域网。

4．按数据的传输速度分类

可分为 10 Mbit/s 局域网、100 Mbit/s 局域网、1Gbit/s 局域网等。这其中 bit/s 为数据传输率，即每秒传输的二进制数据位数。

5．按信息的交换方式分类

可分为共享式局域网和交换式局域网等。共享式局域网组建时典型的设备为集线器，而交换式局域网组建时的典型设备为交换机。

事实上，从不同的角度来划分还有不同的网络分类方式，在此就不一一赘述了。

6.2.3　局域网的工作模式

局域网的工作模式是指在局域网中各个结点之间的关系。按照工作模式的划分可以将其分为专用服务器结构模式、客户机/服务器模式和对等模式两种。

1．专用服务器结构模式

专用服务器结构又称为"工作站/文件服务器"结构，由若干台微机工作站与一台或多台文件服务器通过通信线路连接起来组成工作站存取服务器文件，共享存储设备。

文件服务器自然以共享磁盘文件为主要目的。对于一般的数据传递来说已经够用了，但是当数据库系统和其他复杂而又被不断增加的用户使用的应用系统到来的时候，服务器已经不能承担这样的任务了，因为随着用户的增多，为每个用户服务的程序也会相应增多，每个程序都是独立运行的大文件，给用户的感觉是极慢的，因此产生了第二种模式——客户机/服务器模式。

2．客户机/服务器模式

客户机/服务器模式（client/server）简称 C/S 模式，如图 6-8 所示。其中一台或几台较大的计算机集中进行共享数据库的管理和存取，称为服务器，而将其他的应用处理工作分散到网络中其他微机上去做，构成分布式的处理系统，服务器控制管理数据的能力已由文件管理方式上升为数据库管理方式，因此，C/S 结构的服务器又称数据库服务器，注重于数据定义、存取安全备份及还原，并发控制及事务管理，执行诸如选择检索和索引排序等数据库管理功能，它有足够的能力做到把通过其处理后用户所需的那一部分数据而不是整个文件通过网络传送到客户机去，减轻了网络的传输负荷。C/S 结构是数据库技术的发展和普遍应用与局域网技术发展相结合的结果。

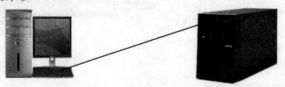

图 6-8　客户机/服务器连接示意

浏览器/服务器（browser/server，B/S）是一种特殊形式的 C/S 模式，在这种模式中客户端为一种特殊的专用软件——浏览器。这种模式下由于对客户端的要求很少，不需要另外安装附加软件，在通用性和易维护性上具有突出的优点。这也是目前各种网络应用提供基于 Web 的管理方式的原因。

这种模式与下面所讲的点对点模式主要存在以下两个方面的不同：

后端数据库负责完成大量的任务处理，如果 C/S 型数据库查找一个特定的信息片段，在搜寻整个数据库期间并不返回每条记录的结果，而只是在搜寻结束时返回最后的结果。

如果数据库应用程序的客户机在处理数据库事务时失败，服务器为了维护数据库的完整性，将自动重新执行这个事件。

3．对等式网络

对等式网络又称工作组。在拓扑结构上与专用服务器的 C/S 不同，一般常采用星状网络拓扑结构，在对等式网络结构中，没有专用服务器。最简单的对等网络就是使用双绞线直接相连的两台计算机，如图 6-9 所示。

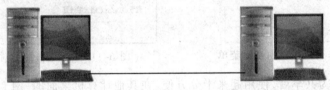

图 6-9　对等式网络模式示意图

在这种网络模式中，每一个工作站既可以起到客户机作用也可以起到服务器作用。点对点对等式网络有许多优点，如在对等式网络中，计算机的数量通常较少，网络结构相对比较简单。而且它比上面所介绍的 C/S 网络模式造价低，它们允许数据库和处理机能分布在一个很大的范围里，还允许动态地安排计算机需求。当然它也有缺点，那就是提供较少的服务功能，并且难以确定文件的位置，使得整个网络难以管理。

6.2.4　局域网的常规应用

1．磁盘和文件共享

磁盘和文件共享是局域网使用最基本的功能。通过磁盘和文件共享，可以让所有连入局域网的用户共同使用同一个磁盘和文件。下面以文件共享为例，介绍一下磁盘和文件的共享方法。

文件共享，首先要把某一台机器上的文件共享，要在这台机器上打开 Windows 资源管理器，右击准备共享的文件夹，在弹出的快捷菜单中选择"共享和完全"命令（见图 6-10），弹出"属性"对话框，选择"共享"选项卡，选中"共享此文件夹"单选按钮，并输入共享名，如图 6-11 所示。共享用户数量的设置在"用户数限制"选项组中设置，要设置共享的权限，单击"权限"按钮，弹出"权限"对话框，如图 6-12 所示。

这里有三种权限："完全控制""更改"和"读取"，如果只希望其他的计算机读取该文件夹中的文件，而没有修改或删除的权限，应当选择"读取"复选框。如果只允许别人修改共享的文件，就选择"更改"复选框。如果允许在其他计算机上也能够像在自己的硬盘上那样随意修改和删除文件，就选择"完全控制"复选框。

图 6-10　右击文件弹出的快捷菜单

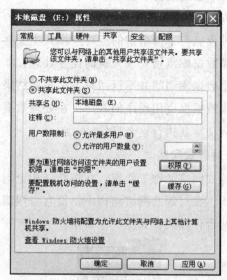

图 6-11　"磁盘属性"对话框

将文件夹设置为共享后，使用起来十分方便。在其他计算机桌面的"网上邻居"或 Windows资源管理器的"网上邻居"中，即可浏览到共享后的文件夹。然后，根据授予的权限，就像在本地硬盘一样读取、修改、删除或写入文件。

2．打印共享

如果计算机上没有连接打印机，要在从前，想要打印文件时总得用软盘把文件复制出来，然后带到装有打印机的计算机上才能打印，既麻烦又不可靠。连网以后，只要别人计算机上装有打印机，在自己的计算机上就可以直接对它进行操作。

与文件和磁盘共享一样，共享打印机的第一步就是先到连接着打印机的那台计算机上，把打印机资源给"共享"出来。方法是：选择"开始"→"控制面板"→"打印机和传真机"命令，打开"打印机和传真机"窗口，右击安装的打印机，在弹出的快捷菜单中选择"共享"命令，弹出的对话框如图 6-13 所示。这里的设置与共享文件夹和磁盘是一样的。

打印机设置为"共享"后，通过"网上邻居"就能找到它。在网络中使用打印机的每一台计算机同样也需要安装打印驱动程序。具体的步骤和安装本地打印机的步骤大同小异，只是当出现对话框的时候选择"网络打印机"。网络打印机的使用没有什么特别值得注意的地方，因为它跟使用本地打印机是完全一样的。

注意：除了上面介绍的两种共享外，还可以设置"媒体播放共享""消息共享"等。总之局域网的资源可以使计算机的软、硬件资源得到充分的利用，既节省了费用，又给工作带来了极大的方便。

图 6-12 "权限"对话框

图 6-13 打印机属性对话框

6.3 Internet 及其应用

因特网（Internet）又称互联网，是一个全球性的信息系统，以 TCP/IP（传输控制协议/网际协议）协议进行数据通信，把世界各地的计算机网络连接在一起，进行信息交换和资源共享。简言之，Internet 是一种以 TCP/IP 为基础的、国际性的计算机互连网络，是世界上规模最大的计算机网络系统。一般称为因特网或国际互联网。

在上述的介绍中，可以看到因特网的三个主要特性，即开放性、平等性和全球性。

下面将从发展概述、因特网的相关概念、因特网的接入方式、因特网提供的服务等方面为大家进行介绍。

6.3.1 Internet 发展概况

1. 因特网（Internet）的发展历史

1969 年，为了能在爆发核战争时保障通信联络，美国国防部高级研究计划署（Advance Research Projects Agency, ARPA）资助建立了世界上第一个分组交换试验网 ARPAnet, ARPAnet 将位于美国不同地方的几个军事及研究机构的计算机主机连接起来，它的建成和不断发展标志着计算机网络发展的新纪元。

1980 年, TCP/IP 协议研制成功, ARPA 开始把 ARPAnet 上运行的计算机转向采用新 TCP/IP 协议。1983 年起，开始逐步进入 Internet 的实用阶段，在美国和一部分发达国家的大学和军事部门中得到广泛使用，作为教学、研究和通信的学术网络。Internet 真正的发展是从 NSFNET 的建立开始的。1986 年美国国家科学基金会 NSF 资助建成了基于 TCP/IP 技术的主干网 NSFNET，连接美国的若干超级计算中心、主要大学和研究机构，组成基于 IP 协议的计算机通信网络 NSFNET，并以此作为 Internet 的基础。世界上第一个互联网产生，迅速连接到世界各地。后来，其他联邦部门的计算机网相继并入 Internet。NSFNET 最终将 Internet 向全社会开放，成为 Internet 的主干网。NSFNET 停止运营之后，在美国各 Internet 服务提供商（Internet Service Provider，ISP）之间的高速链路成了美国 Internet 的骨干网。在丰富因特网服务和内容的同时，也促进了 Internet 的扩展。1995 年以来，互联网用户数量呈指数增长趋势，平均每半年翻一番。截止到 2002 年 5 月，全球已经有 5 亿 8 千多万用户。其中，北美 1.82 亿，亚太 1.68 亿。截止到 2001 年 7 月，全球连接的计算机数量约 1.26 亿台。随着 Web 技术和相应的浏览器的出现，互联网的发展和应用出现了新的飞跃。今天，它已经深入到社会生活的各个方面，从网络聊天、网上购物，到网上办公以及 E-mail 信息传递，我们无处不受到 Internet 的影响，它已成为人们与世界沟通的一个重要窗口。

2．因特网在中国的发展

在大力发展我国自身数字通信网络的同时，我国也积极加入了全球互联的 Internet。虽然中国 Internet 起步较晚，但自从 1994 年接入 Internet 后我国的网上市场也得到快速增长，并且形成了一定的网上市场规模，促进了我国经济的发展。Internet 也为国内企业提供了让世界了解自己产品、增加国际贸易的商机。到目前为止，我国与 Internet 互连的四个主干网络如下：中国科学技术计算机网（CSTNET）、中国教育和科研计算机网（CERNET）、中国公用计算机互联网（CHINANET）、中国公用经济信息网通信网（GBNET）。它们在中国的 Internet 中分别扮演不同领域的主要角色。为我国经济、文化、教育和科学的发展走向世界起着重要作用。

6.3.2　因特网的相关概念

1．TCP/IP 协议

TCP/IP（Transmission Control Protocol/Internet Protocol）是传输控制协议/互联网络协议，这种协议使得不同厂牌、规格的计算机系统可以在互联网上正确地传递信息。TCP/IP 协议是 Internet 最基本的协议，它们不只是 TCP 协议和 IP 两个协议，它们实质上是一个协议集。使用 TCP/IP 协议，并可向因特网上所有其他主机发送 IP 数据报。TCP/IP 有如下特点：

（1）开放的协议标准，可以免费使用，并且独立于特定的计算机硬件与操作系统。

（2）独立于特定的网络硬件，可以运行在局域网、广域网，更适用于互联网中。

（3）统一的网络地址分配方案，使得整个 TCP/IP 设备在网络中都具有唯一的地址。

（4）标准化的高层协议，可以提供多种可靠的用户服务。

2．IP 地址

概念：为了能够保证每一台连接到因特网上的计算机都有唯一的身份标识，由 TCP/IP 协议中的 IP 协议提供了一种互联网通用的地址格式，即 IP 地址，该地址管理机构进行统一管理和分配，保证互联网上运行的设备（如主机、路由器等）不会产生地址冲突。IP 地址是网络上任意一个设备用来区别于其他设备的标志。就好像公用电话网中的电话号码一样，一个家庭如果不装电话，即没有分配到电话号码，就没法和他人通过电话进行联系一样。

每个 IP 地址共占 32 位（bit），这 32 位被分为 4 个段，每一个段占 8 个位（即一个字节）每个字节之间用"."隔开。例如：

11000000.10101000.00000000. 00000001

但是对于大多数人而言，记忆如此长的 32 位二进制数是很不习惯的，我们更习惯记忆的数字是十进制，所以，在实际的地址书写中，我们一般都使用十进制来表示。例如：

192.168.0.1

分类：Internet 组织已经将地址进行分类以适应不同规模的网络。IP 地址中的网络地址分为（A、B、C、D、E）五类， IP 地址的第一个数字范围决定了该地址具体属于哪一类，而每一类地址所能够容纳的主机数量是不一样的，不同类型的地址也因此被用于不同的网络环境中，如图 6-14 所示。

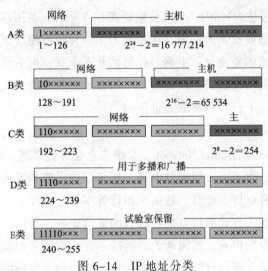

图 6-14　IP 地址分类

6.3.3　Internet 的接入方式

从终端用户计算机接入到 Internet 的方式有多种，常用的主要是拨号接入、ISDN 接入、ADSL 接入、DDN 专线接入、通过 LAN 接入等，以下将对各种接入方式进行简单介绍。

1. 拨号接入方式

拨号接入方式是通过已有电话线路，通过安装在计算机上的 Modem（调制解调顺）并拨号连接到网络供应服务商（ISP）的主机，从而可以享受互联网服务的一种上网接入方式。Modem 分为外置和内置的，它的作用是在发送端将计算机处理的数字信号转换成能在公用电话网络传输的模拟信号，经传输后，再在接收端将模拟信号转换成数字信号送给计算机，最终利用公用电话网 PSTN 实现计算机之间的通信。这种上网方式的特点是：安装和配置简单，投入较低，但上网传输速率较低，质量较差，上网时，电话线路被占用，不能拨打和接听电话。这种接入方式适合于家庭或办公室的个人用户上网。

2. 局域网（LAN）方式接入

如果本地的微机较多而且有很多人同时需要使用 Internet,可以考虑把这些微机连成一个以太网（如常用的 Novell 网），再把网络服务器连接到主机上。以太网技术是当前具有以太网布线的小区、小型企业、校园中用户实现因特网接入的首选技术。LAN 接入技术目前已比较成熟，这种方式是一种比较经济的多用户系统，而且局域网上的多个用户可以共享一个 IP 地址。当然，给局域网中的每个主机分配一个 IP 地址也是可能的，但这种接入方式的特点是传输距离短，投资成本较高。

3. ADSL 接入

ADSL 技术即非对称数字用户环路技术。是一种充分利用现有的电话铜质双绞线（即普通电话线）来开发宽带业务的非对称数字用户环路因特网接入技术。为用户提供上、下行非对称的传输速率（带宽）。非对称主要体现在上行速率（最高 640 kbit/s）和下行速率（最高 8 kbit/s）的非对称性上。上行（从用户到网络）为低速传输，可达 640 kbit/s；下行（从网络到用户）为高速传输，可达 8 kbit/s。有效传输距离在 3～5 km 范围以内。它最初主要是针对视频点播业务开发的，随着技术的发展，逐步成为了一种较方便的宽带接入技术，为电信部门所重视。这种接入方式的特点是：上网与打电话互不干扰；电话线虽然同时传递语音和数据，但其数据并不通过电话交换机，因此用户不用拨号一直在线，无须交纳拨号上网的电话费用；能为用户提供上、下行不对称的宽带传输。

4. ISDN 接入方式

ISDN（Integrated Service Digital Network，窄带综合业务数字网，俗称"一线通"，采用数字传输和数字交换技术，除了可以用来打电话，还可以提供诸如可视电话、数据通信、会议电视等多种业务，从而将电话、传真、数据、图像等多种业务综合在一个统一的数字网络中进行传输和处理。这种接入方式的特点是：综合的通信业务，利用一条用户线路，就可以在上网的同时拨打电话、收发传真，就像两条电话线一样；由于采用端到端的数字传输，传输质量明显提高；使用灵活方便：只需一个入网接口，使用一个统一的号码，就能从网络得到所需要使用的各种业务。用户在这个接口上可以连接多个不同种类的终端，而且有多个终端可以同时通信；上网速率可达 128 kbit/s。但它的速度相对于 ADSL 和 LAN 等接入方式来说，速度不够快。

5. DDN 接入方式

DDN（Digital Data Network，数字数据网）是利用光纤、数字微波、卫星等数字信道，以传输数据信号为主的数字通信网络，它是利用数字信道提供永久性连接电路，可以提供 2 Mbit/s 及 2 Mbit/s 以内的全透明的数据专线，并承载语音、传真、视频等多种业务。它的特点是传输速率高，在 DDN 网内的数字交叉连接复用设备能提供 2 Mbit/s 或 $N \times 64$ kbit/s（≤ 2 Mbit/s）速率的数字传输信道；传输质量较高，数字中继大量采用光纤传输系统，用户之间专有固定连接，网络时延小；协议简单，采用交叉连接技术和时分复用技术，由智能化程度较高的用户端设备来完成协议灵活的连接方式，可以支持数据、语音、图像传输等多种业务，它不仅可以和用户终端设备进行连接，也可以和用户网络连接，为用户提供灵活的组网环境。

6. 光纤接入方式

光纤接入是指局端与用户之间完全以光纤作为传输媒体。光纤用户网的主要技术是光波传输技术。光纤接入可以分为有源光接入和无源光接入。目前光纤传输的复用技术发展相当快，多数已处于实用化阶段。它是一种理想的宽带接入方式，特点是：可以很好地解决宽带上网的问题，传输距离远、速度快、障碍率低、不受电磁干扰，保证了信号传输质量；用光缆替换铜线电缆，可以解决城市地下通信管道拥挤的问题，但是，出于出口带宽的限制，如果路线上的用户数量激增，会导致网络接入的速度陡降，局部掉线是经常碰到的问题。

6.3.4　Internet 提供的服务

1．主要的信息服务

1）WWW 服务

WWW（world wide web，环球信息网）是一个基于超文本方式的信息查询服务。WWW 是由欧洲粒子物理研究中心（CERN）研制的。WWW 将位于全世界 Internet 上不同网址的相关数据信息有机地编织在一起，提供了一个友好的界面，大大方便了人们的信息浏览，而且 WWW 方式仍然可以提供传统的 Internet 服务。它不仅提供了图形界面的快速信息查找，还可以通过同样的图形界面（GUI）与 Internet 的其他服务器对接。它把 Internet 上现有资源统统连接起来，使用户能在 Internet 上已经建立了 WWW 服务器的所有站点提供超文本媒体资源文档。而内容则从各类招聘广告到电子版圣经，可以说包罗万象，无所不有。WWW 是当前 Internet 上最受欢迎、最为流行、最新的信息检索服务系统。

2）文件传输服务（FTP）

FTP（file transfer protocol）服务解决了远程传输文件的问题，Internet 上的两台计算机在地理位置上无论相距多远，只要两台计算机都加入互联网并且都支持 FTP 协议，它们之间就可以进行文件传送。只要两者都支持 FTP 协议，网上的用户既可以把服务器上的文件传输到自己的计算机上（即下载），也可以把自己计算机上的信息发送到远程服务器上（即上传）。

FTP 实质上是一种实时的联机服务。与远程登录不同的是，用户只能进行与文件搜索和文件传送等有关的操作。用户登录到目的服务器上就可以在服务器目录中寻找所需文件，FTP 几乎可以传送任何类型的文件，如文本文件、二进制文件、图像文件、声音文件等。匿名 FTP 是最重要的 Internet 服务之一。匿名登录不需要输入用户名和密码，许多匿名 FTP 服务器上都有免费的软件、电子杂志、技术文档及科学数据等供人们使用。

3）电子邮件服务（E-mail）

电子邮件（electronic mail，E-mail）是 Internet 上使用最广泛和最受欢迎的服务，它是网络用户之间进行快速、简便、可靠且低成本联络的现代通信手段。

电子邮件使网络用户能够发送和接收文字、图像和语音等多种形式的信息。使用电子邮件的前提是拥有自己的电子信箱，即 E-mail 地址，实际上就是在邮件服务器上建立一个用于存储邮件的磁盘空间。使用电子邮件服务的前提：拥有自己的电子信箱，一般又称为电子邮件地址（E-mail address）。电子信箱是提供电子邮件服务的机构为用户建立的，实际上是该机构在与 Internet 联网的计算机上为你分配的一个专门用于存放往来邮件的磁盘存储区域，这个区域是由电子邮件系统管理的。自动读取、分析该邮件中的命令，若无错误则将检索结果通过邮件方式发给用户。

2．Internet 的其他服务

1）远程登录服务（Telnet）

远程登录（remote-login）是 Internet 提供的最基本的信息服务之一，它是指允许一个地点的用户与另一个地点的计算机上运行的应用程序进行交互对话；是指远距离操纵别的机器，实现自己的需要。Telnet 协议是 TCP/IP 通信协议中的终端机协议。Telnet 使用户能够从与网络连接的一台主机进入 Internet 上的任何计算机系统，只要你是该系统的注册用户，就像使用自己的计算机一样使用该计算机系统。在远程计算机上登录，必须事先成为该计算机系统的合法用户并拥有相应的账号和密码。登录成功后，用户便可以实时使用该系统对外开放的功能和资源，Telnet 是一个强有力的资源共享工具，许多大学图书馆都通过 Telnet 对外提供联机检索服务，一些政府部门、研究机构也将它们的数据库对外开放，使用户通过 Telnet 进行查询。例如，共享它的软硬件资源和数据库，使用其提供的 Internet 信息服务，如 E-mail、FTP、Archie、Gopher、WWW、WAIS 等。

2）电子公告板（BBS）

BBS（bulletin boards system）是 Internet 上的电子公告板系统，实质上是 Internet 上的一个信息资源服务系统。提供 BBS 服务的站点称为 BBS 站，BBS 通常是由某个单位或个人提供的，Internet 上的电子公告栏相对独立，不同的 BBS 站点的服务内容差别很大，用户可以根据它提供的菜单，浏览信息、收发电子邮件、提出问题、发表意见、网上交谈。根据建立网站的目的和对象的不同可以建立各种 BBS 网站，它们彼此之间没有特别的联系，但有些 BBS 之间相互交换信息。

3）网络新闻服务（Usenet）

网络新闻（network news）通常又称 Usenet。它是具有共同爱好的 Internet 用户相互交换意见的一种无形的用户交流网络，它相当于一个全球范围的电子公告板系统。

网络新闻是按不同的专题组织的。参与者以电子邮件的形式提交个人的意见和建议，只要用户的计算机运行一种称为"新闻阅读器"的软件，就可以通过 Internet 随时阅读新闻服务器提供的各类消息，并可以将你的建议提供给新闻服务器，以便作为一条消息发送出去。值得注意的是，这里所谓的"新闻"并不是通常意义上的大众传播媒体提供的各种新闻，而是在网络上开展的对各种问题的研究、讨论和交流。如果你想向 Internet 上的素不相识的专家请教，那么网络新闻则是最好的选择途径。

6.4　浏览器操作

浏览器是一种用于搜索、查找、查看和管理网络上的信息的带图形交互界面的应用软件，常用的浏览器软件很多，有 Microsoft 公司的 Internet Explorer 浏览器（又称 IE）和 Netscape 公司开发的 Netscape Communicator、360 浏览器、火狐浏览器和极速浏览器等。本书以 Internet Explorer 浏览器为例进行介绍。

6.4.1 基本知识

1. 万维网（WWW）

WWW 是因特网的典型应用，用户可以用 Web 浏览器在网上实现对它的访问，在其上存放着 HTML 语言制作的各种信息资源文件（网页）。它的工作模式是客户机/服务器模式。

2. 网页（web page）

网页是浏览 WWW 资源的基本单位。WWW 通过超文本传输协议向用户提供多媒体信息，所提供信息的基本单位就是网页，网页的内容可以包含普通文字、图形、图像、声音、动画等多媒体信息，还包含指向其他网页的链接。

3. 主页（home page）

WWW 是通过相关信息的指针链接起来的信息网络，由提供信息服务的 Web 服务器组成。在 Web 系统中，这些服务信息以超文本文档的形式存储在 Web 服务器上。每个 Web 服务器上的第一个页面称为主页。通过主页上的提示标题（链接）可以转到主页之下的各个层次的其他页面，如果用户从主页开始浏览，可以完整地获取这一服务器所提供的全部信息。

4. 超文本传输协议（HTTP）

HTTP（hypertext transfer protocol，超文本传输协议）是 WWW 服务程序所用的网络传输协议。HTTP 协议是一种面向对象的协议，为了保证 WWW 客户机与 WWW 服务器之间通信不会产生歧义，HTTP 精确定义了请求报文和响应报文的格式。

5. 统一资源定位器（URL）

URL（uniform resource locator，统一资源定位器）可看成是 Internet 上某一资源的地址。通常 URL 包括以下几部分：协议类型、信息资源所在主机名、路径名和文件名等。例如：

http://www.ynenc.cn/lib/default.asp

其中，http 为协议类型，www.ynenc.cn 为信息资源所在主机名，lib 为路径名，default.asp 为具体的文件名。

6.4.2 浏览器 IE 10.0 的基本操作

1. 启动 IE 10.0 及窗口组成

双击桌面上的 Internet Explorer 图标启动 IE 10.0，打开图 6–15 所示的窗口，该窗口由标题栏、菜单栏、工具栏、地址栏、主窗口和状态栏等组成。

1）标题栏

位于屏幕最上方，显示标题名称，由当前浏览的网页名称和最右面的"最大化""最小化""关闭"按钮组成。

2）菜单栏

菜单栏提供了 Internet Explorer 的若干命令，有文件、编辑、查看、收藏、工具和帮助等 6 个菜单项，通过菜单可以实现对 WWW 文档的保存、复制、收藏等操作。

3）工具栏

位于菜单栏下方，包括一系列最常用的工具按钮。如后退、前进、停止、刷新、主页、搜索、收藏、历史、邮件、打印等常用菜单命令的功能按钮。

4）地址栏

显示当前打开网页的 URL 地址。还可在地址栏中输入要访问站点的网址，单击右侧的下拉按钮，还可弹出以前访问过网络站点的地址清单，供用户选择。

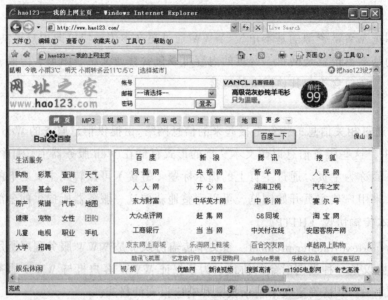

图 6-15　IE 浏览器界面

5）主窗口

主窗口用于显示和浏览当前打开的页面，网页中有超链接，单击可链接到相应的网页浏览其中的内容。

6）状态栏

用于反映当前网页的运行状态信息。

2．设置浏览器主页

浏览器主页是指每次启动 IE 10.0 时默认访问的页面，如果希望在每次启动 IE 10.0 时都进入"搜狐"的页面，可以把该页设置为主页。具体操作步骤如下：

（1）选择"工具"→"Internet 选项"命令。

（2）弹出"Internet 选项"对话框，选择"常规"选项卡，在主页地址中输入"http://www.hao123.com"，单击"确定"按钮，如图 6-16 所示。

3．浏览网页

单击 IE 浏览器图标，即可打开主页，地址栏是输入和显示网页地址的地方，如果用户在上网之前了解了一些网址，可以直接在浏览器的地址栏中输

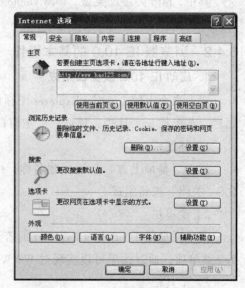

图 6-16　"Internet 选项"对话框

入已知的网址来访问该网页。当鼠标在网页上移动时，有许多手形指针，这就是超链接，要通过超链接浏览网页时可单击要浏览的链接，即可打开相应链接内容，浏览网页时，当主页的内容超出一个页面一屏显示不下时，可用窗口右边的垂直滚动条来翻页。

4. 通过历史记录浏览网页

在 IE 浏览器的历史栏中，保存着用户最近浏览过的网站的地址。如果用户要访问曾经浏览过的网站，可以在历史记录栏中快速地选择地址。

在工具栏上，单击"历史"按钮，在浏览器中就会出现历史记录栏，其中包含了在最近访问过的 Web 页和站点的链接。在此栏中，单击"查看"按钮选择日期、站点、访问次数或当天的访问次序，单击文件夹以显示各个 Web 页，再单击 Web 图标显示该 Web 页。

5. 添加到收藏夹

用户在上网过程中经常会遇到十分喜欢的网站，为了方便以后能访问这个网站，通常需要记住该网站的网址，为此 IE 为用户提供了一个保存网址的工具——收藏夹。

（1）添加到收藏夹。具体操作步骤如下：

打开一个需要保存的网页；在菜单中选择"收藏"→"添加到收藏夹"命令，弹出"添加到收藏夹"对话框；在"添加到收藏夹"对话框中输入页面命名。浏览器默认把当前网页的标题作为收藏夹名称，单击"确定"按钮，那么所选择的页面即可保存到 IE 浏览器的收藏夹中。

（2）打开收藏的网页。具体操作步骤如下：

单击工具栏中的"收藏"按钮或菜单栏中的"收藏"命令；单击相应的名称项即可打开相应的网页。

6. 整理收藏夹

选择"收藏"→"整理收藏夹"命令，弹出"整理收藏夹"对话框。在其中可以进行创建文件夹、重命名文件夹、移动文件夹和删除操作。

6.4.3　网页搜索

Internet 在不断扩大，它几乎有无尽的信息资源供查找和利用，但是如何从大量的信息中迅速、准确地找到自己需要的信息就尤为重要，下面介绍一下网页的搜索方法。

1. 利用 IE 进行简单搜索

IE 10.0 本身就提供了一些默认的搜索工具，通过 IE 浏览器的搜索工具搜索信息是最简单的搜索方式，使用 IE 搜索网络资源有如下两种方法：

（1）在地址栏中输入关键字或关键词进行搜索。启动 IE 浏览器后，在地址栏中输入希望查询的网络关键字或关键词，然后按【Enter】键，页面上就会列出与输入的关键字或关键词相关的网页站点的列表，单击其中一个就会链接到相应的站点。

（2）单击工具栏中的"搜索"按钮进行搜索。单击工具栏中的"搜索"按钮，在浏览器窗口左侧就会出现"搜索"任务窗格，在"搜索"任务窗格的"请选择要搜索的内容"选项组中选中一个单选按钮，在"请输入查询关键词"文本框中输入要搜索的关键字或关键词，然后单击"搜索"按钮即可进行搜索。

2．使用搜索引擎进行搜索

在网络上搜索信息，除了使用 IE 进行简单搜索以外，还可以利用搜索引擎进行搜索。搜索引擎实际上也是一个网站，是提供用于查询网上信息的专门站点。搜索引擎站点周期性地在 Internet 上收集新的信息，并将其分类储存，这样就建立了一个不断更新的"数据库"，用户在搜索信息时，实际上就是从这个库中查找。搜索引擎的服务方式有如下两种：

（1）目录搜索。目录搜索是将搜索引擎中的信息分成不同的若干大类，再将大类分为子类、子类的子类……，最小的类中包含具体的网址，用户直到找到相关信息的网址，即按树形结构组成供用户搜索的类和子类，这种查找类似于在图书馆找一本书的方法，适用于按普通主题查找。

（2）关键字搜索。"关键字搜索"是搜索引擎向用户提供一个可以输入要搜索信息关键字的查询框界面，用户按一定规则输入关键字后，单击查询框后的"搜索"按钮，搜索引擎即开始搜索相关信息，然后将结果返回给用户。

3．如何使用搜索引擎

（1）使用通配符。在输入搜索关键字时，可以直接输入搜索关键字，也可以使用 AND、OR、NOT 和通配符"*"或"？"（有些搜索引擎可能不完全支持）。例如，在搜索框中输入"古典文学 AND 毕业论文"将返回包含古典文学也包含毕业论文的网站信息。

（2）常见的搜索引擎有以下几种。

百度搜索引擎：http；//www.haidu.com/。

雅虎搜索引擎：http://www.yahoo.com/。

谷歌搜索引擎：http://www.google.com.hk/。

6.4.4　网页保存

浏览网页时，经常会看到非常好的网页，一定会想办法把它保存下来，供以后参考使用，或在不连接 Internet 时浏览。

1．保存整个网页

当需要将整个网页的信息完整地保存时，可以使用下面的方法：

（1）打开要保存的网页，选择"文件"→"另存为"命令，弹出"另存为"对话框。

（2）在"另存为"对话框中，有四种保存类型，如图 6-17 所示，选择相应的保存类型后，单击"保存"按钮。

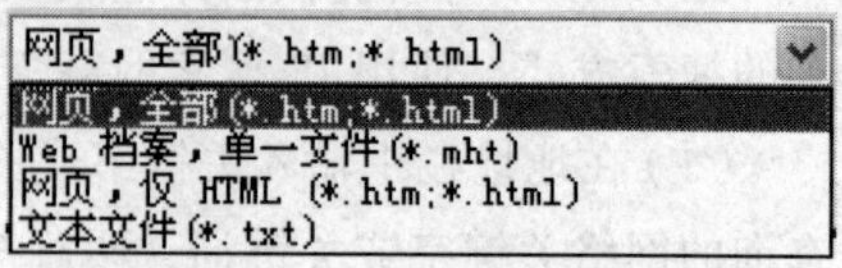

网页，全部（*.htm；*.html）：用于保存包含动画、超链接、图片等超文本的完整网页。

图 6-17　网页保存类型设置

Web 档案，单一文件（*.mht）：将页面中所有可以收集的元素全部存放在一个页面里，就是把 HTML 和它相关的图片之类的东西打包成一个单独的文件。

网页，仅 HTML：用于保存只有文字及其格式的网页文件。

文本文件：用于保存无格式，只有文字的文本文件。

（3）最后选择相应的路径和文件名，单击"保存"按钮即可。

2．保存页面中的部分信息

上面的操作可以将自己喜欢的整个页面保存下来，也可以只保存页面的一部分内容。

保存页面中文字的操作步骤如下：

（1）用鼠标选定要保存的常规文字内容。

（2）选择"编辑"→"复制"命令，或按【Ctrl+C】组合键。选定的文字内容复制到 Windows 的剪贴板中。再打开 Word，选择"编辑"→"粘贴"命令或按【Ctrl+V】组合键。

保存页面中图片的操作步骤如下：

（1）将鼠标移动到页面中希望保存的图片上并右击。

（2）在弹出的快捷菜单中选择"图片另存为"命令，弹出"保存图片"对话框。

（3）在"保存图片"对话框中，输入或选定文件名和保存位置，即可实现图片下载。

第 7 章 | 多媒体技术基础

早期的计算机只能处理数值和文字信息，多为科研人员使用，而多媒体技术使计算机具有了综合处理声音、文字、图像和视频的能力，它以丰富的图、文、声、像信息和方便的交互性，极大地改善了人机界面，改变了计算机的使用方式，从而为计算机进入人们生产和生活的各个领域打开了方便之门，给人们的工作、生活、学习和娱乐带来深刻的影响。

7.1 多媒体技术的基本概念

1984 年，美国 Apple 公司在研制 Macintosh 计算机时，为了改善人机交互界面，引入了位图（bitmap）的概念来对图形进行处理，创造性地使用了图形窗口界面，并引入鼠标作为配合图形界面交互操作的设备，极大地方便了计算机用户。人们把 Macintosh 机作为计算机多媒体时代到来的标志。1985 年，美国 Commodore 个人计算机公司率先推出世界上第一台多媒体计算机系统——Amiga。它配有图形处理、音响处理和视频处理三个专用芯片，具有下拉菜单、多窗口和图符等功能。进入 20 世纪 90 年代以来，多媒体技术迅速兴起、蓬勃发展，其应用已遍及国民经济与社会生活的各个角落，正在对人类的生产方式、工作方式乃至生活方式带来巨大的变革。

7.1.1 媒体与多媒体

1. 媒体

多媒体技术领域中的媒体（media）是指计算机能够处理的信息的载体，又称媒介。包括文本（text）、超文本（hyper text）、图形（graphics）、图像（image）、音频（audio）、视频（video）和动画（animation）等。

2. 多媒体

多媒体（Multimedia）就是两种及两种以上媒体的有机结合，即多种信息载体的表现形式和传递方式。特别要强调的是多媒体是以计算机为基础，多种媒体之间存在逻辑联系，并且具有交互性。

人们熟悉的报纸、杂志、电影、电视、广播等，都是以它们各自的媒体进行信息传播。有些是以文字作媒体，有些是以声音作媒体，有些是以图像作媒体，有些是以图、文、声、像作媒体。它们是以传统的大众传播方式定期向社会公众发布信息或提供教育娱乐的交流活动的媒体，一般将它们称为传统媒体，传统媒体主要包括电视、报刊、广播。以电视为例，虽然它也是以图、文、声、像作媒体，但它与多媒体系统存在明显的区别：第一，电视观赏的全过程均是被动的，而多媒体系统为用户提供了交互特性，极大地调动了人的积极性和主动性。第二，人们过去熟悉的图、文、声、像等媒体几乎都是以模拟量进行存储和传播的，而多媒体是以数字量的形式进行存储和传播的。

7.1.2　多媒体技术

多媒体技术（multimedia technology）是指通过计算机获取、处理、编辑、存储和展示两种以上媒体信息的技术。

1. 多媒体技术的特性

多媒体技术有四大特性：多样性、集成性、交互性、实时性。

（1）多样性（variety）：多样性一方面指信息媒体类型的多样性，另一方面也指媒体输入、传播、再现和展示手段的多样性。

（2）集成性（integration）：媒体的集成性包括两方面，一方面是多媒体信息的集成，另一方面是处理这些媒体的设备和系统的集成。多媒体信息的集成指将不同的媒体信息合理、协调地结合在一起，形成一个完整的整体，更加强调将多种媒体信息有机地进行同步。

（3）交互性（interactive）：是指用户和计算机的交互，所谓交互是指信息交流的双方进行对话的活动。用户一定程度的有效参与到多媒体软件的运行过程中。例如，在多媒体远程信息检索系统中，初级交互性可提供给用户找出想读的书籍，快速跳过不感兴趣的部分，从数据库中检录声音、图像或文字材料等。中级交互性则可使用户介入到信息的提取和处理过程中，如对关心的内容进行编排、插入文字说明及解说等。当采用虚拟或灵境技术时，多媒体系统可提供高级的交互性。

（4）实时性（real time）：多媒体系统中的音频和视频与时间密切相关，因此多媒体技术必须支持实时处理。例如，电视会议系统的声音和图像不允许存在停顿，必须严格同步，包括"唇音同步"，否则传输的声音和图像就失去了意义。

2. 多媒体技术的应用领域

多媒体技术的应用领域非常广泛，在此仅列举一些常见的应用。

（1）教育培训应用领域：例如多媒体教学课件，多媒体远程教育系统等。

（2）商业展示、信息咨询应用领域：例如汽车制造商通过产品的多媒体光盘展示产品。

（3）多媒体电子出版物：目前国内外的许多杂志、报刊都有相应的网络电子版。

（4）多媒体通信：例如视频会议，视频聊天，可视电话，电子商务等。

（5）多媒体娱乐和游戏：例如在线音乐、在线影院、联网游戏等。

（6）影视制作：例如，《绿巨人》《侏罗纪公园》等。

（7）虚拟现实技术：虚拟人体解剖系统，虚拟飞机驾驶训练环境等。

7.2　网络与多媒体

随着计算机技术的迅猛发展，多媒体技术与网络技术的完美结合越来越成为信息科技时代信息加工、处理和传输的必然要求。从计算机网络发展的历程上看，它的每一次巨大的进步乃至今日的风靡全球，都与多媒体及多媒体技术的发展是分不开的，多媒体信息在网络中起着十分重要的作用。

首先，多媒体信息是网页设计、网站建设中的基础性元素。它们本身是一种概念的体现，同时也是其他信息的载体。网络中正是有了这样庞大的超文本、超链接，才使得它广博无限，深入社会的各个角落。

其次，多媒体信息以其强大的说服力、宣传力、感染力赢得新闻媒介、商家及广大用户的青睐。文字、图像、音乐、动画演示等多媒体信息的组合使得问题说明变得更加透彻，更加形象，更符合人们的认知规律。

再次，多媒体信息在网络中的融合，使得网络信息丰富多彩，创造出一种虚拟现实的意境，这也正是网络的无穷魅力之所在。

1. 超文本与超媒体

（1）超文本（hypertext）：是用超链接的方法，将各种不同空间的文字信息组织在一起的网状文本。超文本普遍以电子文档方式存在，其中的文字包含可以连接到其他位置或者文档的链接，允许从当前阅读位置直接切换到超文本链接所指向的位置。超文本的格式很多，目前最常使用的是超文本标记语言（hyper text markup language，HTML）及丰富的文本格式（rich text format，RTF）。人们日常浏览的网页链接都属于超文本。

（2）超媒体（hypermedia）：超文本与多媒体的融合产生了超媒体。允许超文本的信息结点存储多媒体信息，并使用与超文本类似的机制进行组织和管理，就构成了超媒体。

超媒体与超文本之间的不同之处是：超文本主要是以文字的形式表示信息，建立的链接关系主要是文字之间的链接关系；而超媒体除了使用文本外，还使用图形、图像、声音、动画或影视片断等多种媒体来表示信息，建立的链接关系是文本、图形、图像、声音、动画和影视片断等媒体之间的链接关系。

2. 流媒体技术

互联网的普及使利用网络传输声音与视频信号的需求也越来越大。但由于音视频在存储时文件的体积一般都十分庞大，在网络带宽还无法满足快速海量传输需求的情况下，下载较大的音视频文件需要较多的时间。为解决这个问题，一些计算机公司开发了各自的流媒体技术来突破网络带宽对多媒体信息传输的限制，以适应网络应用的需要。

流媒体（streaming media）是指采用流式传输的方式在网络播放的多媒体文件。而流媒体技术就是把连续的影像和声音信息经过压缩处理后放到服务器上，让用户一边下载一边观看、收听，而不需要等整个压缩文件下载到自己机器后才可以观看的网络传输技术。以前，人们在网络上观看电影或收听音乐时，必须先将整个影音文件下载并存储在本地计算机上，然后才可以观看。与传统的播放方式不同，流媒体在播放前并不下载整个文件，只将部分内容缓存，使流媒体数据流边传送边播放，这样就节省了下载等待时间和存储空间。

目前，Internet 上最通用的流媒体系统包括：Microsoft Windows Media Player、Apple QuickTime 等。

常见网络流媒体的文件格式如下：

（1）.asf 格式：是 Microsoft 公司开发的一种视频文件格式，asf 视频部分一般采用 Microsoft MPG4；音频部分采用 Windows media audio；asf 文件可以用 Windows Media Player 播放。

（2）.wmv 格式：是 Windows Media Video 的简称，它与 asf 文件有稍许区别，wmv 一般采用 Windows media video/audio 格式。

（3）.rm 格式：是 Real Networks 公司所开发的流式视频 Real Vedio 文件格式，用户可以使用 RealPlayer 或 RealOne Player 播放。VCD 压成 real 格式就采用 real 8.0 格式，即 rm。

（4）rmvb 格式：是在 RM 格式上升级延伸而来，较上一代 rm 格式画面要清晰很多，可以用 RealPlayer 9、暴风影音、QQ 影音等播放软件播放。

（5）.ra 格式：即实时声音（Real Audio），是 RealNetworks 公司所开发的 realmeida 文件格式的一部分。是一种流式音频文件格式。realaudio 用以传输接近 cd 音质的音频数据。

（6）.rp 格式：即实时图像（Realpix），是 RealNetworks 公司所开发的 realmeida 文件格式的一部分，允许直接将图片文件通过 Internet 流式传输到客户端。通过将其他媒体如音频、文本捆绑到图片上可以制作出为了各种用途的多媒体文件。Realpix 文件可以用 RealPlayer 6 以上的版本或插件、Realone、Realpix player 等软件打开。

（7）.rt 格式：即实时文本（Realtext），是 RealNetworks 公司所开发的 realmeida 文件格式的一部分，Realtext 文件既可以是单独的文本，也可以是文本的基础上加上媒体。Realtext 文件可以用 RealPlayer Basic、Realone 等软件打开。

（8）.aam 格式：采用 Shockwave 技术和 Web package 软件可以把 Authorware 制作的多媒体课件压缩为 aam 和 aasl 文件。

（9）.swf 格式是基于 Macromedia 公司 Shockwave 技术的流式动画格式。是 Flash 的一种发布格式，客户端安装 Shockwave 插件即可播放。也可以用 flashplayer 播放。

（10）.mov 格式：QuickTime 影片格式，它是 Apple 公司开发的。在所有视频格式当中，也许 MOV 格式是最不常遇到的。它可以用 QuickTime Player 播放。

7.3　多媒体软件

多媒体计算机（multimedia computer）是能够对声音、图像、视频等多媒体信息进行综合处理的计算机，一般指多媒体个人计算机（multimedia personal computer，MPC）。多媒体计算机由两大部分构成：多媒体硬件系统、多媒体软件系统。

多媒体计算机软件系统包括多媒体操作系统和多媒体应用工具软件。多媒体计算机的软件系统是以多媒体操作系统为基础的，而多媒体开发和创作工具为多媒体系统提供了方便直观的创作途径，一些多媒体开发软件包提供了图形、声音、动画、视频及各种媒体文件的转换与编辑手段。这里主要介绍多媒体应用工具软件。一般情况下，将多媒体应用工具软件分为三大类：多媒体播放软件、多媒体素材制作软件、多媒体平台软件。

7.3.1　多媒体播放软件

多媒体播放软件是最基本的多媒体软件，这里列出目前国际国内最为流行的十款多媒体播放器：

（1）Windows Media Player：是微软公司的产品，是 Windows 默认的媒体播放器。

（2）Realone Player & RealPlayer：都是 RealNetworks 旗下的产品。

（3）暴风影音：是国产软件，是暴风影音公司的产品。

（4）QuickTime：是 Apple 公司的产品。

（5）豪杰超级解霸：是国产软件，是北京世纪豪杰计算机技术有限公司的产品。

（6）Winamp：是 Nullsoft 公司的产品。

（7）WinDVD：是 InterVideo 公司的产品。

（8）百度音乐：是国产免费软件。

（9）Foobar：是免费软件，开放性源码，由多名程序人员共同完成。

（10）PowerDVD：是中国台湾省讯连科技所开发的软件。

7.3.2　多媒体素材制作软件

一个完整的多媒体作品的开发过程，是对大量不同类型的素材（文字、声音、图形图像、动画和视频）进行程序化和系统化的整合过程。这些不同的媒体素材不可能在一个工具软件中编辑完成，几乎所有多媒体作品的并发，都需要通过多种编辑软件的配合来完成。

1．文字处理软件

文字处理软件有很多种，诸如记事本、写字板、Word、WPS 等。其中 Microsoft Word 功能最为强大，除基本的文字输入编辑功能外，还提供了许多艺术字库，用户可以直接套用字库中的艺术效果，轻松实现文字的变化。

2．图形图像处理软件

图像处理软件可以获取、处理和输出图像，主要用于平面设计、制作多媒体作品、广告设计等领域。常用的图像处理软件有：

（1）Photoshop：是 Adobe 公司旗下最为出名的图像处理软件之一，处理位图图像，具有获取图像、输入与输出、加工处理图像、图像格式转换等功能。

（2）CorelDRAW：是 Corel 公司开发的图形图像软件。广泛地应用于商标设计、标志制作、模型绘制、插图描画、排版及分色输出等诸多领域，处理矢量图形，具有矢量插图、版面设计、点阵编辑、绘图工具、图像编辑等功能。

（3）Illustrator：是 Adobe 公司推出的专业矢量绘图工具，是出版、多媒体和在线图像的工业标准矢量插画软件。

3．动画制作软件

绘制和编辑动画软件具有图形绘制和上色功能，并具备自动动画生成功能，是原创动画的重要工具。常用的软件有：

（1）Flash：Flash 是由 Macromedia 公司推出的交互式矢量图和 Web 动画的标准，是最流行的平面动画制作软件。

（2）3ds Max：是 Autodesk 公司开发的基于 PC 系统的三维动画渲染和制作软件。

（3）Cool 3D：是 Ulead 公司出品的一款专门制作三维文字动画的软件。

（4）Poser：是 Metacreations 公司推出的一款三维动物、人体造型和三维人体动画制作的软件。

4．声音处理软件

通过声音处理软件可以对数字化声音进行采集、剪辑、编辑、合成和处理，还可以对声音进行声道模式变换、频率范围调整、生成各种特殊效果、采样频率变换、文件格式变换等。

常用的软件有：

（1）Windows 系统的"录音机"：功能比较简单，只能播放 WAV 音乐。

（2）Goldwave：是一个功能强大的单音轨数字音乐编辑器，它可以对音频内容进行播放、录制、编辑以及转换格式等处理。

（3）Sound Forge：是单音轨声音文件处理软件。

（4）Cool Edit Pro：是一款流行的多音轨声音文件处理软件。

（5）豪杰音频解霸：豪杰超级解霸 3000 中包含的音频解霸，它提供 26 种环绕音效，10 种音乐特效。

（6）全能音频转换通：一款音视频文件格式转换软件。它支持目前所有流行的媒体文件格式，并能批量转换。该软件能从视频文件中分离出音频流，转换成完整的音频文件。

（7）音频转换精灵：是一款功能强大的音频转换工具。支持常见的音频格式的转换，并能将 CD 光盘中的音乐文件转换为 MP3、WAV、WMA 或 OGG 格式文件；可以批量转换；内置播放器支持多种格式的播放功能。

5．视频处理软件

此类软件可以对视频进行编辑、剪辑，增加特效，增加视频的可观赏性。

常用的软件有：

（1）Ulead Media Studio（会声会影）：会声会影是一套操作简单的 DV、HDV 影片剪辑软件。具有成批转换功能与捕获格式完整的特点。可将 DV 机上的模拟信号采集下来，转换成能在计算机上播放的视频文件，并且能转换成多种格式，还可以剪辑、配乐、制作成 CD、VCD、DVD 等形式的一个工具。

（2）Adobe Premiere：一款创新的非线性视频编辑软件，同时也是一个功能相当强大的实时视频和音频编辑工具，广泛应用于影视剪辑、广告制作、多媒体制作等领域。

（3）After Effects：是 Adobe 公司推出的一款图形视频处理软件，适用于从事设计和视频特技的机构，包括电视台、动画制作公司、个人后期制作工作室以及多媒体工作室，在影像合成、动画、视觉效果、非线性编辑、设计动画样稿、多媒体和网页动画方面都有其发挥余地。

7.3.3 多媒体平台软件

多媒体的素材采集、编辑完毕后，最后的工作就是将多种媒体素材有机结合在一起，搭建软件执行框架，设计各种交互动作，设计各种媒体的呈现顺序或呈现条件，最后形成一个完整的多媒体作品。完成上述功能的软件系统被称为"多媒体平台软件（又称多媒体创作软件、多媒体著作软件）"。常见的多媒体平台软件主要有：

（1）PowerPoint：是专门用于制作演示多媒体投影片、幻灯片模式的多媒体 CAI 编辑软件，它以页为单位制作演示内容。

（2）Authorware：是以图标为基础，以流程图为编辑模式的多媒体合成软件。

（3）Director：是基于时序的多媒体合成软件，它用时间轴的方法表示整个程序中各个内容出现的时间顺序，并用这种方法来控制各类媒体素材的播放。

（4）Toolbook：是 Asymetrix 教育系统公司开发的多媒体创作工具，现已成为多媒体创作的经典工具之一。

7.4 多媒体硬件

多媒体个人计算机市场联盟发布了多媒体个人计算机（MPC）的硬件最低功能标准，即MPC 技术规范。这里通过表 7-1 列出四代 MPC 规格。

表 7-1 多媒体个人计算机规范标准

硬件 ＼ MPC	MPC1	MPC2	MPC3	MPC4
CPU	80386	80486	Pentium75	Pentium133
内存	2 MB	4 MB	8 MB	16 MB
软盘	1.44 MB	1.44 MB	1.44 MB	1.44 MB
硬盘	30 MB	160 MB	850 MB	1.6 GB
CD-ROM	< 1 ×	2 ×	4 ×	10 ×
声卡	8 位	16 位	16 位	16 位
图像	16 位彩色	16 位彩色	24 位彩色	32 位真彩色
分辨率	640 × 480	640 × 480	800 × 600	1280 × 1024
操作系统	Windows 2.x	Windows 3.x	Windows 95	Windows 95

目前市场上的主流计算机配置都大大超过了 MPC4 标准对硬件的要求，硬件的种类也大大增加，功能更加强大，某些硬件的功能已经由软件取代。多媒体计算机一直朝着大的存储容量、快的运算速度及高品质的视音频的规格发展。

多媒体计算机硬件系统是在个人计算机基础上，增加各种多媒体输入和输出设备及其接口卡。图 7-1 所示为具有基本功能的多媒体计算机硬件系统。

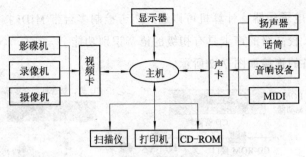

图 7-1　多媒体计算机硬件示意图

7.4.1　多媒体设备简介

1．主机

多媒体计算机主机可以是中、大型机，也可以是工作站，然而更普遍的是使用多媒体个人计算机。为了提高计算机处理多媒体信息的能力，应该尽可能地采用多媒体信息处理器。目前，具备多媒体信息处理功能的芯片可分为三类。第一类采用超大规模集成电路实现的通用和专用的数字信号处理芯片（digital signal processor，DSP）；第二类是在现有的 CPU 芯片增加多媒体数据处理指令和数据类型，Pentium 4 微处理器包括了 144 条多媒体及图形处理指令；第三类为媒体处理器（media processors），它以多媒体和通信功能为主，具有可编程性，通过软件可增加新的功能，但它不能取代现有通用处理器。它是现有通用处理器的强有力的支持芯片，二者在功能上互补，当它与通用处理器配合，可构成高档产品。

2．多媒体接口卡

多媒体接口卡是根据多媒体系统为获取、编辑音频或视频的需要而设计的，插接在计算机上，可以解决各种媒体数据的输入/输出问题。声卡和视频卡是多媒体计算机的关键的接口卡。

1）声卡

声卡（sound card）又称音频卡，它是装在计算机内部，能让计算机发出音乐、声效和各种声响的硬件板卡。声卡是组成多媒体计算机的必要的部件，是计算机进行所有与声音相关处理的硬件单元。声卡的主要功能如下：

（1）录制声音：外部声源发出的声音可以通过传声器或线路传送到声卡中，声卡将它们采样、A/D 转换、压缩处理，得到压缩的数字音频信号，再通过计算机将数字音频信号以文件的形式存储到磁盘中。

（2）播放声音：播放声音文件时，调出声音文件进行解压缩，在经过 D/A 转换器（数字到模拟的转换器）进行转换，获得模拟的声音信号。然后，经过放大，由音频卡输出，再经过外接的功率放大器放大，推动扬声器发出声音。

（3）播放 CD 光盘：音频卡可以与 CD-ROM 光盘驱动器相连，可像 CD 机那样播放 CD 光盘中的歌曲。

（4）编辑与合成处理：可以对声音文件进行多种特殊效果的处理。例如，增加回音、倒波声音、淡入淡出、交换声道、声音位移。

（5）控制 MIDI 电子乐器：计算机可以通过声卡控制多台带 MIDI 接口的电子乐器。

（6）语音识别：较高级的声卡具有初级的语音识别功能。

声卡与外围设备的连接如图 7-2 所示。

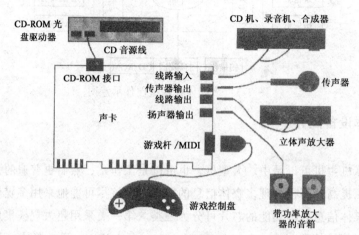

图 7-2 声卡与外围设备的连接示意图

声卡分为板卡式、集成式和外置式三种接口类型。三种类型的声卡中，集成式产品价格低廉，技术日趋成熟，占据了较大的市场份额。随着技术的进步，这类产品在中低端市场上还拥有非常大的前景；PCI 声卡将继续成为中高端声卡领域的中坚力量，毕竟独立板卡在设计布线等方面具有优势，更适于音质的发挥；而外置式声卡的优势与成本对于家用 PC 来说并不明显，仍是一个填补空缺的边缘产品。

2）视频采集卡

要实现将视频信号输入计算机需要一个关键的硬件，这个硬件就是视频采集卡。视频采集卡（video capture card）又称视频卡，计算机通过视频采集卡可以接收来自视频输入端的模拟视频信号，对该信号进行采集、量化成数字信号，然后压缩编码成数字视频序列。大多数视频采集卡都具备硬件压缩的功能，在采集视频信号时首先在卡上对视频信号进行压缩，然后才通过 PCI 接口把压缩的视频数据传送到主机上。一般的采集卡把数字化的视频存储成 AVI 文件，高档一些的视频采集卡（硬压卡）还能直接把采集到的数字视频数据实时压缩成 MPEG-1 格式的文件。

视频采集卡按照其用途可以分为广播级视频采集卡、专业级视频采集卡、民用级视频采集卡。它们的区别主要是采集图像的指标不同，见表 7-2。

表 7-2 视频采集卡指标比较

种类	采集分辨率	输入/输出接口	特点	应用
广播级	720×576 PAL 720×486 NTSC	分量接口	采集分辨率高 视频信噪比高 视频文件庞大	电视台制作节目
专业级	720×576 PAL 720×486 NTSC	AV复合端子与S端子	与广播级采集卡分辨率相同，性能稍低，但压缩比稍微大一些	广告公司、多媒体公司制作节目及多媒体软件

续表

种类	采集分辨率	输入/输出接口	特点	应用
民用级	384×288 PAL 320×240 NTSC	AV 复合端子与 S 端子	分辨率一般较低	家庭对视频采集的需要

视频采集卡按照视频信号源共分为两大类：一类是模拟采集卡，另一类是数字采集卡。模拟采集卡通过 AV 或 S 端子将模拟视频信号采集到计算机中，使模拟信号转化为数字信号，其视频信号源可来自模拟摄像机、电视信号、模拟录像机等。数字采集卡通过 IEEE 1394 数字接口，以数字对数字的形式，将数字视频信号无损地采集到计算机中，其视频信号源主要来自 DV（数码摄像机）及其他一些数字化设备。

一般采集 DV 的视频采集卡使用很简单，安装采集卡系统会自动安装驱动，然后用 1394 连接线连接 DV 到计算机的 1394 视频采集卡输入端，再安装会声会影，这是最简单的采集软件，然后打开软件，选择采集（capture），选择设备为你的 DV 机（一般系统能辨认出来的是以 DV 的品牌命名的），再选择采集的格式，一般选择 mpeg 或 avi 格式。单击"采集"按钮就能采集了。

3. 多媒体外围设备

多媒体外围设备的主要工作是输入和输出，按其功能可分为如下四类：

（1）视频、音频输入设备：摄像机、录影机、扫描仪、数码照相机、话筒等。

（2）视频、音频输出设备：电视机、投影仪、音响、光盘刻录机等。

（3）人机交互设备：键盘、鼠标、触摸屏、绘图板、手写输入设备等。

（4）存储设备：磁盘、光盘、U 盘等。

这里主要介绍光盘。自从激光发明以来光存储技术的发展为存储多媒体信息提供了保证，是解决计算机存储容量问题的重要突破。光盘总体分为两大类：CD 光盘和 DVD 光盘。

1）CD 光盘

CD 光盘的存储容量约为 650 MB，按其记录原理的不同大致可分为 CD-ROM、CD-R、CD-RW。

（1）只读式光盘（CD-ROM）：只读型光盘是厂商以高成本制作出母盘后大批重压制出来的光盘。这种模压式记录使光盘发生永久性物理变化，记录的信息只能读出，不能被修改。CD-ROM 光盘不可以用于刻录。

（2）一次写多次读光盘（CD-R）：为可记录式光盘，它必须配合 CD-R 光盘刻录机和刻录软件将资料一次写入 CD-R 光盘中。但是写入后的资料不能更改及删除，对资料的保存有较高的安全性。刻录得到的光盘可以在 CD-DA 或 CD-ROM 驱动器上读取。从其外表来看，有金色、蓝色、绿色等多种颜色，常见的光盘种类见表 7-3。

表 7-3　市场上常见的 CD-R 光盘

种　　类	特　　性	用　　途
金盘	保存时间最长（约 100 年） 数据清晰度是几种 CD-R 盘片中最高的 价格贵	备份文件

续表

种　类	特　性	用　途
蓝盘	性质与金盘相近，数据保存期长 价格比金盘便宜	备份文件 制作音乐 CD、VCD
绿盘	对强光过于敏感，数据保存期 75 年 对驱动器兼容性是 CD-R 盘片中最好的	多已停产

（3）可重写光盘(CD-RW)：它与 CD-R 一样，也必须配合 CD-RW 光盘刻录机和刻录软件将资料擦写到 CD-RW 光盘中。不过 CD-RW 光盘上的资料可自由更改及删除，使用寿命可达 1000 次左右的重复擦写。与 CD-R 相比，CD-RW 可重写，但写入速度慢，价格更高。

2）DVD 光盘

DVD（digital versatile disk）光盘即数字多功能光盘。一张 DVD 光盘存储容量可达 4.7～17 GB，从外观尺寸来看，DVD 盘与 CD 盘没有什么差别。但是，DVD 盘的光道之间的间距由原来的 1.6 μm 缩小到 0.74 μm，而记录信息的最小凹槽长度由原来的 0.83 μm 缩小到 0.4 μm，这就是 DVD 盘的存储容量得到大幅度提高的主要原因。它与 CD 光盘之间的差别如图 7-3 所示。

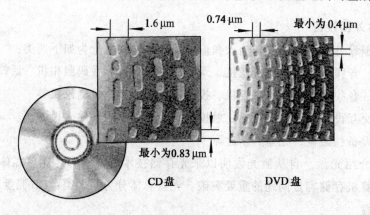

图 7-3　CD 盘与 DVD 盘的区别

DVD 光盘按其记录原理的不同大致可分为 DVD-ROM（只读光盘）、DVD-R（可一次写型）、DVD-RW（可擦写型）。按光盘结构可分为单面单层、单面双层、双面单层、双面双层。其参数见表 7-4。

表 7-4　DVD 光盘的存储容量

DVD 盘的类型	存储容量/GB	MPEG-2 Video 的播放时间/min
单面单层（只读）	4.7	133
单面双层（只读）	8.5	240
双面单层（只读）	9.4	266
双面双层（只读）	17	284

7.4.2　刻录机的使用

多媒体作品制作完毕后，通常是以光盘的形式提交用户，这时需要使用刻录机把多媒体作品刻录到光盘上。

要进行光盘的刻录，硬件设备方面，要给计算机配置一台刻录机；软件方面，计算机上要安装刻录软件，刻录软件种类繁多，如 Easy-CD Creator、Nero Burning ROM、CD Mate、CDRWIN、Cloned CD、DART CD-Recorder。下面简单介绍一下 Nero Burning ROM。

Nero Burning ROM（17.0.8.0）是由 Ahead 公司研发出来的刻录软件，功能强大、操作简单。支持所有 Windows 操作系统（如 Windows 95/98/NT/XP/7/8/10），支持市面上大部分品牌的刻录机，兼容性极佳。Nero Burning ROM 的功能见表 7-5。

表 7-5　Nero Burning ROM 的功能

功　　能	描　　述
刻录各种光盘	可刻录普通数据光盘、音乐 CD、VCD 以及 DVD 格式的光盘
制作自启动光盘	可制作自启动光盘，当操作系统出现问题时可以通过自启动光盘进行启动
制作并刻录光盘镜像文件	可将制作的镜像文件放到虚拟光驱软件中使用，并可提高刻录的成功率
设计光盘封面	可轻松设计光盘的盘面

第 8 章　网页设计基础

网站是一系列网页相关文件的集合，包括数据库文件、文字、图片、声音、视频、动画等多种媒体文件和网站系统文件。开发人员借助设计工具将这些文件按其表现思想设计网站，制作出一个个精美的网页。

Dreamweaver 是 Macromedia 公司的产品，是应用较为广泛的网页设计工具之一，它具有功能强大、系统要求低、容易上手等特点。本章将介绍 HTML 基础知识、Dreamweaver CS5 的基本功能等相关内容。

8.1　HTML 超文本标记语言简述

HTML（HyperText Mark-up Language）即超文本标记语言或超文本链接标示语言，是目前万维网（WWW）上应用较为广泛的语言，也是构成网页文档的主要语言。

8.1.1　HTML 简介

HTML 通过标记及属性对超文本的语义进行描述。超文本包括文字、表格、多媒体、超链接等内容，是构成网页的基本元素，由此产生丰富多彩的网页。HTML 中的标记是一条命令，是区分超文本各个部分的分界符，将 HTML 文档划分成不同的逻辑部分，它告诉浏览器如何显示超文本。网页元素放在标记之间，浏览器对这些标记进行解释，显示出文字、图像、动画、声音等。

HTML 只是一个纯文本文件，由标记及夹在其中的超文本组成，文件的扩展名为.htm 或.html。创建和浏览一个 HTML 文档，需要两个工具：一个是 HTML 编辑器，用于生成和保存 HTML 文档的应用程序；另一个是 Web 浏览器，用来打开 Web 网页文件，提供查看 Web 资源的客户端软件。

8.1.2　HTML 文档的基本结构

HTML 的语法比较简单，其基本框架结构是相同的。

下面是一个最基本的 HTML 文档的代码：

```
<html>
<head>
<meta http-equiv="Content-Type" content="text/html; charset=utf-8" />
<title>我的主页</title>
```

```
</head>
<body>
欢迎光临我的主页。
</body>
</html>
```

其在 Web 浏览器上显示的效果见图 8-1。

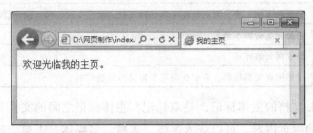

图 8-1　简单 HTML 文档在浏览器中显示的效果

一个 HTML 文档是由一系列超文本元素和标记组成的。HTML 用标记来设置超文本元素的外观显示特征和排版效果。HTML 文档分为文档头（head）和文档体（body）两部分，在文档头，对整个文档进行一些必要的定义，文档体中才是定义要显示的各种信息。

<html>...</html>在文档的最外层，文档中的所有文本和 HTML 标记都包含在其中，它表示该文档是用超文本标记语言 HTML 编写的。<head>...</head>是 HTML 文档的头部标记。在浏览器窗口中，头部信息不显示在正文中，这些标记中可以插入其他标记，用以说明文档的标题和整个文档的公共属性。<title>...</title>是嵌套在<head>头部标记中的，标记之间的文本是文档标题，它被显示在浏览器窗口的标题栏中。<body>...</body>标记之间的文本是正文，是在浏览器中要显示的页面内容。

8.1.3　HTML 标记及属性

HTML 中的标记用来分隔和描述超文本的元素，以形成超文本的布局、文字和格式及五彩缤纷的页面。

HTML 标记分为单标记和双标记两种。双标记是由首标记<标记名>和尾标记</标记名>组成的，双标记只作用于这对标记中的内容。单标记的格式为<标记名>，单标记在相应的位置插入元素就可以了。大多数标记都有自己的一些属性，属性是标记中的参数选项，写在首标记内，用于进一步改变显示的效果。属性有属性值，各属性之间无先后次序。标记及属性的语法格式为：

<标记名字　属性 1="属性值 1"　属性 2="属性值 2">内容</标记名字>

大多数属性值不用加西文双引号，但是包括空格、%、#等特殊字符的属性值必须带双引号。提倡对属性值全部加双引号。

输入始标记时，一定不要在"<"与标记名之间输入多余的空格，也不能在中文输入法状态下输入这些标记及属性，否则浏览器将不能正确识别括号中的标记命令及属性，从而无法正确显示信息。

<head>是 HTML 文档的头部标记，是双标记。在浏览器窗口中头部标记的信息不显示在

正文中，在此标记中还可以嵌入其他标记，用以说明文档的标题和整个文档的公共属性。主要的头部标记及功能说明见表 8-1。

表 8-1　头部标记及功能说明

标 记 名 称	功 能 描 述
<link>	设置与其他文档的链接
<meta>	设置网页的作者、网页制作工具、网页的关键字及其他网页描述信息
<script>	设置网页的脚本语言
<style>	设置网页的样式
<title>	设置网页文档标题，显示在浏览器窗口的标题栏中

<body>是 HTML 文档的主体标记，是双标记。主体标记之间的文本是网页的正文部分，是在浏览器中显示的网页内容，可以嵌入字体、表格、多媒体、表单、超链接等标记。

1. 字体

超文本中最重要的元素是文字。字体标记为<font>，用于设置文本的字体、大小和颜色，语法格式为：

```
<font face= "字体名称" size= "字号大小" color= "字体颜色">文本</font>
```

2. 标题

<hn>标记用于设置文档中出现的标题文字，被设置的文字将以黑体样式显示在网页中。标题标记的语法格式为：

```
<hn>标题内容</hn>
```

<hn>标记是双标记，这里的 n 共分为 6 级，在<h1>...</h1>之间的文字就是第一级标题，是最大最粗的标题；<h6>...</h6>之间的文字是最后一级标题，是最小最细的标题。

3. 表格

在 HTML 文档中，表格是通过<table>、<th>、<tr>、<td>标记设置的。在一个最基本的表格中，必须包含一对<table>标记、多对<tr>标记和多对<td>标记或<th>标记。表格是按行和列（单元格）排列的，一个表格由几行组成就要有几个行标记<tr>，由几列组成就要有几个列标记<td>。

4. 图像

网页中插入图像用单标记<img>，当浏览器解释执行<img>标记时，就会显示此标记所设定的图像。如果要对插入的图像进行修饰，可使用图像属性。图像大小的改变可直接通过 width 和 height 属性的设置来完成，但通常只设为图像的真实大小，才能避免失真，改变图像大小最好用图像专用工具软件。其语法格式为：

```
<img src="URL 图像路径" width="宽度" height="高度" alt="替代文字" border="边框的粗度">
```

5. 超链接

超链接的标记为<a>，是双标记。建立超链接的语法格式为：

```
<a href="目标资源地址" target="窗口名称" title="指向链接显示的文字">超链接名称</a>
```

其中，属性 href 定义链接所指向的目标地址，可以是文本、图像、音乐、影像视频等文件；属性 title 用于设置指向链接时所显示的标题文字。

"超链接名称"是要单击链接的元素，可以是文本，也可以是图像，"超链接名称"带下画线且与其他文字颜色不同。当鼠标指向"超链接名称"处时会变成手状，单击它可以访问指定的目标资源地址。

6. 表单

表单一般应该包含用户填写信息的输入框、提交按钮等控件，能够容纳各种各样的信息，是网页浏览者与服务器之间信息交互的界面。表单标记为<form>，在开始和结束标记之间的所有定义都属于表单的内容，表单标记是双标记。

表单标记<form>具有 action、method、name 和 target 属性。

```
<form action="应用程序的 URL" method="get|post" name="名称" target="目标窗
口">... </form>
```

熟练运用以上标记可以手工编写 HTML 代码编写网页，但对编程人员的技术要求较高。利用 Dreamweaver CS5 中的可视化编辑功能，可以快速创建页面而无须编写任何代码。下面学习 Dreamweaver CS5 的 HTML 编辑器。

8.2　Dreamweaver CS5 工作界面

8.2.1　启动 Dreamweaver CS5

在安装了 Dreamweaver CS5 程序后，单击"开始"按钮，在"开始"菜单中依次选择"所有程序"→"Macromedia"→"Macromedia Dreamweaver CS5"命令，启动 Dreamweaver CS5 程序。启动 Dreamweaver CS5 后出现开始界面，如图 8-2 所示。

图 8-2　Dreamweaver CS5 启动界面

Dreamweaver CS5 的开始界面包括：

"打开最近项目"：列出最近使用的文件及浏览按钮。

"创建新项目"：用于创建新的项目，其中选择 HTML 选项可以创建一个新的静态网页。

"从范例创建"：用于创建基于已有范例形式的文档，如框架集页面。

除了上述内容还包括 Dreamweaver8 的快速指南等内容。

8.2.2　Dreamweaver CS5 操作界面

在 Dreamweaver CS5 的起始页中，单击"创建新项目"下的"HTML"，打开 Dreamweaver CS5 的工作界面，如图 8-3 所示。

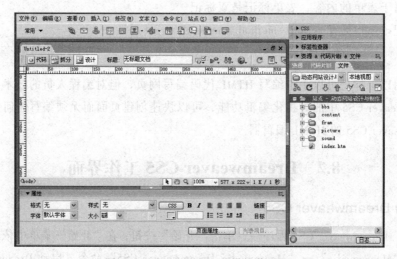

图 8-3　Dreamweaver CS5 操作界面

Dreamweaver CS5 界面由标题栏、菜单栏、插入栏、文档工具栏、工作区、属性检查器及面板组等组成。

1．标题栏

标题栏标明了 Dreamweaver CS5 的程序图标、程序名称、活动文档名称、"最小化"、"最大化/还原"和"关闭"按钮。

2．菜单栏

菜单栏位于标题栏下面，有文件、编辑、查看和插入等 10 组菜单，包括了 Dreamweaver CS5 中的各种操作命令。

3．插入栏

插入栏有"常用""布局""表单""文本""HTML""应用程序""Flash 元素"和"收藏夹" 8 个类别，默认显示为"常用"类别。在 Dreamweaver CS5 中"插入栏"有"制表符式"和"菜单式"两种显示方式，如图 8-4 所示。

4．文档工具栏

文档工具栏有在文档的不同视图间快速切换的按钮，有一些与查看文档、在本地和远程站点间传输文档有关的常用命令和选项，如图 8-5 所示。

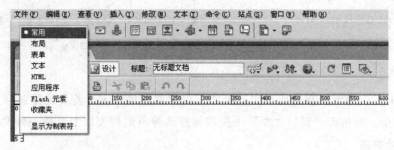

图 8-4　插入栏界面

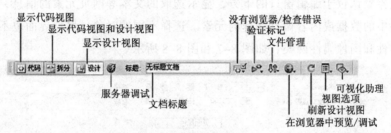

图 8-5　文档工具栏

"文档标题"：用于为文档输入一个标题，它将显示在浏览器的标题栏中。在没有输入标题时默认为"无标题文档"，如果文档已经有了一个标题，该标题内容将会显示在该区域中。

"在浏览器中预览/调试"：单击从弹出式菜单中选择在浏览器中预览或调试就可以显示页面效果，在浏览器中预览的快捷键为【F12】。

5. 文档窗口

文档窗口是网页编辑的工作区，显示当前创建和编辑的文档。在"文档"窗口中有"代码"视图、"设计"视图和"代码和设计"视图三种方式显示和查看文档。

"代码视图"：仅在"文档"窗口中显示代码，用于 HTML 等语言代码的手工编码环境。

"代码视图和设计视图"：是一种组合视图方式，在"文档"窗口中，上面是"代码"视图，下面是"设计"视图，两种视图方式同时显示。

"设计视图"：仅在"文档"窗口中显示"设计"视图，是用可视化页面布局、可视化编辑和快速应用程序开发的设计环境。是与浏览器显示类似的页面，是"所见即所得"的编辑环境。

6. 状态栏和标签选择器

状态栏和标签选择器提供当前文档相关的其他信息，位于"文档"窗口的底部，有标签选择器、工作区大小、下载时间、选取工具、手形工具等，如图 8-6 所示。

"标签选择器"：显示环绕当前选定内容的标签的层次结构。单击该层次结构中的任何标签可以选择该标签及标签的全部内容。例如，单击 <img#Image1> 可以选择图像，单击 <body>选择整个文档。

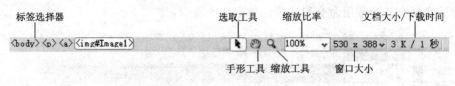

图 8-6　状态栏

"窗口大小"：用于控制当前页面的尺寸（以像素为单位）。若要设置窗口大小以适合不同显示器大小，可单击"窗口大小"下拉按钮并从弹出的列表框中选择一种大小。

7. 属性检查器

属性检查器默认位于编辑窗口的下方，显示选取的文本等网页元素的信息，也可以通过修改属性面板中的数据或内容调整选择的元素。选择不同的对象，属性界面也不一样，下面列出了文本属性和图像属性两类，如图 8-7 和图 8-8 所示。

图 8-7　文件属性窗口

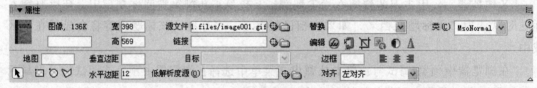

图 8-8　图像属性窗口

8. 浮动面板和浮动面板组

位于窗口右侧的浮动面板的集合如图 8-9 所示。面板组中选定的面板显示为一个选项卡。每个面板组都可以展开或折叠，并且可以和其他面板组停靠在一起或取消停靠，还可以集成新组合面板组中。

显示/隐藏面板，可以通过选择"窗口"菜单中对应的命令来实现显示或隐藏活动面板。

图 8-9　浮动面板组

8.3　创 建 站 点

在 Dreamweaver CS5 中，"站点"可以指定到 Internet 服务器的远程站点上，也可以指定到位于本地计算机的本地站点上，本地站点就是在本地计算机上创建一个文件夹用于存放网页及与网页有关的文件，如图片、声音等，制作网页之前首先要建立一个本地站点。本节主要讲解本地站点的文件结构设计和本地站点的创建。

8.3.1 建立本地站点

建立本地站点就是在本地计算机硬盘上建立一个文件夹并用这个文件夹作为站点的根目录，然后将网页及其他相关的文件存放在该文件夹中。当准备发布站点时，将文件夹中的文件上传到 Web 服务器上即可。建立本地站点的操作步骤如下：

（1）在本地计算机硬盘上建立一个空的文件夹。例如，在 D 盘上建立一个"动态网站设计与制作重点课程"文件夹。一般不要将站点的文件夹建立在系统所在的分区上，以免当系统出现问题时造成站点的损失。

（2）在 Dreamweaver CS5 中建立站点。主要操作步骤如下：

① 选择"站点"→"新建站点"命令，弹出"未命名站点 1 的站点定义为"对话框，如图 8-10 所示 。

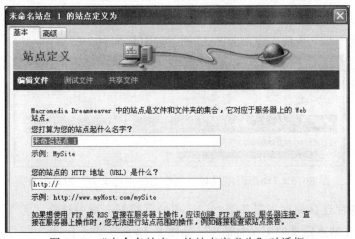

图 8-10　"未命名站点 1 的站点定义为"对话框

② 在"您打算为您的站点起什么名字？"对话框中输入站点的名称，如此处输入"动态网站设计与制作"，然后单击"下一步"按钮，弹出"动态网站设计与制作的站点定义为"对话框，如图 8-11 所示。

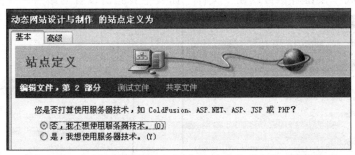

图 8-11　"动态网站设计与制作的站点定义为"对话框 1

③ 在对话框中选择"否，我不想使用服务器技术"单选按钮，单击"下一步"按钮，弹出图 8-12 所示的对话框。

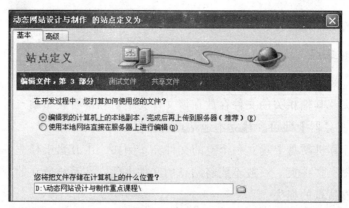

图 8-12　"动态网站设计与制作的站点定义为"对话框 2

④ 选择"编辑我的计算机上的本地副本，完成后再上传到服务"单选按钮。

⑤ 单击"浏览"按钮，打开对话框，选择 D 盘上创建的"动态网站设计与制作重点课程"文件夹为站点本地根文件夹，如图 8-12 所示。

⑥ 单击"下一步"按钮，弹出图 8-13 所示的对话框。

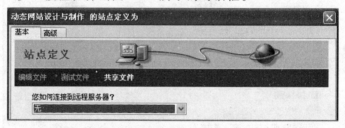

图 8-13　"动态网站设计与制作的站点定义为"对话框 3

⑦ 在"您如何连接到远程服务器？"选项的下拉列表框中选择"无"选项，单击"下一步"按钮，打开站点定义的汇总对话框，如图 8-14 所示。

在此对话框中对站点的信息进行了汇总。检查信息是否正确，如发现有错误或需要更改的部分，可以单击"上一步"按钮到相应步骤进行修改。如信息正确则单击"完成"按钮，至此完成站点的建立。

⑧单击"完成"按钮后，可以在"文件"面板中看到所设置的站点，如图 8-15 所示。

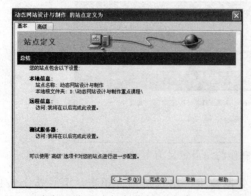

图 8-14　"动态网站设计与制作的站点定义为"对话框 4

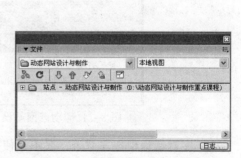

图 8-15　站点创建成功示意图

（3）向站点中添加内容。新创建的站点仅仅是一个空的站点，通过 Dreamweaver CS5 的"文件"面板可以方便地向空站点中添加内容。

① 建立文件夹。以在站点根目录下建立 image 文件夹为例，建立文件的操作步骤如下：

a. 右击"站点文件夹"，在弹出的快捷菜单中选择"新建文件夹"命令，如图 8-16 所示。当然也可在 Windows 环境下的文件夹中创建文件夹。

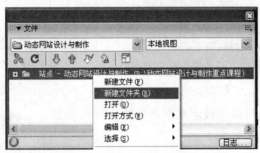

图 8-16 在站点下创建文件夹

b. 在本地站点的根文件夹"动态网站设计与制作重点课程"下出现名为"untitled"的新文件夹，重命名为"image"，按【Enter】键确认即可。

② 新建主页。在站点中添加主页的操作步骤如下：

a. 在"文件"面板中，单击"选项"按钮，选择"文件"→"新建文件"命令，新建一个名为"untitled.htm"的网页文件。

b. 重命名文件，将其命名为"index.htm"或"default.htm"。

c. 如建立的网页文件名称不是 index.htm（html）或 default.htm（html），可先选择网页文件，然后单击"选项"按钮，选择"站点"→"设成首页"命令，即可将所选的网页设置为主页。

③ 建立网页。普通网页是指除了站点主页之外的网页文件，最好不直接放在根文件夹下，应在站点中建立相应的子文件夹来存放普通网页。建立普通网页的操作步骤如下：

a. 选择新建网页所在的文件夹。

b. 执行新建主页操作的 1、2 步骤，只是文件名不能是主页的名称。

8.3.2 管理本地站点

创建站点后可以通过"管理站点"对话框对站点进行管理，主要包括站点的复制、删除、编辑和增加等操作。

选择"站点"→"站点管理"命令，弹出"站点管理"对话框，如图 8-17 所示。

1. 复制站点

复制站点可以创建多个相同或类似的站点，复制站点的操作步骤如下：

（1）在"管理站点"对话框中，选择要复制的站点，如选择"动态网站设计与制作"。

（2）单击对话框中的"复制"按钮，即可复制出"动态网站设计与制作复制"的站点，如图 8-18 所示。

图 8-17 "管理站点"对话框　　　　　　　　图 8-18 复制站点

2．删除站点

对于不再使用的站点可以通过删除站点将其从站点列表中删除，删除站点的操作步骤如下：

（1）在"管理站点"对话框中选择要删除的站点，如选择"动态网站设计与制作复制"。

（2）单击对话框中的"删除"按钮，弹出提示对话框，询问是否删除选中的站点，如图 8-19 所示，单击"是"按钮，即可删除本地站点"动态网站设计与制作复制"。

图 8-19 站点删除对话框

3．编辑站点

编辑站点是对已创建的本地站点进行修改和编辑。将"动态网站设计与制作复制"站点的名称改为"动态网站设计与制作"为例，编辑站点的操作步骤如下：

（1）在"管理站点"对话框中选择要编辑的站点"动态网站设计与制作复制"。

（2）单击对话框中的"编辑"按钮，弹出"动态网站设计与制作复制的站点定义为"对话框，选择"高级"选项卡，如图 8-20 所示。

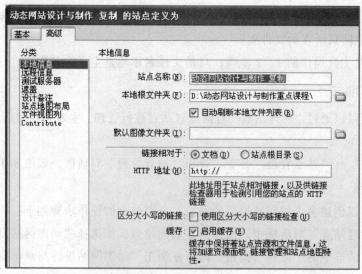

图 8-20 "动态网站设计与制作复制的站点定义为"对话框

（3）在站点名称对话框中，将"动态网站设计与制作复制"修改为"动态网站设计与制作"，单击"确定"按钮即可。

8.4　网页文件的基本操作

网页文件的基本操作包括新建、保存、关闭、打开和浏览等。

8.4.1　新建网页

启动 Dreamweaver CS5，当在"创建新项目"中选择 HTML 时，会新建一个名为 Untitled-1 空白文档。在前面的内容中已经讲解了如何通过"文件"面板在本地站点新建网页文件。除了通过"文件"面板新建网页外还可以通过以下操作新建网页：

（1）执行以下操作之一：

选择"文件"→"新建"命令。

单击标准工具栏中的"新建"按钮。

（2）弹出"新建文档"对话框，如图 8-21 所示。

（3）选择"基本页"选项中的"HTML"，单击"创建"按钮，即可新建一个空白文档。

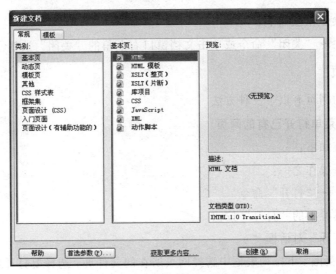

图 8-21　"新建文档"对话框

8.4.2　保存网页

新建网页要进行保存，保存网页的操作步骤如下：

（1）执行以下操作之一：

选择"文件"→"保存"命令。

单击标准工具栏中的"保存"或"全部保存"按钮。

（2）弹出"另存为"对话框，如图 8-22 所示。

（3）在"保存在"下拉列表框中选择网页的保存位置。在"文件名"文本框中输入文件名。

（4）单击"保存"按钮，文件即可保存到指定位置。

图 8-22 "另存为"对话框

8.4.3 关闭网页

关闭网页的操作步骤如下：

选择"文件"→"关闭"命令或单击文档窗口右上角的"关闭"按钮。

8.4.4 打开网页

打开已保存的网页有以下三种方法

1. 通过文件菜单打开已有的网页

具体操作步骤如下：

（1）执行以下操作之一：

选择"文件"→"打开"命令。

单击标准工具栏中的"打开"按钮。

（2）弹出"打开"对话框。

（3）在"查找范围"下拉列表框中选择网页所在的文件夹，选择要打开的文件，单击"打开"按钮，即可打开此文件。

2. 在"文件"面板中打开网页文件

在"文件"面板中双击要打开的文件，即可打开网页。

3. 在资源管理器中打开网页文件

在资源管理器中，右击要打开的网页文件，在弹出的快捷菜单中选择"在 Dreamweaver CS5"中编辑即可将文件在 Dreamweaver CS5 中打开。

8.4.5 预览网页

编辑好的网页可以随时在浏览器中预览文档，查看网页的版式及链接的完好性，从而对网页进行修改。以在 IExplore 中预览为例，执行以下操作之一：

选择"文件"→"在浏览器中预览"→"IExplore 6.0"命令，如图 8-23 所示。

按快捷键【F12】。

在文档工具栏中单击，选择在浏览器中预览，如图 8-24 所示。

图 8-23　菜单"浏览网页"　　　　　　　　图 8-24　工具栏"浏览网页"

8.5　添加文本和插入对象

文本就是网页中的文字和特殊字符。由于最初互联网传输信息的流量小，传输大的文件需要太多的时间，所以当时几乎所有的网页内容都使用文本，从而避免了由于文件太大造成的浏览页面等待时间长。虽然现在可以在网页中插入图像、声音、动画、视频等多种元素来增添网页的活力，但文本仍然在网页中起着不可替代的作用。

向文档窗口中可以输入或粘贴文本，也可以利用"Insert"（插入）菜单或对象面板，往文档中插入图像。Dreamweaver 还提供了一些更为便捷的特性，允许用户往文档中添加日期，或者插入特殊字符。

1．添加普通文本

要在文档中添加文本，可采用如下两种方法：

（1）直接在文档窗口中输入文本。

（2）在其他应用程序或窗口中复制文本，即将文本复制到剪贴板上。具体方法是：切换回 Dreamweaver 文档窗口，将插入点设置到要放置文本的地方。

选择"编辑"→"粘贴"命令即可把文本粘贴到网页中。

2．插入符号

要往文档中插入符号，可以执行以下步骤：

（1）将光标停留在要插入符号的位置，即确定插入点，如图 8-25 所示。

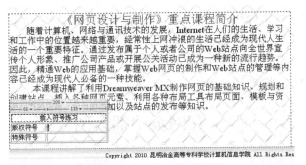

图 8-25　确定插入符号位置

（2）选择"窗口"→"插入"命令，打开"插入"工具栏，再次选择此命令可以隐藏"插入"工具栏。

（3）进入"插入"工具栏上的"文本"面板，如图8-26所示。

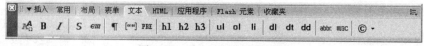

图8-26　插入特殊符号面板

（4）在"文本"面板中单击要插入的版权符号即可。

插入其他特殊符号或对象的方法类似。

3．插入日期

要往文档中插入当前日期，用户可以按照如下方法进行操作：

（1）在文档窗口中，将插入点放置到要插入日期的位置。

（2）选择"插入"→"日期"命令，或者单击"插入"对象面板上"常用"中的"插入日期"按钮，如图8-27所示。

图8-27　插入日期面板

弹出图8-28所示的"插入日期"对话框，提示用户选择日期格式。

星期格式：在该下拉列表框中可以选择星期的格式，包括星期的简写方式，星期的完整显示方式，或是不显示星期。

日期格式：在该下拉列表框中可以选择日期的格式。

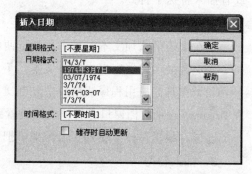

图8-28　"插入日期"对话框

时间格式：在该下拉列表框中可以选择时间的格式，包括12小时制时间格式或24小时制时间格式。

存储时自动更新：选中该复选框，则每当存储文档时，都自动更新文档中插入的日期信息，该特性可以用来记录文档的最后生成日期。如果用户希望插入的日期是普通的文本，将来不再变化，则应该取消选择该复选框。

单击"确定"按钮，即可将日期插入到文档中。

8.6　在网页中插入图像

图像在网页中通常起到画龙点睛的作用，它能装饰网页，表达个人的情趣和风格。但在网页中插入过多的图片就会影响网页显示的速度，导致用户失去耐心而放弃访问页面，所以插入图片时要把握分寸。网页中使用的图像可以是 GIF、JPEG、BMP、TIFF、PNG 等格式，但是 GIF 和 JPEG 是使用最多的两种格式。

图像是网页中仅次于文本的基本元素。

8.6.1　插入普通图像

在网页中插入普通图像的操作步骤如下：

（1）将光标定位在要插入图像的位置。

（2）执行以下操作之一：

选择"插入"→"图像"命令。

在"插入"栏的"常用"类别中，单击"图像"按钮，如图 8-29 所示。

图 8-29　插入图像

（3）弹出"选择图像源文件"对话框，如图 8-30 所示。

图 8-30　"选择图像源文件"对话框

在插入图像之前最好先保存网页，这样链接路径就不会出错。

8.6.2　插入鼠标经过图像

鼠标经过图像是指在网页中将两个图像放在同一位置，当鼠标不在图像上时，显示初始图像，当鼠标移动到图像上时显示另一个图像，并且可以进行超链接的设置。

用于创建鼠标经过图像的两幅图像的大小要求必须相同。如果图像的大小不同，Dreamweaver 会自动调整第二幅图像的大小，即会调整鼠标经过的那幅图像，使之与第一幅图像大小相匹配。具体操作步骤如下：

（1）在"文档"窗口中，将光标定位在要显示鼠标经过图像的位置。

（2）执行以下操作之一，打开"插入鼠标经过图像"对话框：

选择"插入"→"图像对象"→"鼠标经过图像"命令。

在"插入"栏的"常用"类别中，单击"图像"按钮右侧的下拉按钮，选择"鼠标经过图像"选项，如图 8-31 所示。

图 8-31　通过插入工具栏插入图像

（3）弹出"插入鼠标经过图像"对话框，设置各项参数，如图 8-32 所示。

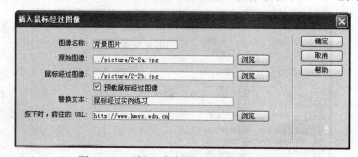

图 8-32　"插入鼠标经过图像"对话框

"图像名称"：文本框中输入鼠标经过图像的名称。

"原始图像"：单击"浏览"按钮，选择初始图像，或在文本框中输入图像文件的路径。

"鼠标经过图像"：设置鼠标经过时显示的图像。

"按下时，转到 URL"：用户单击鼠标经过图像时要打开的文件的路径，不设置，系统会自动加入一个空链接标记"#"。

（4）单击"确定"按钮，在网页中插入了鼠标经过图像。

（5）保存并在浏览器中预览网页，效果如图 8-33 所示。

（a）原始图像　　　　　（b）鼠标经过图像

图 8-33　插入鼠标经过图像

8.6.3　设置图像属性

在文档窗口中选中图像时，在"属性检查器"中就可以显示该图像的属性，并可对其进行修改，如图 8-34 所示。

图 8-34　图片属性面板

1．设置图像大小

图 8-34 中的"高"和"宽"是所选择图像的高度和宽度。可以直接在"宽"和"高"文本框内输入新的数值即可。

除了上述在"属性检查器"中通过改变高与宽的数值可以改变图像的大小外，还可以直接用鼠标拖动来改变图像的大小。具体操作步骤如下：

图 8-35　拖动改变图像大小

（1）选中要改变的图像，图像四周出现控制点。

（2）拖动任一控制点则可改变图像大小如图 8-35 所示。

改变后的图像的高与宽的值会以粗体显示，如图 8-36 所示，并在其右侧出现"重设大小"按钮，单击 🔄 可将"宽"和"高"的值恢复为图像的原始大小。

图 8-36　调整宽和高后的图像属性面板

2．设置图像对齐方式

设置图像在程序窗口中水平方向的对齐方式与文本的设置相同。另外，在"属性检查器"中还可设置图像与同一行中的文本或其他元素的对齐方式，如图 8-37 所示。

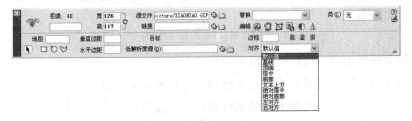

图 8-37　设置图像的对齐方式

"默认值"：通常指基线对齐。（根据站点访问者浏览器的不同，默认值也会有所不同。）

"基线和底部"：将文本或同一段落中的其他元素的基线与选定对象的底部对齐。

"顶端"：将图像的顶端与当前行中最高项（图像或文本）的顶端对齐。

"居中"：将图像的中部与当前行的基线对齐。

"文本上方"：将图像的顶端与文本行中最高字符的顶端对齐。

"绝对居中"：将图像的中部与当前行中文本的中部对齐。

"绝对底部"：将图像的底部与文本行的底部对齐。

"左对齐"：将所选图像放置在左边，文本在图像的右侧换行绕排。

"右对齐"：将图像放置在右边，文本在对象的左侧换行绕排。

3．其他图像属性

在图像属性面板中还有一些其他的属性，例如：

"源文件"：指定图像的源文件。单击"浏览"按钮或者直接输入文件的路径，可以重新定义源文件。

"替代"：用于指定在图像不能正常显示时，显示的关于图像的文本提示信息。在某些浏览器中，当鼠标指针滑过图像时也会显示该文本。

"垂直边距和水平边距"：以像素为单位设定图像与周围的网页元素间的距离。

"边框"：以像素为单位的图像边框的宽度，默认为无边框。

8.6.4　创建图像地图

利用文字作为超链接的触发点是网页上创建链接的主要方式。然而全部使用文字来创建超链接未免有些单调。Dreamweaver CS5 允许使用图像或图像中的某些区域创建超链接，确实为设计的网页增色不少。当然也可以在图片上不建立超链接，当鼠标移动到图像的某些区域时，能显示一些提示信息或注释，那么这种效果也不错。

创建图像地图的操作步骤如下：

（1）在网页中选择要创建图像地图的图像。

（2）单击"图像"面板右下角的扩展箭头，显示图像地图制作属性面板，如图 8-38 所示。

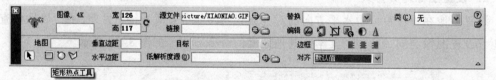

图 8-38　热点工具面板

（3）要创建图像地图，可以执行以下操作之一：

选择矩形工具，在选定图像上拖动鼠标指针，创建矩形热区。

选择椭圆工具，在选定图像上拖动鼠标指针，创建椭圆或圆形热区。

选择多边形工具，在选定图像上每个角点单击一次，定义一个不规则形状的热区。单击箭头工具，结束多边形热区定义。

8.7　表　　格

表格是网页的一个非常重要的元素，因为 HTML 本身并没有提供更多的排版手段，往往就要借助表格实现网页的精细排版，可以说表格是网页制作中尤为重要的一个技巧，表格运用得好不好，直接反映了网页设计的水平。

　　在网页设计中表格有非常重要的作用——定位，也就是在网页中表格不只是数据统计和展示数据，更重要的用途是利用表格进行页面布局，使用表格能够使网页看起来更加直观和有条理。在学习使用前要对表格的各元素有一个认识，如图 8-39 所示。

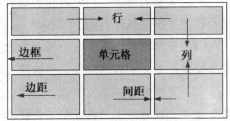

图 8-39　表格基本元素

　　在表格中横向为行，纵向为列。行列交叉部分称为单元格。单元格中的内容和边框之间的距离称为边距。单元格和单元格之间的距离称为间距。表格的边线称为边框。

8.7.1　插入表格

　　在 Dreamweaver CS5 中创建表格的操作步骤如下：

　　（1）将光标放在要插入表格的位置，然后执行以下操作之一：

　　选择"插入"→"表格"命令。

　　在"插入"栏的"常用"类别中，单击 "表格"按钮。

　　（2）弹出"表格"对话框，如图 8-40 所示。

　　"行数"：表格具有的行的数目，输入数值"6"。

　　"列数"：表格具有的列的数目，输入数值"5"。

　　"表格宽度"：以像素或百分比为单位，指定表格的宽度。输入数值"400"，默认单位为像素。

　　"边框粗细"：指定表格边框的宽度（默认以像素为单位）。输入数值"1"。

　　"单元格边距"：设置单元格中对象同单元格内部边界之间的距离。

　　"单元格间距"：设置相邻的表格单元格之间的距离，默认为空。

　　（3）单击"确定"按钮即可插入一个 6 行 5 列的表格，如图 8-41 所示。

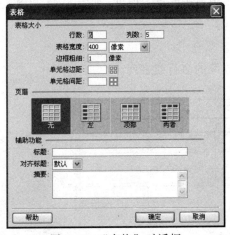

图 8-40　"表格"对话框

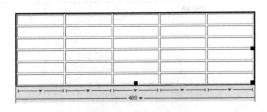

图 8-41　插入后的单元格

8.7.2　添加表格对象

完成表格的插入后，便可在表格的单元格中添加文本、插入图像或嵌套表格等对象。这才是使用表格的最终目的。

（1）添加文本。在表格中插入文本是表格在网页设计中使用最广泛的一种方式，在需要添加文本的单元格内，单击鼠标确定文本的插入点，然后输入文本或粘贴文本即可。

（2）要在表格内插入图像，只需在要插入图像的表格内单击，然后选择"插入"→"图像"命令，或者单击"插入"工具栏"常用"标签下的"插入图像"按钮。

8.7.3　选择表格

1．选择整个表格

选择整个表格可以执行以下操作之一：

单击表格的左上角、右边或底部边缘的任意位置。

单击表格单元格，选择"修改"→"表格"→"选择表格"命令。

单击状态栏上的<table>标签。

所选表格的下边缘和右边缘出现选择控制点，如图 8-42 所示。

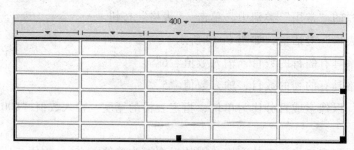

图 8-42　全选的单元格

2．选择行或列

如果要选择单行或单列，可执行以下操作：

（1）鼠标指针指向行的左边缘或列的上边缘，出现箭头时单击即可，如图 8-43 和图 8-44 所示。

（2）拖动鼠标，则选择连续的多行或多列。

（3）按住【Ctrl】键的同时单击，则可选择不连续的多行或多列。

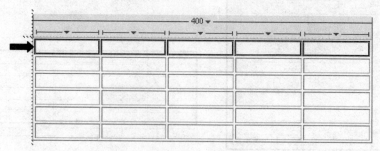

图 8-43　选择单行

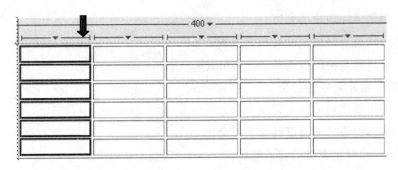

图 8-44　选择单列

3．选择单元格

（1）选择单个单元格，可执行以下操作之一：

单击单元格，然后在文档窗口左下角的标签选择器中选择<td>标签。

在单元格内双击则可选择该单元格。

（2）选择连续的多个单元格可以执行以下操作之一：

单击第一个单元格，按住【Shift】键的同时单击另一个单元格，两个单元格之间的矩形区域内所有单元格均被选中。

在一个单元格中单击并拖动鼠标横向或纵向移动到其他一个单元格，然后松开鼠标则鼠标经过区域的单元格被选中。

（3）按住【Ctrl】键的同时单击单元格则可选择不相邻的多个单元格。

8.7.4　设置表格属性

1．表格属性

表格被选中之后，可以利用表格属性设置或修改表格的属性，如图 8-45 所示。

图 8-45　表格属性

"表格 ID"：设置表格的名称。

"行"：表格中行的数目。

"列"：表格中列的数目。

"宽和高"：可在此输入表格宽度和高度。右侧下拉列表为宽和高的单位，有像素和百分比两种。

"对齐"：可设置整个表格在浏览器内水平方向的对齐方式。

"单元格边距"：定义单元格中对象同单元格内部边界之间的距离。

"单元格间距"：定义相邻的表格单元格之间的距离。

"边框"：设置表格边框的宽度（以像素为单位）。

"🔲"：用于清除表格的列宽。

"🔲"：可以将表格的宽度转换为像素。

"🔲"：可以将表格的宽度转换为百分比。

"🔲"：用于清除表格的行高。

"🔲"：可以将表格的高度转换为像素。

"🔲"：可以将表格的高度转换为百分比。

"背景颜色"：设定表格的背景颜色。

"边框颜色"：设定表格边框的颜色。

"背景图像"：设定表格的背景图像。

2．单元格属性

单元格被选中或光标定位在单元格中时，可以利用单元格属性来设置或修改单元格的属性，如图 8-46 所示。

图 8-46　单元格属性

单元格属性各项设置如下：

"水平"：设置单元格内容的水平对齐方式，有默认、左对齐、居中对齐和右对齐选项。默认为左对齐。

"垂直"：设置单元格内容的垂直对齐方式，有默认、顶端、居中、底部和基线选项。默认为居中。

"宽和高"：设置单元格的宽度和高度，单位为像素或百分比。

"背景"：为单元格添加背景图像。

"背景颜色"：设定单元格的背景颜色。

"边框"：设定单元格边框的颜色。

"🔲"：将选择的单元格进行拆分。

"🔲"：将选择的多个连续的矩形区域的单元格进行合并。

8.7.5　编辑表格的基本操作

插入表格并向其中添加内容后，要根据页面及表格中的内容对表格进行调整，包括表格大小的调整、行高列宽的调整、单元格的合并及拆分等操作。

1．调整表格的大小

调整表格大小的操作步骤如下：

（1）选择整个表格，在表格的边缘出现 3 个黑色控制点。

（2）执行以下操作：

用鼠标拖动这些控制点则可改变表格的大小。拖动右边的控制点可以在水平方向改变表格的大小；拖动底部的控制点可以在垂直方向改变表格的大小；拖动右下角的控制点可以沿对角线方向改变表格的大小。

在表格"属性检查器"中重新设置"高度"与"宽度"值，改变表格的大小。

2．调整行高和列宽

调整行高和列宽的操作步骤如下：

（1）将鼠标移动到要调整的行高或列宽的边框上，光标变 ÷ 或为 ╟。

（2）拖动鼠标即可调整行高或列宽。

3．合并或拆分单元格

合并单元格按钮可以将所选择的矩形范围的单元格、行或列合并为一个单元格。拆分单元格按钮可以将一个单元格分成两个或更多单元格。

1）拆分单元格

拆分单元格的操作步骤如下：

（1）选择（或将光标定位在）要拆分的单元格。

（2）执行以下操作之一：

选择"修改"→"表格"→"拆分单元格"命令。

在"属性检查器"中，单击"拆分单元格"按钮。

（3）弹出"拆分单元格"对话框，如图 8-47 所示。

（4）在这里可以选择拆分行还是拆分列，以及设置拆分的行数或列数。如设置拆分为"行"，行数为"2"。

（5）单击"确定"按钮，单元格被拆分，如图 8-48 所示。

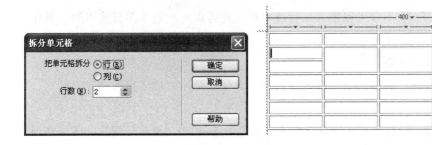

图 8-47　"拆分单元格"对话框　　　　　　图 8-48　拆分后的表格

2）合并单元格

合并单元格可以把多个连续的矩形区域的单元格合并为一个单元格。合并单元格的操作步骤如下：

（1）选择需要进行合并的两个以上单元格，本例中选择第一行。

（2）执行以下操作之一：

选择"修改"→"表格"→"合并单元格"命令。

在"属性检查器"中单击"合并单元格"按钮。

（3）选中的单元格被合并，如图 8-49 所示。

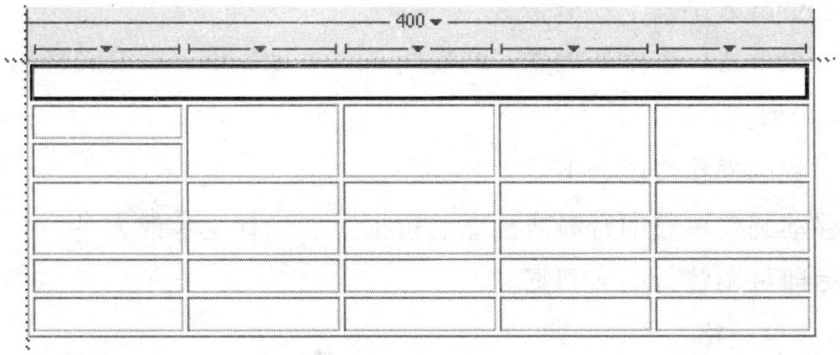

图 8-49　合并单元格后的表格

拆分一次只能拆分一个单元格，如果选择的单元格多于一个，则拆分单元格命令及按钮将禁用。合并所选的单元格必须是连续的矩形区域，否则合并单元格命令及按钮禁用。

4．插入和删除行或列

插入和删除行或列是编辑表格常用的操作。

1）插入单行或单列

在所选择的行、列或单元格的上面及左侧插入单行或单列，操作步骤如下：

（1）选择行、列或单元格。

（2）选择"修改"→"表格"→"插入行"或"插入列"命令。

选择"插入行"命令：可以在所选行的下面添加一列。

选择"插入列"命令：可以在所选列的右侧添加一列

2）插入多行或多列

在 Dreamweaver CS5 中不仅可以插入单行或单列，还可以一次插入多行或多列。操作步骤如下：

（1）选择行、列或单元格。

（2）选择"修改"→"表格"→"插入行或列"命令，弹出"插入行或列"对话框，如图 8-50 所示。

（3）若选择插入行，行数为"1"，位置为"所选之下"，单击"确定"按钮，即可在当前光标下面插入一行。

（4）若选择插入"列"，列数为"1"，位置为"当前列之后"，单击"确定"按钮即可在当前光标位置右边插入一列，如图 8-51 所示。

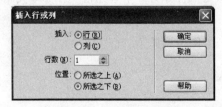

图 8-50　选择插入行

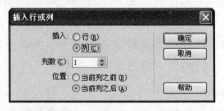

图 8-51　选择插入列

5．删除行或列

在表格中删除行或列的操作步骤如下：

（1）选择要删除的行或列。

（2）执行以下操作之一：

选择"修改"→"表格"→"删除行"或"删除列"命令。

选择"编辑"→"清除"命令。

按【Delete】键。

8.8　链　　接

链接是网页的灵魂，它合理、协调地把网站中的众多页面构成一个有机整体，使访问者能访问到自己想要去的地方。

超链接可以是一段文本，一幅图像或者其他的网页元素。当我们在浏览器中单击这些对象时，浏览器就会根据其指示载入一个新的页面或者跳转到页面的其他位置。

8.8.1　超链接的路径

在创建超链接之前，首先要清楚文档链接路径，概括起来，文档的链接路径主要有绝对路径、相对路径和根目录相对路径三种形式。

1．绝对路径

绝对路径提供所链接文档的完整路径，且包含其应用协议（如 http://）。主要用于创建站外具有固定地址的链接，如要建立到百度的链接就可以使用 http://www.baidu.com。

2．文档相对路径

文档相对路径是以当前文档所在位置为起点到被链接文档经由的路径，省略对于当前文档和所链接的文档都相同的绝对路径部分，而只提供不同的路径部分，如：content/2-4.html，具有可移植性，是网页制作的首选。在创建相对文档路径之前，要先保存新文件，如没保存就建立链接，则 Dreamweaver CS5 将暂时使用 file:// 开头的本地绝对路径，保存文件后自动转换为相对路径。

3．根目录相对路径（又称服务器路径）

使用多个服务器的大型站点会用到这种文档路径。如 "/image/back.gif" 即是连接网络服务器根目录下的 image 文件夹中的 back.gif 文件，必须在网络环境之下才能使用这种路径。

8.8.2　创建链接的方法

Dreamweaver CS5 创建链接的方式主要有 4 种，分别是：使用"属性"面板创建链接、指向文件图标创建链接、快捷菜单创建链接和直接拖动创建链接。

1．使用"属性"面板创建链接

要使用"属性"面板把当前文档中的文本和图像链接到另一个文档，其操作步骤如下：

（1）选择窗口中要链接的文本或图像后，选择"窗口"→"属性"命令，打开"属性"

面板，并执行以下操作之一：

方法一：单击"链接"框右边的文件夹图标，如图 8-52 所示，弹出"选择文件"对话框，浏览并选择一个文件。在"选择文件"对话框中的"相对于"下拉列表框中通常选择"文档"而不选择"站点根目录"。单击"选择文件"对话框中的"确定"按钮，在"链接"文本框中将显示出被链接文件的路径。

图 8-52　属性面板创建链接

方法二：在"属性"面板的"链接"文本框中输入要链接的网页的路径和文件名，如图 8-53 所示。

图 8-53　输入路径创建链接

（2）选择被链接文档的载入位置。在默认情况下，被链接文档在当前窗口或框架中打开，要使被链接的文档显示在其他地方，需要从"属性"面板的"目标"下拉列表框中选择一个选项，如图 8-54 所示。

图 8-54　目标选项设置

"目标"通常称为目标区，即超链接指向的页面出现在什么目标区域。默认情况下有四个选项。

①_blank：单击链接以后，指向页面出现在新窗口中。

②_parent：用指向页面替换它外面所在的框架结构。

③_self：将连接页面显示在当前框架中。

④_top：跳出所有框架，页面直接出现在浏览器中。

2．指向文件图标创建链接

使用"属性"面板中的指向文件图标创建链接的操作步骤如下：

（1）在文档窗口中选择文本或图像。

（2）在"属性"面板中拖动"链接"文本框右边的"指向文件"图标到被链接的文档中。

（3）释放鼠标左键即可创建链接。

3．快捷菜单创建链接

使用快捷菜单创建图像链接的操作步骤如下：

（1）在文档窗口中右击要加入链接的图像。

（2）在弹出的快捷菜单中选择"创建链接"命令，或者选择"修改"→"创建链接"命令。

4．直接拖动

使用"属性"面板给打开文档中的选定文本创建链接的操作步骤如下：

（1）在文档窗口中选择文本。

（2）按住【Shift】键，在选定的文本上拖动鼠标，拖动时"指向文件"图标出现，如图 8-55 所示。

（3）指向另一个打开文档中的可见锚记或站点窗口中的一个文档。

（4）释放鼠标左键即可创建链接。

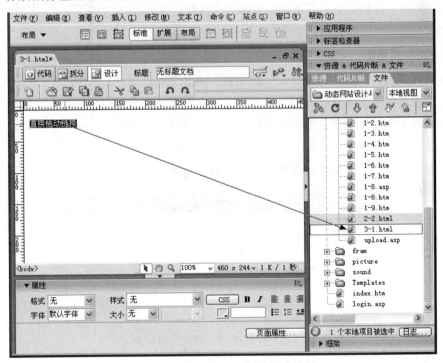

图 8-55　使用【Shift】键创建链接

8.9　使用 CSS 样式

CSS（cascading style sheet，层叠样式表）技术是一种格式化网页的标准方式，它扩展了 HTML 的功能，是网页设计者能够以更有效的方式设置网页格式。CSS 样式表中的层叠是指多个 CSS 样式表可以同时应用于同一个页面或网页中的同一元素，浏览器根据 CSS 标准中定义的层叠规则来决定哪一种样式优先，优先的样式将覆盖其他样式。

CSS 样式表是由一系列样式选择器和 CSS 属性组成，它支持字体属性、颜色和背景属性、文本属性、边框属性、列表属性以及精确定位网页元素属性等，从而大大增强了网页的格式化能力。

除了功能强大这个优点外，使用 CSS 样式的另一优点是可以使用同一个样式表对整个站点的具有相同性质的网页进行格式修饰，当需要更改这些网页的样式设置时，只要在这个样式表中修改，而不用对每个页面逐个进行修改，从而大大简化了格式化的工作。

8.9.1　打开 CSS 样式面板

在编辑窗口中选择"窗口"→"CSS 样式"命令，打开样式面板，如图 8-56 所示。

下面，分别介绍三种类型样式的创建。

8.9.2　创建标签样式

假设现在要去除网页上所有链接的下画线，就需要定义 < a > 标签的样式。按照上面提到的三个步骤，创建的方法如下：

图 8-56　CSS 样式面板

1．定义样式类型

打开样式面板，单击"新建样式"按钮 ，弹出"新建 CSS 规则"对话框，其设置参考图 8-57 所示"定义在"下拉列表框中设定 CSS 样式定义的位置。CSS 样式可以定义在 HTML 文档内部，也可以制作单独的 CSS，然后导入到 HTML 文档内部。后一种方法会在后面的章节中介绍，这里选择"仅对该文档"单选按钮。

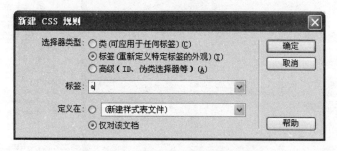

图 8-57　"新建 CSS 规则"对话框

（1）"选择器类型"选择"标签（重新定义特定标签的外观）"。

（2）定义了"类型"之后，"标签"项变为下拉列表框，按照字母顺序列出全部的 HTML 标签，此处选择 a 标签。

2．设定样式外观

新建样式之后，单击"确定"按钮，弹出"CSS 样式"定义面板。该面板分成若干个子面板，这里只需要对"类型"子面板进行设置，如图 8-58 所示。

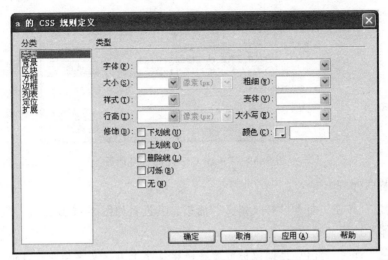

图 8-58　"a 的 CSS 规则定义"对话框

该面板上只需要定义三处内容：

（1）"字体"选择"宋体"。

备注：不定义字体会对工作造成一定的影响，如果使用的是中文版操作系统，不定义字体也能够正常显示中文。如果在英文操作系统中，不定义字体的后果是：中文全部都是乱码。

（2）"颜色"为文本的颜色，这里设置为"黑色"。

（3）"修饰"选择"无"，意思是没有下画线这样的修饰。

单击"应用"按钮可以即时查看网页上的效果。如果效果可以，单击"确定"按钮，关闭样式定义面板。

3．应用样式

标签样式是自动应用的，网页上所有链接文字的下画线都消失了。不需要定义应用的范围。

8.9.3　创建 CSS 选择器

链接的下画线取消了，现在要添加链接相应鼠标的功能。鼠标放在链接上方时，链接文本改变颜色，同时出现下画线。根据上面介绍的内容，读者应该能够判断，应该使用 CSS 选择器，操作步骤如下：

1．准备工作

有文本链接的网页，都可以拿来试验。

2．定义样式类型

单击样式面板上的"新建样式"按钮，弹出"新建 CSS 规则"对话框，如图 8-59 所示。

（1）选择"仅对文档"单选按钮，将 CSS 样式建立在文档内部。

（2）选择"选择器"为"a:hover"。

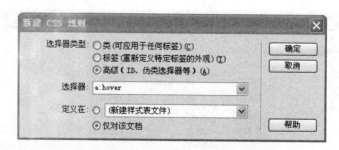

图 8-59 "新建 CSS 规则"对话框

3．设定样式外观

单击"确定"按钮，打开"样式定义"面板，其设置如图 8-60 所示。

（1）"字体"选择"宋体"。

（2）"颜色"选择"红色"，即鼠标放置在链接文字上方，文字会变成红色。

（3）"修饰"选择"下画线"，鼠标放置在链接文字上方，文字会出现下画线。设定完成后，单击"确定"按钮。

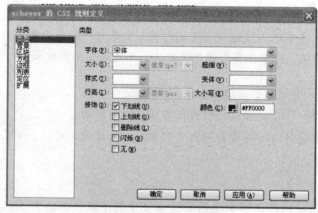

图 8-60 CSS 样式规则

4．应用样式

CSS 选择器是自动应用的，不需要定义应用范围。在 IE 浏览器中预览网页，所有链接文字在鼠标放置在上方时都会改变颜色，同时加下画线。

备注：如果要修改 CSS 选择器的设置，可以单击样式面板右上角的"扩展"按钮，在弹出的菜单中选择"编辑样式表"命令，打开"编辑样式表"面板。双击面板上的 a:hover 项目，可以重新对该样式进行修改。

8.9.4 创建自定义样式

在这里使用自定义样式给网页添加背景图像。与上面不同的是，自定义样式需要设定应用样式的范围。

1．准备工作

任何无背景或背景图像的网页都可以用来做这个试验。选择"修改"→"页面属性"命令，查看网页是否有背景图像或背景颜色，如果有，请删除。

2．定义样式类型

单击样式面板上的"新建样式"按钮 ，弹出"新建 CSS 规则"对话框，如图 8-61 所示。

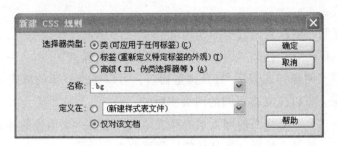

图 8-61　"新建 CSS 规则"对话框

"定义在"选择"仅对该文档"。

"选择器类型"选择"类（可应用于任何标签）"。

"名称"命名为".bg"。

3．设定样式外观

单击"新建 CSS 规则"对话框中的"确定"按钮，弹出".bg 的 CSS 规则定义"对话框，选择"背景"选项卡，设置如图 8-62 所示。

图 8-62　设置"背景"

背景图像：填写背景图像的路径，或者单击"浏览"按钮，打开浏览窗口，找到背景图像的位置。设定完毕后，单击"确定"按钮。因为是自定义样式，所以在样式面板上可以看到背景样式。

8.9.5　编辑 CSS 样式

网页中所有样式的集合称为样式表。选择"新建 CSS 样式"，新建样式。选择"编辑样式表"，打开"编辑样式表"面板。网页的所有样式都显示在该面板上，在样式面板上看不到的标签样式和 CSS 选择器可以在这个面板上编辑。

此面板的使用方法如下：

（1）单击"链接"按钮，弹出对话框，可以连接外部的样式文件。

（2）选择"新建"可以创建新的样式。

（3）选择窗口中的某一样式后，单击右侧的"编辑"按钮，可以打开样式定义面板，重新设置选中的样式。

（4）选择"复制"可以复制选中的样式。

（5）选中某一样式后，选择"删除"，可以删除选中的样式。

在菜单上选择"附加样式表"，打开浏览窗口，可以选择外部的样式文件。此类文件的文件名以 CSS 结尾，可以反复被不同的网页使用。

选择"导出样式表"会将当前网页中的样式导出，建立一个单独的样式文件。再由其他网页导入，创建统一的样式效果，提高样式的利用效率。

8.9.6　应用 CSS 样式

用 Dreamweaver 在某网页中创建了一种 CSS 样式后，如果用户要在另外的网页中应用该样式，用户不必重新创建该 CSS 样式，只要创建了外部 CSS 样式表文件（external CSS style sheet），用户便可在今后任意调用该样式表文件中的样式。为了便于管理，先在站点所在文件夹中新建一个文件夹，取名为 CSS，专门用于放置外部样式表文件（其扩展名为 css）。

（1）按【Ctrl+Shift+E】组合键，打开"编辑样式表"对话框。

（2）单击"链接"按钮。

（3）弹出"链接外部样式表"对话框，单击"浏览"按钮，找到刚才创建的 CSS 文件夹。

（4）在"选择样式表文件"对话框中的"文件名"文本框中输入*.css，然后单击"确定"按钮。

事实上此时在 CSS 文件夹中并无样式表文件，在"文件名"文本框中输入的新名称将成为外部样式表新文件的名字。

（5）在"编辑样式表"对话框中，会新增加 title.css（link），双击它。

（6）在弹出的"title.css"窗口中，单击【新建】按钮。

（7）在"新建样式"对话框中，选择"class"单选按钮。

（8）在 Name 文本框中输入某个名字，如 myheadline，单击"确定"按钮。

（9）在接下来的"在规定定义 CSS"对话框中，进行字体、颜色等各种设置，完成后单击"确定"按钮。

8.10　页面布局视图的使用

在"布局视图"方式下，用户可以自定义页面的布局，但不能使用在"标准视图"中可以使用的"插入表格"和"绘制图层"等功能，若要使用这些功能，必须先切换到"标准视图"方式下。

8.10.1 布局单元格和布局表格

在页面布局中一种常用的方法是使用 HTML 表格对元素进行定位。但是，使用表格进行布局不太方便，因为最初创建表格是为了显示表格数据，而不是用于对 Web 页进行布局。

为了使用表格进行页面布局的过程，Dreamweaver CS5 提供了布局视图。在布局视图中，可以使用表格作为基础结构来设计自己的网页，避免了使用传统的方法布局时经常出现的一些问题。例如，在布局视图中可以在页面上绘制布局单元格，然后将这些布局单元格移动到所需的位置，达到布局页面的目的。

1．布局视图的切换

在绘制布局表格或布局单元格之前，必须从标准视图切换到布局视图。

若要在标准视图和布局视图中切换，请执行以下操作步骤：

选择"查看"→"表格模式"→"布局模式"命令或单击"插入"工具栏"布局"标签中的"布局视图"按钮。

若要从布局视图切换到标准视图，可以执行以下操作：

选择"查看"→"表格模式"→"标准模式"命令或单击"插入"工具栏"布局"标签中的"标准视图"按钮。

2．布局表格

布局表格与布局单元格虽然在本质上都是表格，但是在实际的网页布局中，使用布局表格与布局单元格远比使用表格要简单快捷得多。布局表格的使用方法是将文档的窗口切换到布局视图窗口，单击"插入"工具栏中的"绘制布局表格"按钮，在页面中拖动十字工具，便可简单地绘制出一个布局表格，如图 8-63 所示。

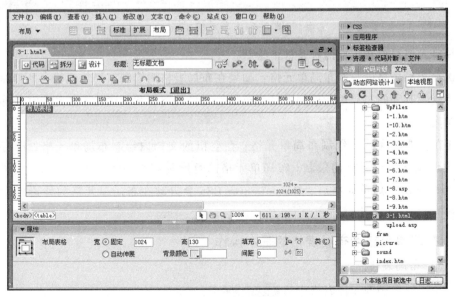

图 8-63　布局表格

一般都是用布局表格把一个页面分成若干大的部分。如果在一个页面中只是简单地绘制出一个布局表格，而没有绘制布局单元格，那么布局表格的表面呈现灰色，此时将不能向布局表格中放入任何文本和图像。但布局单元格中可以放入文本或图片，所以一般用布局表格划分后再在布局表格中绘制布局单元格。

3．布局单元格

布局单元格在布局视图中主要用来放置和定位网页元素。布局单元格的使用步骤如下：

（1）将当前文档的窗口切换到布局视图窗口中。

（2）单击"插入"工具栏中的"绘制布局单元格"按钮，在页面中拖动十字工具，便可绘制出一个布局单元格，如图 8-64 所示。

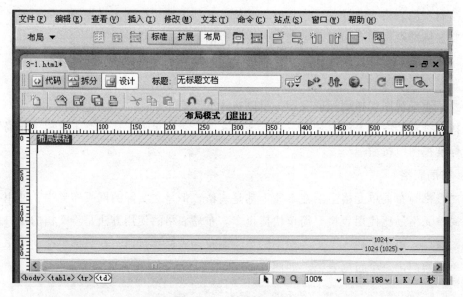

图 8-64　布局单元格

布局单元格可以在下面两种条件下绘制：

（1）在布局表格内绘制布局单元格：如果在布局表格内绘制布局单元格，所绘制的布局单元格将受到其外的布局单元格的限制，布局单元格的宽度和高度均不能超出其外布局表格的宽度和高度。

（2）在空白的文档内绘制布局单元格：在空白的文档内绘制布局单元格，没有像在布局表格内绘制布局单元格的限制。布局单元格的宽度和高度的大小不受限制。另外，在空白的文档内绘制布局单元格后，Dreamweaver CS5 会自动在布局单元格的外边添加一个布局表格。

8.10.2　布局单元格和布局表格的基本操作

1．选择布局表格

（1）单击所绘制的布局表格中的 布局表格 标志。

（2）单击文档窗口左下角的<table>标签，如图 8-65 所示。

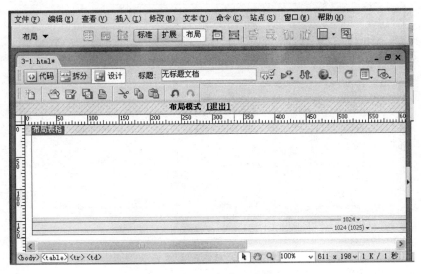

图 8-65 选择布局表格

2．选择布局单元格

要选择布局单元格，可以执行下列操作之一：

（1）在按住【Ctrl】键的同时在所绘制的布局单元格内单击。

（2）将光标停留在布局单元格内，单击文档窗口左下角的\<tr\>标签，如图 8-66 所示。

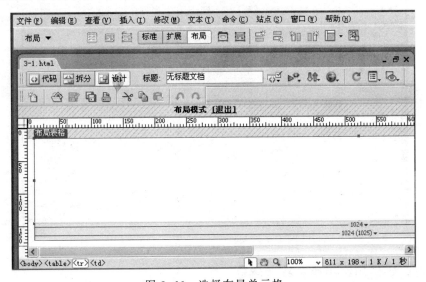

图 8-66 选择布局单元格

8.10.3 调整布局表格和布局单元格的大小

要调整布局表格的大小，可以执行以下操作：

（1）选中要调整的布局表格。

（2）用鼠标拖动所选择布局表格边线中的选择手柄，便可调整布局表格的大小，如图 8-67 所示。

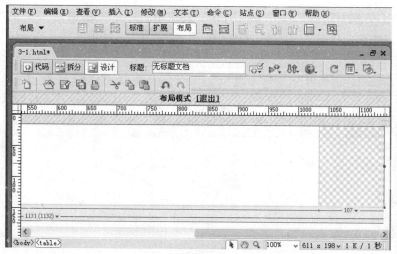

图 8-67　调整布局表格大小

要调整布局单元格的大小，可以执行以下步骤：

（1）选中要调整的布局单元格。

（2）用鼠标拖动所选择布局单元格边线中的选择手柄，便可调整布局单元格的大小，如图 8-68 所示。

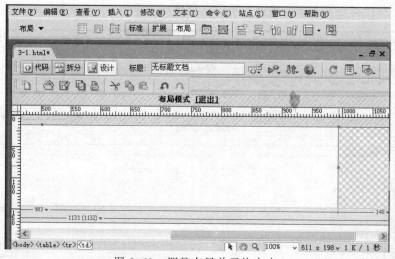

图 8-68　调整布局单元格大小

8.10.4　布局表格和布局单元格的移动

移动布局表格和布局单元格可以便捷地定位布局表格和布局单元格。需要注意被移动的条件是：布局表格或布局单元格的周围必须有一定的可移动空间，也就是有灰色空白包围着，这样才可以被移动，通常只有嵌套的布局表格才可以被移动。操作步骤如下：

（1）选中要移动的布局表格或布局单元格。

（2）使用方向键便可移动布局表格或布局单元格，但这样每次只能移动一个像素的距离，如果在按住【Shift】键的同时再移动方向键，这样每次可以移动 10 个像素的距离，当然也可以把鼠标放在要移动的对象中间来移动。

8.10.5 设置布局宽度

在布局页面中可以设置布局表格列为两种类型的宽度：固定宽度和自由延伸。固定宽度就是一个已定的数值，如 1024 像素。此数值是指在浏览器中所显示的宽度，不随浏览器宽度的变化而变化。自由延伸的宽度是随浏览器的宽度改变而改变。

要设置布局表格宽度为固定宽度，可以执行以下步骤：

（1）选择要设置固定宽度的布局表格，如图 8-69 所示。

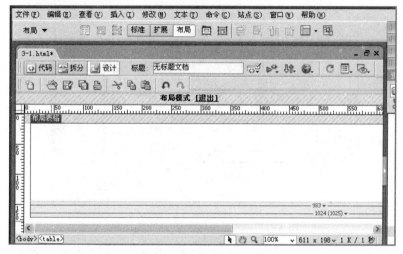

图 8-69　选择布局表格

（2）在文档窗口的菜单栏中选择"窗口"→"属性"命令，打开"属性"面板。

（3）在"属性"面板的"宽固定"文本框中输入一个数值，如 1024，其单位默认为像素，如图 8-70 所示。

图 8-70　设置布局表格宽度

如果要把布局表格宽度设置为自动延伸，可以执行以下操作步骤：

（1）选择要设置自动延伸宽度的布局表格。

（2）在文档窗口的菜单栏中选择"窗口"→"属性"命令，打开"属性"面板。

（3）在"属性"面板中选择"自动延伸"单选按钮，系统会弹出一个"选择占位图像"对话框，询问是否设置间隔图像，此处选择"创建占位图像"单选按钮，如图 8-71 所示。

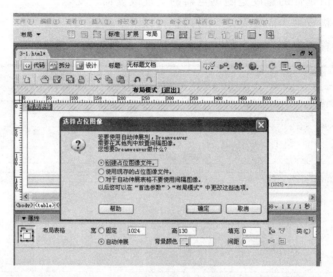

图 8-71　设置布局表格为自动延伸

（4）单击"确定"按钮，弹出"保存间隔图像文件为"对话框，如图 8-72 所示。

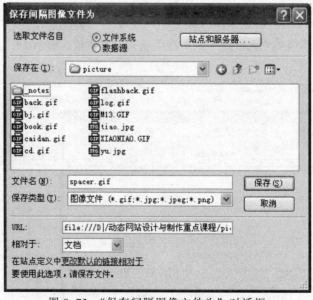

图 8-72　"保存间隔图像文件为"对话框

（5）选择保存间隔图像的文件后，单击"保存"按钮，这时原来的固定宽度值将被"波浪线"所表示的"自动伸展"宽度所代替。

8.11　使用框架布局页面

除了用页面布局视图外，还可以用框架实现布局网页，框架的主要作用是用来增强网页的导航功能。一组框架通常包括一个含有导航条的框架和另一个要显示主要内容页面的框架。利用框架可把浏览器窗口分为多个区域，每个区域称为一个框架，可以显示不同的 HTML 文档。

框架的使用也要一分为二来看，利用框架可以使每个框架都有自己的滚动条而且访问者的浏览器不需要为每个页面重新加载与导航相关的图形，但框架的使用也存在诸如对导航进行测试所需时间长、不同框架中各元素的精确图形对齐难以实现、使用框架后整个浏览空间变小等不足之处，所以框架的使用与否可根据自己的实际情况或喜好而定，一般有共用的地方或同一类内容就可以使用框架。

8.11.1　创建框架集

如果一个站点在浏览器中显示为包含 3 个框架的单个页面，那么它实际上至少由 4 个单独的 HTML 文档组成：框架集文件以及 3 个文档，这 3 个文档包含这些框架内初始显示的内容，当你在设计使用框架集的页面时，必须要全部保存这 4 个文件，以便该页面可在浏览器中正常工作。利用 Dreamweaver CS5 可利用预设框架集创建，也可在预设框架集的基础上进行修改或手动创建框架集。

1. 使用预设框架集创建框架集

使用预设框架集创建可快速创建一个框架，图 8-72 所示为 Dreamweaver CS5 中预定义框架集的类型。具体操作步骤如下：

（1）选择"文件"→"新建"命令，弹出"新建文档"对话框，选择"框架集"选项，右侧显示系统预设的框架集类型，选择所需的类型，如选择"上方固定，左侧嵌套"选项，如图 8-73 所示。

（2）单击"创建"按钮，弹出"框架标签辅助功能属性"对话框，为每个框架进行命名，如图 8-74 所示。

图 8-73　选择框架集类型

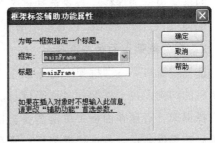

图 8-74　"框架标签辅助功能属性"对话框

（3）单击"确定"按钮，关闭对话框完成框架集的创建，如图 8-75 所示。

2．在页面中直接套用预设框架集

新建一个页面，将"插入"工具栏切换到"布局"类别，单击 ▣· 按钮后的 ▾ 按钮，在弹出的下拉菜单中选择相应命令，如"顶部和嵌套的左侧框架"命令，弹出"框架标签辅助功能属性"对话框，单击"确定"按钮即可加载预设框架集，如图 8-76 所示。

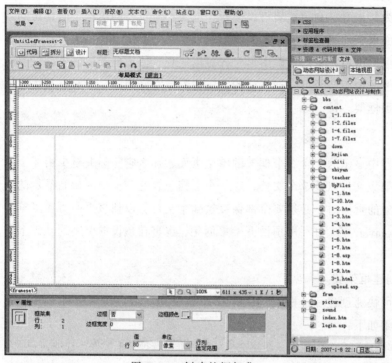

图 8-75　创建的框架集

图 8-76　框架列表菜单

8.11.2　选中框架和框架集

在对框架和框架集进行任何操作之前，首先需要选中相应的框架和框架集，用户可在文档编辑窗口或"框架"面板中进行选择。

1．在文档编辑窗口中选择

按住【Alt】键，在所需的框架内单击即可选择该框架，被选择的框架边框为虚线。若要选择框架集，只需单击该框架集的边框即可,选择的框架集包含的所有框架边框均以虚线显示。

2．在"框架"面板中选择

选择"窗口"→"框架"命令，在"框架"面板中显示了框架集的结构及每个框架的名称等信息。若要在"框架"面板中选择框架，直接在面板中单击需要选择的框架即可，选中的框架以粗黑框显示。若选择框架集，则在面板中单击框架集的边框即可，如图 8-77 所示。

图 8-77　选中所需框架

8.11.3　分割框架

分割框架相当于自定义框架结构，可根据需要任意控制拆分的方式及框架的高度和宽度，具体操作步骤如下：

选择"修改"→"框架页"命令，在弹出的子菜单中有"拆分左框架""拆分右框架""拆分上框架"和"拆分下框架"4 个命令，它们的作用分别如下：

拆分左框架：将网页拆分为左右两个框架，并将原网页放置在左侧的框架中。

拆分右框架：将网页拆分为左右两个框架，并将原网页放置在右侧的框架中。

拆分上框架：将网页拆分为上下两个框架，并将原网页放置在上方的框架中。

拆分下框架：将网页拆分为上下两个框架，并将原网页放置在下方的框架中。

在已经具有框架的网页中，还可通过：

（1）选中整个框架集，将鼠标移动到框架集的边框上，当鼠标指针变为 ↔ 或 ↕ 双向箭头时拖动鼠标即可产生一新框架。

（2）按住【Alt】键将鼠标指针移动到框架的边框上，当鼠标指针变为 ↔ 或 ↕ 双向箭头时，按住鼠标左键拖动边框到所需位置可实现在该位置进行拆分。

8.11.4　保存框架和框架集

一个框架集页面中有很多个文件，用户可根据需要单独保存某个框架中的网页文件，也可单独保存框架集文件，还可同时保存框架集和所有框架中的网页文件，具体操作步骤如下：

1．保存框架中的网页文件

将光标定位在需要保存的框架中，选择"文件"→"保存框架"命令，在弹出的对话框中指定保存的路径和文件名后，单击"确定"按钮即可。

2．保存框架集文件

选中整个框架集后，选择"文件"→"保存框架"命令，在弹出的对话框中指定保存的路径和文件名后，单击"确定"按钮即可。

3．保存框架集和所有框架中的文件

选择"文件"→"保存全部"命令即可保存框架集中的所有文件。

如果一个站点在浏览器中显示为包含 3 个框架的单个页面，那么它实际上至少由 4 个单独的 HTML 文档组成，必须要全部保存这 4 个文件，其中 3 个是独立嵌套页面，另一页面可以显示全部内容。

8.12　使用层布局页面

层是设计网页中灵活性最强的工具，可以重叠，可以在网页中精确定位。可以在层中插入新的层，还可以插入文字、图像、表格、插件等元素。层在网页中的位置不受限制，我们可以将层拖动到网页的任意地方，层还可以和表格之间进行转换。

8.12.1 创建层

1. 新建层

（1）新建一个文档。

（2）在"插入栏"中的"布局"类别中，单击"绘制层"按钮，如图 8-78 所示。

图 8-78 绘制层

（3）鼠标指针变为"+"，按住左键并拖动，可以在网页中创建一个层，如图 8-79 所示。如果按住【Ctrl】键，可以一次在文档窗口中绘制多个层。

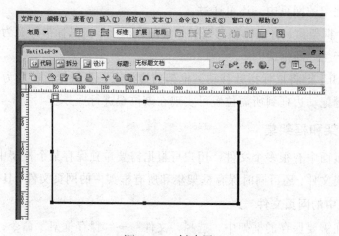

图 8-79 创建层

创建层后会在文档窗口插入点的位置，出现层的标志。隐藏层的标志可以选择"编辑"→"首选参数"命令，弹出"首选参数"对话框，在"分类"中选择"不可见元素"，将"显示"选项组中的"层锚记"复选框中的"√"去掉，如图 8-80 所示。

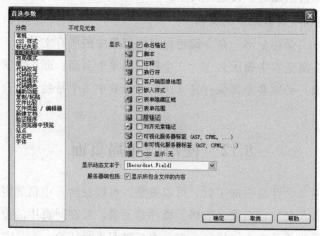

图 8-80 "首选参数"对话框

还可以通过选择"查看"→"可视化助理"命令，将"不可见元素"前面的"√"去掉。

在"参数首选"对话框的"层"分类中，设置层的宽、高、背景颜色及背景图像等，在文档窗口中选择"插入"→"布局对象"→"层"命令，可以插入固定大小的图层。

2．创建嵌套层

嵌套层指插入到另一个层中的层。创建的操作步骤如下：

（1）新建一个文档，绘制一个层。

（2）执行以下操作之一：

将鼠标放在层中，然后选择"插入"→"布局对象"→"层"命令。

将一个层的标志图标 拖动到另一层中。

（3）创建了一个嵌套层，如图 8-81 所示。其中外面的层被称为"父层"，里面的层称为"子层"。

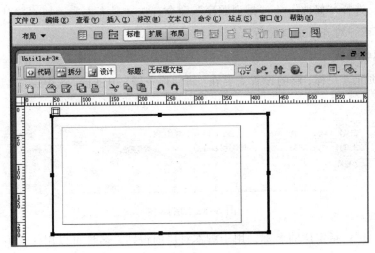

图 8-81　嵌套层

3．向层中添加内容

将光标定位在层中，光标变为"|"，可以向层中插入文本或图像等网页元素。

8.12.2　层的基本操作

1．选择层

使用下述方法中的任意一种方法，均可选中一个层：

（1）单击文档中层的边框线。

（2）单击层上方的 标记。

（3）单击文档左上方的层标志。

层被选中后在边框线上会出现八个控制点，拖动控制点可以改变层的大小。如果按住【Shift】键，分别单击每个层的边框，就可以选中多个层。其中最后被选中的层将作为多个层对齐的依据，它的边框线上是八个实心控制点，而其他层为八个空心控制点。

2．移动层

使用下述方法中的任意一种方法，均可移动层：

（1）选中层后，拖动 ▣ 标记，可以将层移动到文档的任意位置。

（2）将鼠标移动到层的边框上，指针变为 ✛，拖动鼠标可以移动层。

对于多层的移动，拖动最后被选中的有实心控制点的层的 ▣ 标记，可以同时将多层移动。如果要精确移动或微调可以用键盘上的方向箭移动层，每次移动 1 像素的距离；按住【Shift】键，每次将移动 10 像素的距离。

为了方便设计，Dreamweaver CS5 还提供了层的靠齐网格的功能。选择"查看"→"网格"→"靠齐网格"命令，将启动靠齐功能。在显示"网格"的情况下，在文档中创建层或移动层，层将自动靠近离它最近的网格。

3．层的对齐

选中多层，选择"修改"→"排列顺序"命令，选择对齐方式，如"左对齐""右对齐""对齐上边缘"或"对齐下边缘"等。

4．层的属性设置

同其他网页元素一样，层的设置需要在"属性检查器"中进行。选中层，层属性如图 8-82 所示。

图 8-82　层属性

（1）"层编号"：指定层的名称，用于脚本对层的识别。名称可以用任意英文字符或数字组成，但不能以数字开头，也不能包含空格、反斜线、逗号等特殊字符。

（2）"左、上"：指定层在文档中的位置。"左"指距文档左侧边框线的距离；"上"指距文档上侧边框线的距离。

（3）"宽、高"：指定层的宽度和高度。

（4）"Z 轴"：指定层的叠加次序。当层叠加时，Z 轴值由大到小，层的排列是由上到下，即 Z 轴值大的在上面，小的在下面。

（5）"背景图像"：设置层的背景图像。

（6）"可见性"：设置层的可见和隐藏。选项有：

① default：默认。默认为可见。

② inherit：继承。子层继承父层的可见性属性。

③ visible：可见。不管父层是否显示，该层都可见。

④ hidden：隐藏。不管父层是否显示，该层都隐藏。

（7）"背景颜色"：设置层的背景颜色。

（8）"溢出"：设置当层内对象超出层的大小时，对超出部分如何进行处理。选项有：

5．层面板的使用

通过层面板可以设置层是否重叠、层的可见性、层的叠放次序等。选择"窗口"→"层"命令或按【F2】键，打开"层"面板，如图 8-83 所示。

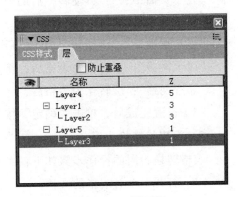

（1）"名称"：显示每个层的名称，双击可以改变层的名称。

（2）"防止重叠"：选择该选项，则不能将一个层移动到另一个层的上面。

（3）👁 按钮：设置层的可见性，用鼠标反复单击可以实现层的可见和隐藏。

图 8-83　层面板

（4）"Z"：设置层的 Z 轴值。单击层的 Z 轴位置可以修改 Z 轴值。

按住【Ctrl】键，在层面板中将一个层拖动到另一个层的名称上面，也可实现层的嵌套。

设置好层的框架后，在其中即可插入文本或图像。

在层中插入文本，只要用鼠标在层中单击定位光标位置，直接输入文本即可，当然也可以将其他文本粘贴到层中。

插入图像是先将光标放入图层中，然后单击"插入"面板里"常用"标签内的"图像"按钮，即可插入一张图片。

8.12.3　层与表格的转换

层在网页中可以随意移动，用层定位网页上的内容相较于表格来说较为方便，也更为灵活，但在编辑状态下层的位置与在浏览状态下层的位置往往会发生改变，所以用层来定位网页中的内容时，往往将层转换为表格。

1．将层转换为表格

层转换为表格的操作步骤如下：

（1）新建一个空白文档，在文档中绘制多个层。

（2）选择"修改"→"转换"→"层到表格"命令，弹出"转换层为表格"对话框，如图 8-84 所示。

"最精确"：将为每一个层创建一个单元格，层与层之间的空间转换为空白的单元格。

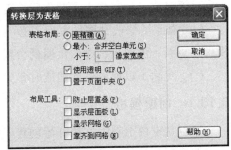

"最小：合并空白单元"选项，删除空的单元格，可以使转化后的表格中保留有最少的单元格。"小于多少像素宽度"选项，会删掉小于所设置宽度或高度的单元格。一般情况下尽量不要选择此项设置，因为会使页面无法精确到原布局。

图 8-84　"转换层为表格"对话框

"使用透明的 GIF"：将为转换后的表格的最后一行添加透明的 GIF 图像，使表格在所有浏览器中效果相同。

"置于页面中央"：可使转换后的表格在页面上水平居中，不选为左对齐。

"防止层重叠"：可以防止层重叠。

"显示层面板"：将层转化为表格后，将自动显示层的面板。

"显示网格"：层转化为表格后，将显示网格线。

"靠齐网格"：层转化为表格后，将启动靠齐网格功能。

（3）设置完成后，单击"确定"按钮，即将文档中的层转换为表格。

2．将表格转换为层

表格转换为层的操作步骤如下：

（1）打开一个有表格的文档。

（2）选择"修改"→"转换"→"表格到层"命令，弹出"转换表格为层"对话框，如图 8-85所示。

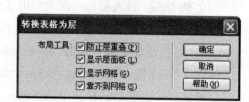

图 8-85　"转换表格为层"对话框

"防止层重叠"：防止层重叠。

"显示层面板"：将表格转换为层后，将自动显示层面板。

"显示网格"：表格转换为层后，将显示网格线。

"靠齐网格"：表格转换为层后，将启动靠齐网格功能。

（3）设置完成后，单击"确定"按钮，即将文档中的表格转换为层。

8.13　创建和使用模板

在架构一个网站时，使用模板有助于设计出风格一致的网页。通过模板来创建和更新网页，可以大大提高工作效率，网站的维护也会轻松很多。模板其实质就是作为创建其他文档的基础文档。在创建模板时可以说明哪些网页元素应该长期保留不可编辑，哪些元素可能编辑修改。

模板主要有以下优点：

（1）风格一致，省去了制作同一页面的麻烦。

（2）如果要修改共同的页面不必一个个修改，只要更改应用于它们之上的"模板"即可，模板一更新，由模板创建的页面就会跟着更新。

（3）免除了以前没有此功能时要先"另存为"之后再编辑。

8.13.1　创建模板

可以从空白 HTML 文档开始创建模板，也可以把现有的 HTML 文档保存为模板，然后通过修改达到自己的要求。

Dreamweaver CS5 自动把模板存储在站点的本地根文件夹下的 Templates 子文件夹中。如果此文件夹不存在，当用户存储一个新模板时，Dreamweaver 会自动创建。

1. 创建一个新的空白模板

操作步骤如下：

（1）选择"插入"→"模板对象"→"创建模板对象"命令，弹出"另存为模板"对话框，如图 8-86 所示。

（2）单击"保存"按钮。

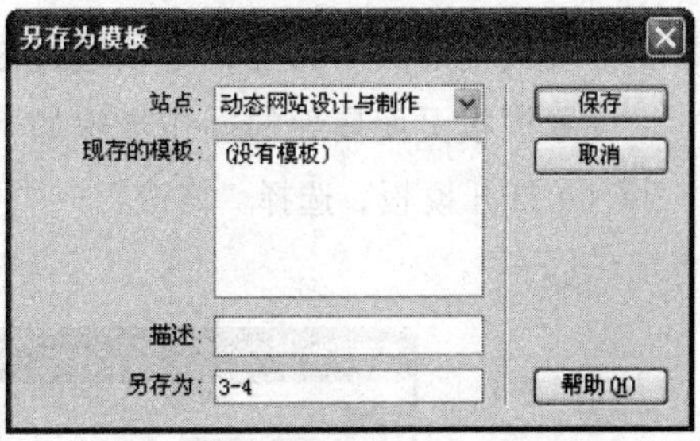

2. 把现有的文档存为模板

操作步骤如下：

（1）选择"文件"→"打开"命令，弹出"打开"对话框，选择一个文档，单击"打开"按钮，如图 8-87 所示。

（2）选择"文件"→"另存为模板"命令，如图 8-88 所示。

图 8-86 "另存为模板"对话框

图 8-87 "打开"对话框

图 8-88 "另存为模板"命令

（3）在弹出的对话框中，选择一个站点，在"另存为"文本框中输入模板名。

（4）单击"保存"按钮。

此时的窗口标题栏的显示已与网页文档不同，其中的"Templete"表明当前文档是一个模板文档。

3. 对已有的模板进行修改

操作步骤如下：

（1）打开模板面板。

（2）在模板面板的模板列表中，选择要修改的模板名，单击"打开"按钮；或双击模板名。

（3）在文档窗口中编辑该模板。

8.13.2　设置模板页面属性

用模板创建的文档继承模板的页面属性。

选择"修改"→"页面属性"命令，可以定义模板的页面属性。在应用模板之后，如果需要修改文档的页面属性，必须通过修改模板的页面属性，然后更新使用该模板的页面。

设置模板页面属性的操作步骤如下：

（1）打开模板，选择"修改"→"页面属性"命令，弹出"页面属性"对话框，如图 8-89 所示。

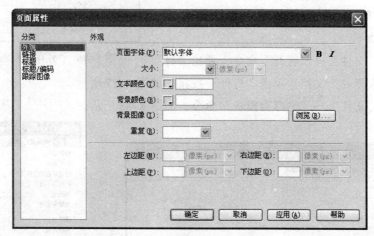

图 8-89　"页面属性"对话框

（2）为模板页面指定需要的选项，单击"确定"按钮。

8.13.3　编辑模板

在模板创建之后，需要根据实际需要对模板中的内容进行编辑，指定哪些内容可以编辑，哪些内容不能编辑，可编辑的区域为个性需求，不可编辑的区域为共性内容。

1. 定义模板的可编辑区

在模板文档中，可编辑区是页面中变化的部分，不可编辑区是各页面中相对保持不变的部分，如导航栏等。

当我们新创建一个模板或把已有的文档保存为模板时，Dreamweaver CS5 默认把所有区域被标记为锁定。因此，我们必须根据自己的要求对模板进行编辑，把某些部分标记为可编辑的。

在编辑模板时，可以修改可编辑区，也可以修改锁定区。但当该模板被应用于文档时，文档中只能修改可编辑区，文档的不可编辑区是不允许修改的。

2. 插入可编辑模板区域

操作步骤如下：

（1）在"文档"窗口中，执行下列操作之一选择区域：

选择想要设置为可编辑区域的文本或内容。

将插入点放在想要插入可编辑区域的地方。

（2）执行下列操作之一插入可编辑区域：

选择"插入"→"模板对象"→"可编辑区域"命令，如图 8-90 所示。

右击"窗体"，在弹出的快捷菜单中选择"模板"→"新建可编辑区域"命令，如图 8-91 所示。

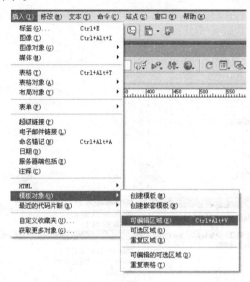

图 8-90　创建可编辑区

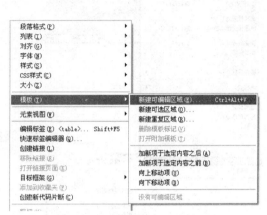

图 8-91　右击创建可编辑区

在"插入"栏的"常用"类别中，单击"模板"按钮的下拉按钮，选择"可编辑区域"命令，如图 8-92 所示。

（3）弹出"新建可编辑区域"对话框，如图 8-93 所示。

图 8-92　通过工具栏创建可编辑区

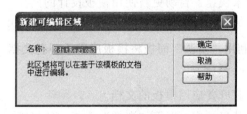

图 8-93　"新建可编辑区域"对话框

（4）在"名称"文本框中为该区域输入唯一的名称，不能对特定模板中的多个可编辑区域使用相同的名称。

（5）单击"确定"按钮。

8.13.4　删除可编辑区域

如果已经将模板文件的一个区域标记为可编辑，而现在想要使其在基于模板的文档中不可编辑，可以通过"删除模板标记"命令。若要删除可编辑区域，请执行以下操作：

（1）单击可编辑区域左上角的选项卡以选中它。

（2）执行下列操作之一：

选择"修改"→"模板"→"删除模板标记"命令，如图 8-94 所示。

右击"窗体"，在弹出的快捷菜单中选择"模板"→"删除模板标记"命令，如图 8-95 所示。现在，该区域不再是可编辑区域。

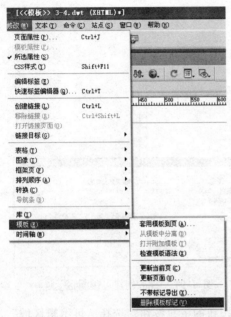

图 8-94　通过菜单删除模板可编辑区　　　　图 8-95　右击删除模板可编辑区

8.13.5　应用模板创建文档

有了模板，就可以应用模板快速、高效地设计出风格一致的网页。需要时，也可以通过修改模板来快速、自动更新使用模板设计的网页，使网页的维护变得轻松快捷。我们可以根据具体需要，用模板创建新的文档，或把模板应用于现有的文档。

1．利用"资源"面板将模板应用于现有文档

操作步骤如下：

（1）打开要应用模板的文档。

（2）选择"窗口"→"资源"面板，选择面板左侧的"模板"类别，如图 8-96 所示。

（3）应用模板可执行下列操作之一：

将要应用的模板从"资源"面板拖到"文档"窗口。

选择要应用的模板，然后单击"资源"面板底部的"应用"按钮。

2．通过"文档"窗口将模板应用于现有文档

操作步骤如下：

（1）打开要应用模板的文档。

（2）选择"修改"→"模板"→"套用模板到页"命令，如图 8-97 所示，弹出"选择模板"对话框。

图 8-96 通过资源管理器将模板应用于文档　　　图 8-97 通过菜单应用模板到文档

（3）从列表中选择一个模板并单击"选定"按钮，如图 8-98 所示。

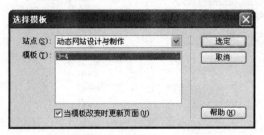

图 8-98 "选择模板"对话框

3．通过模板新建网页

也可以在新建一个网页时就使用模板来创建，操作步骤如下：

（1）选择"文件"→"新建"命令，弹出"新建"对话框，选择"从模板新建"选项，如图 8-99 所示。

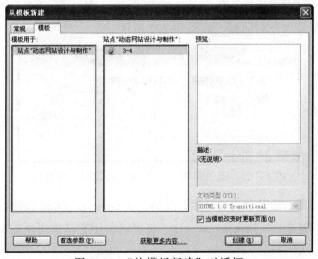

图 8-99 "从模板新建"对话框

（2）选择一个需要的模板文件，单击"创建"按钮，即可完成从模板创建新的网页。

8.13.6　更新运用模板的文档

1．将模板更改应用于当前基于模板的文档

操作步骤如下：

（1）在"文档"窗口中打开该文档。

（2）选择"修改"→"模板"→"刷新当前页"命令，如图 8-100 所示。

2．更新整个站点或所有使用指定模板的文档

操作步骤如下：

（1）选择"修改"→"模板"→"更新页面"命令，如图 8-101 所示。

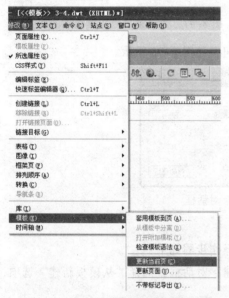
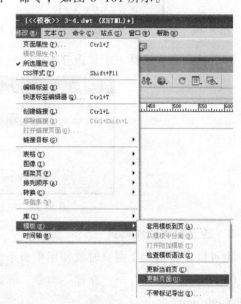

图 8-100　通过模板更新当前页面　　　图 8-101　通过模板更新由模板创建的所有页面

（2）弹出"更新页面"对话框，如图 8-102 所示。

图 8-102　通过模板更新由模板创建的所有页面

（3）完成此对话框，然后单击"开始"按钮。Dreamweaver CS5 按照指示更新文件。如果选择了"显示记录"复选框，Dreamweaver CS5 将提供关于它试图更新的文件的信息，包括它们是否成功更新的信息。

（4）单击"关闭"按钮，关闭对话框。

参 考 文 献

[1] 子重仁. 大学计算机应用基础[M]. 北京：中国铁道出版社，2015.

[2] 子重仁. 大学计算机应用基础实训指导[M]. 北京：中国铁道出版社，2015.

[3] 张鑫. 办公自动化案例教程[M]. 北京：中国铁道出版社，2015.

[4] 张鑫. 办公自动化案例教程实验指导[M]. 北京：中国铁道出版社，2015.

[5] 张洪明. 大学计算机基础[M]. 昆明：云南大学出版社，2006.

[6] 陈静. 大学计算机基础[M]. 北京：高等教育出版社，2013

[7] 陈静. 大学计算机基础实验指导[M]. 北京：高等教育出版社，2013

[8] 陆家春. 大学计算机文化基础[M]. 北京：北京交通大学出版社，2010.

[9] 管会生. 大学计算机文化基础[M]. 北京：中国科学技术出版社，2005.

[10] 陆家春. 计算机应用基础教程[M]. 昆明：云南科技出版社，2000.

[11] 钱民. 多媒体技术与应用教程与实训[M]. 2 版. 北京：北京大学出版社，2012.

[12] 周凯. 动态网站设计与制作[M]. 北京：北京交通大学出版社，2011.